myBook+

Ein neues Leseerlebnis

Lesen Sie Ihr Buch online im Browser – geräteunabhängig und ohne Download!

Und so einfach geht's:

- Gehen Sie auf **https://mybookplus.de**, registrieren Sie sich und geben Ihren Buchcode ein, um zu Ihrem Buch zu gelangen
- **Ihren individuellen Buchcode finden Sie am Buchende**

Wir wünschen Ihnen viel Spaß mit myBook+!

Holacracy verstehen

Dennis Wittrock

Holacracy verstehen

Kritik – Wissenschaft – Praxis

1. Auflage

Schäffer-Poeschel Verlag Stuttgart

Reihe Systemisches Management

Bibliografische Information der Deutschen Nationalbibliothek

Die Deutsche Nationalbibliothek verzeichnet diese Publikation in der Deutschen Nationalbibliografie; detaillierte bibliografische Daten sind im Internet über http://dnb.dnb.de/ abrufbar.

Print:	ISBN 978-3-7910-6151-1	Bestell-Nr. 12033-0001
ePub:	ISBN 978-3-7910-6152-8	Bestell-Nr. 12033-0100
ePDF:	ISBN 978-3-7910-6153-5	Bestell-Nr. 12033-0150

Dennis Wittrock
Holacracy verstehen
1. Auflage, Januar 2024

Produktmanagement: Dr. Frank Baumgärtner
Lektorat: Elke Renz, Spöck-Stutensee

Schäffer-Poeschel Verlag Stuttgart
Ein Unternehmen der Haufe Group SE

Vorwort von Aimee Groth

»Du veränderst die Dinge nie, indem du die bestehende Realität bekämpfst. Um etwas zu ändern, erschaffe ein neues Modell, das das vorhandene Modell überflüssig macht.«
R. Buckminster Fuller

Ist es möglich, sich einer Arbeit zu widmen, die dauerhaft Energie spendet und in Übereinstimmung mit der Seele ist? Was bedeutet es für Organisationen, lebendig, wach und bereit für alles zu sein?

Das Ringen mit einer Version dieser Frage hat viele von uns zu Beginn der Web-2.0-Revolution inspiriert, sich auf eine persönliche und berufliche Suche nach neuen Arbeitsweisen zu begeben. Jedes Mal, wenn die gesellschaftliche Infrastruktur neue Formen annimmt, inspirieren führenden Innovatoren den Rest von uns zu Innenschau und Weiterentwicklung.

Im Jahr 2006 betraten die Web-2.0-Social-Media-Pioniere Twitter und Facebook beide den breiteren Markt und veränderten für immer, wie wir kommunizieren und uns in Hierarchien organisieren. Ein Jahr später führte ein wenig bekannter Entrepreneur aus Pennsylvania, Brian Robertson, eine komplementäre neue soziale Technologie namens Holacracy ein.

Brian betrachte sein Softwareunternehmen lange Zeit als Labor, um mit Modellen für persönliche und organisatorische Transformation zu experimentieren – darunter unter anderem agile Softwareentwicklung, David Allens Getting-Things-Done-Produktivitätsmethode und die integrale Theorie, ein zusammenhängendes Modell des amerikanischen Philosophen Ken Wilber, welches Stufen der menschlichen Entwicklung identifiziert. Holacracy entstand als ein System für Selbstmanagement, das die menschliche Evolution seiner Teilnehmer unterstützen sollte. Robertson positionierte Holacracy als einen Weg, sich ohne Chefs zu organisieren, eine ansprechende Herausforderung für jeden, der auf der Suche nach Weiterentwicklung war.

Dank der Unterstützung der Mitglieder der integralen Gemeinschaft in den Niederlanden, Frankreich und Deutschland konnte Holacracy zunächst im europäischen Markt Fuß fassen. Dennis Wittrock gehörte zu den ersten Anwendern von Holacracy, die bereits 2006 (als Holacracy noch in der Entwicklung war) deren Wert erkannten, bevor es den Mainstream erreichte.[1]

Als Robertson in den 2010er-Jahren sein Konzept Führungskräften aus dem Silicon Valley vorstellte, die interessiert daran waren, sich der Conscious-Capitalism-Bewegung anzuschließen,

1 Robertson, B. (2014, Juni). Die Geschichte von Holacracy: Die Entdeckung eines evolutionären Algorithmus. Xpreneurs Blog. Abgerufen am 1. Juni 2023, von https://www.xpreneurs.co/blog/holacracy-8/die-geschichte-von-holacracy-507

zog seine Betonung auf Unternehmertum und Purpose-Orientierung ikonische Web-2.0-Innovatoren wie Twitter-Mitgründer Ev Williams und den verstorbenen CEO von Zappos, Tony Hsieh, an, welcher seinen Internethandel für rund eine Milliarde Dollar an Amazon verkaufte.

Ich habe diese epische, übergreifende Geschichte als eine Journalistin erlebt, die über die Technologiekultur berichtete. Heute bin ich inoffizielle Wachstumsbeauftragte bei HolacracyOne (durch die unzähligen Rollen, die ich lebendig mache, denn mit Holacracy betriebene Organisationen verwenden keine übergreifenden Job-Titel). Im Anschluss an ein zufälliges Treffen lud Tony mich ein, eine globale Nachrichtensensation rund um sein öffentliches Experiment mit Holacracy mitzustarten.[2] Es gewann an Momentum dank gleichermaßen beschwingten Partnern wie Ev William, der sich Holacracy zu eigen machte, um sein neues Start-Up, die Blog-Plattform Medium zu betreiben, und visionären Praktizierenden wie Dennis und seinen Mitstreitern beim Schweizer Beratungsunternehmen Xpreneurs.

Als ein neues Betriebssystem (OS) für Organisationen traf Holacracy einen Nerv im Zeitgeist und zog ebenso viel Kritik wie Lob auf sich, während es auf der Welle eines Überschall-Medienzyklus ritt. Die beispiellose Macht der Web-2.0-Technologien verstärkte den Aufstieg von Holacracy und trug zu den memetischen Echokammern bei, die zeitweise Polaritäten verschärften, die in Dennis' Buch hervorgehoben werden.

Passenderweise wurde meine erste Begegnung mit Dennis technisch durch die Web-2.0-Pioniere auf Twitter ermöglicht. Als meine Vor-Ort-Berichterstattung ein Schlaglicht auf die offensichtlich verwirrenden Aspekte dieser neuen sozialen Technologie warf – ob aufgrund meiner eigenen Unwissenheit, mangelnden Kontexts oder vorausschauender Beobachtungen, die konfrontierend sein konnten – sah ich Dennis' Twitter-Namen in Erwähnungen und Kommentaren auftauchen. Technisch gesehen befanden wir uns zu dieser Zeit in unterschiedlichen, sogenannten »Tribes«, doch wir beide verwendete unsere Energien darauf, andere über die Vor- und Nachteile eines sozialen Werkzeugs aufzuklären, das versprach, die Zukunft der Arbeit zu transformieren. Da wir an unterschiedlichen Orten standen und mit unterschiedlichen kulturellen Kontexten arbeiteten, lagen manche unserer Beobachtungen im Konflikt miteinander. Im Laufe der Zeit, als ich mich als Mensch weiterentwickelte und meine Weltanschauung erweiterte, habe ich einige meiner Kritiken noch einmal aufgegriffen und überarbeitet.

In *Holacracy verstehen – Kritik, Wissenschaft, Praxis* betont Dennis die »true, but partial«-Heuristik der integralen Theorie, die von Ken Wilber bekannt gemacht wurde, welche verdeutlicht, wie zwei scheinbar widersprüchliche Beobachtungen aus einer höheren Perspektive beide wahr sein können.

2 Groth, A. (2013, 30. Dezember). Zappos is going holacratic: no job titles, no managers, no hierarchy. Quartz. Abgerufen am 4. November 2023, von https://qz.com/161210/zappos-is-going-holacratic-no-job-titles-no-managers-no-hierarchy

Sein Buch ist größtenteils eine Antwort auf eine Reihe akademischer Forschungen des deutschen Soziologen Stefan Kühl, der die offensichtlichen Nachteile von Holacracy untersuchte. Eine zentrale Prämisse in Kühls »Schattenorganisation« ist, dass Holakratie die menschliche Natur im Wesentlichen ignoriert. Er baute seine Argumentation auf, indem er einige meiner früheren Berichte zitierte, in denen ich feststellte, dass Holakratie aufgrund der Art und Weise, wie ihre formalen Prozesse (Tactical Meetings, Governance) Rolle und Seele differenziert, unnatürlich erscheint. Kühl charakterisierte dies als Teil von Holacracys »Schattenseite«.

Als Reporterin, die regelmäßig und sichtbar auf dem Campus von Zappos Geschichten schrieb, die unter seinen 1500 Mitarbeitenden gute Verbreitung fanden – seinerzeit bis dato die größte Holacracy-Einführung – wurde ich irgendwann zum Magnet für diejenigen, die mit dem System zu kämpfen hatten, was meine Wahrnehmung darüber färbte, wie ich die enthusiastischen Geschichten über seine transformativen Effekte von anderen aufnahm. Wie konnten Menschen nur so drastisch unterschiedliche Erfahrungen haben? Weil sie an unterschiedlichen Stufen in ihrem persönlichen Wachstum standen. Holacracy ist dazu designt, herausfordernd zu sein. Es ist harte Arbeit, die eigene persönliche Macht anzunehmen und die Macht und Würde der anderen aus einer seelisch verbundenen Warte heraus zu ehren. Es ist ein Muskel, den man aufbaut.

Was mir zu dieser Zeit nicht klar war, ist, dass Holacracy ein Spiegel ist. Sein elegantes Design – inklusive der Meeting-Strukturen, die sich anfangs ungelenk anfühlen können – spiegelt die sogenannten Schatten der Individuen und der Organisation wider. Gemäß der Definition von Schatten des Schweizer Psychoanalytikers Carl G. Jung reflektiert Holacracy das kollektive Unbewusste, so dass es anerkannt und integriert werden kann. Man könnte Holacracy sogar mit einer Gruppentherapie vergleichen, bei der erhöhte Kreativität und Innovation die Nebenprodukte des kollektiven Wachstums sind.

Ungefähr zu der Zeit, als Holacracy an Bedeutung gewann, entwickelte sich auch die Arbeit der amerikanischen Psychologin und Stanford-Professorin Carol Dweck, die den Begriff des »Growth Mindset« prägte. Sie argumentiert, dass die erfolgreichsten Menschen von Natur aus auf persönliches Wachstum und Weiterentwicklung ausgerichtet sind, wohingegen diejenigen, die stecken bleiben oder zurückfallen, dazu neigen, ein starres Mindset zu haben. Ein Growth Mindset ist essenziell, um in einer mit Holacracy betriebenen Organisation erfolgreich zu sein.

Dies steht im Einklang mit dem, was INSEAD-Assistenzprofessor Michael Y. Lee in seiner jahrelangen Forschung über neue, selbst-gemanagte Organisationen herausgefunden hat, darunter Zappos und mehrere andere, die Holacracy nutzen. Im Artikel »Beyond the Holacracy Hype« für die Harvard Business Review und in anderen Arbeiten kam er zu dem Schluss, dass Selbststarter und Menschen mit einer unternehmerischen Neigung in mit Holacracy betriebenen Unternehmen tendenziell aufblühen. Weil die formalen Mechanismen in Holacracy darauf ausgelegt sind offenzulegen, wo Arbeit erledigt wird, ist es nicht einfach, sich in einer holakratischen Organisation zu verstecken.

Wie Dennis klarstellt, weisen traditionelle Pyramidenhierarchien eine Menge Schatten und Undurchsichtigkeit auf. Ein Teil der Genialität von Holacracy ist, dass es für größere Transparenz sorgt. Das kann zunächst unbequem sein. Für einen akademischen Forscher mag das wie ein Fehler im System erscheinen.

Es ist sehr schwierig, Holacracy zu kritisieren, ohne die Kunst selbst praktiziert und beherrscht zu haben.

Während die Welt während des memetischen Hype-Zyklus der 2010er Jahre noch Schwierigkeiten damit hatte, die revolutionäre Kraft von Holacracy vollständig zu begreifen, wurde sie für einige plötzlich zu einer vernünftigen Lösung, als Covid zuschlug. Im Jahr 2022 erklärt Forbes die Ankunft der Selbstmanagement-Revolution. Holacracys globale Reichweite dehnte sich weiter aus in Richtung Japan, Argentinien, China, Indien und darüber hinaus.

Wir stehen noch sehr am Anfang in dieser Evolution neuer Arbeitsweisen. Web-3.0-Technologien, inklusive dezentralisierter Blockchains, krempeln zusammen mit Fortschritten in KI wieder einmal unser soziales Gefüge um. Um mit diesen Veränderungen Schritt zu halten, wurde Holacracy auf Version 5.0 aktualisiert, die zugänglicher als je zuvor ist. Firmen können nun leichter entlang des Spektrums Dezentralisierung ↔ Zentralisierung oszillieren und eine bedarfsgerechte Selbstmanagement-Praxis gestalten, die zu ihrem einzigartigen kulturellen und betrieblichen Kontext passt.

In dieser umfassenden Abhandlung stellt Dennis Holacracy auf geschickte Weise in einen historischen, intellektuellen und praktischen Kontext, der hilfreich ist für jeden, der dieses faszinierende öffentliche Narrativ verfolgt hat oder der erneut in dieses Abenteuer hineingezogen wird. Sein fundiertes Verständnis von Entwicklungspsychologie und Organisationstheorie lässt Holacracy in einem frischen Licht erscheinen. Für mich liegt das Gold darin, wie er sich auf mitfühlende Weise mit den Kritikern von Holacracy beschäftigt und die Perspektiven derjenigen würdigt, die anderswo auf dem sprichwörtlichen Berg stehen, während er selbst seine Arbeit bei der Umsetzung der Praxis in führenden Firmen reflektiert.

All diejenigen, die davon träumen, in wirklich lebendigen und dynamischen Organisationen zu arbeiten – lassen Sie Dennis und dieses Buch ein Leitfaden und Begleiter auf Ihrer Reise sein.

Aimee Growth
Partner, HolacracyOne
Los Angeles, Kalifornien
November 2023

Inhaltsverzeichnis

Abbildungsverzeichnis

Tabellenverzeichnis

Einleitung

»Und so lang du das nicht hast,
Dieses: stirb und werde,
Bist du nur ein trüber Gast
auf der dunklen Erde.«
Johann Wolfgang von Goethe

Als Menschen erzählen wir uns den ganzen lieben langen Tag Geschichten – Geschichten über uns selbst, über andere und die Welt. Alle diese Geschichten sind Konstruktionen, die die Wirklichkeit in Sprache bannen und diese repräsentieren sollen. Als solche sind sie notwendigerweise immer irgendwie falsch und unvollständig, denn wir kommen gar nicht umhin, gewisse Dinge auszuklammern, um unsere inneren Landkarten der Wirklichkeit überhaupt zeichnen zu können. Mit einem Stadtplan von Berlin *mit allen Details* – doch dafür in der *Größe* Berlins – wäre eben nicht viel gewonnen. Wir müssen daher reduzieren, eindampfen und Details weglassen, damit unsere Landkarten navigierbar und unsere Geschichten verdaulich bleiben.

Durch die Reduktion werden sie immer auch falsch. Doch deswegen *keine* Repräsentationen zu verwenden ist auch keine Lösung. Wir kommen nicht *ohne* diese Geschichten und Landkarten aus, wenn wir unserem Leben Bedeutung verleihen und erfolgreich unseren Alltag navigieren wollen.

Im Folgenden erzähle auch ich eine Geschichte. Eine Geschichte über den Tod und das Leben, über Niedergang und Aufstieg – getarnt als ein unscheinbares, leicht akademisch anmutendes Business-Buch über eine neue Art und Weise, miteinander zu arbeiten und Organisationen zu strukturieren – »Holacracy« genannt. Es ist eine Geschichte, die eng mit meiner Person verknüpft und verwoben ist. Sie dokumentiert mein inneres und äußeres Ringen mit einer konkurrierenden Erzählung – einer Erzählung, die im Grunde darauf hinausläuft, dass ich meine letzten 17 Jahre auf das falsche Pferd gesetzt und mich dabei leider heillos in der Illusion einer besseren Arbeitswelt verrannt habe. Eine Erzählung, die davon ausgeht, dass man Menschen besser nicht vertrauen sollte und dass jegliche Alternative zur klassischen Managementhierarchie letztlich doch zum Scheitern verurteilt ist. Es geht also ans Eingemachte.

Aber mal ehrlich: Wen soll dieses obskure Thema hinter dem Ofen hervorlocken, vielleicht abgesehen von ein paar idealistischen Organisationsentwicklungs-Nerds und ein paar Dutzend Organisationssoziologen? Warum soll das irgendwie wichtig sein?

Die meisten von uns verbringen einen Großteil ihrer Wachzeit auf der Arbeit. Die Geschichten, die wir uns kollektiv über diesen Teil unseres Lebens erzählen, determinieren, ob wir uns dabei als Opfer oder als Schöpfer empfinden, ob wir arbeiten »müssen« oder arbeiten »wollen«, ob

Organisationen Menschen als Objekte für Profitzwecke benutzen oder ob sie mithilfe von Menschen als Subjekten co-kreativ dafür sorgen, dass wir alle Verantwortung für einen größeren Sinn und Zweck auf diesem Planeten übernehmen.

Nun könnte man fragen: Was stört es die Eiche, wenn sich die Sau daran reibt? Wenn Holacracy so toll ist, wird das die Kritiker am Ende nicht von selbst eines Besseren belehren und verstummen lassen? Letztlich denke ich, dass das richtig ist. Und gleichzeitig macht es aus meiner Sicht trotzdem Sinn, Missverständnisse und Fehlinterpretationen über Holacracy geradezurücken – und sei es nur um des Strebens nach Wahrheit und Wahrhaftigkeit willen.

Wir leben zudem in einer Ära schrumpfender Aufmerksamkeitsspannen, in der die meisten von uns keine Zeit haben, um den Dingen tiefer auf den Grund zu gehen. Wir lagern daher unser kritisches Denken an vertrauenswürdige Institutionen wie die Wissenschaft aus. Ich schließe mich da ein. Wenn diese Institutionen aber verzerrende Geschichten produzieren – und das tun sie leider manchmal – dann ist es an der Zeit, sie zur Rede zu stellen und ihre Arbeit selbst auf den Prüfstand zu stellen. Andernfalls halten diese negativ gefärbten Geschichten womöglich andere davon ab, Holacracy *überhaupt* eine faire Chance zu geben. Basierend auf meinen persönlichen Erfahrungen mit Holacracy finde ich diesen Gedanken nur schwer erträglich. Daher dieses Buch.

Das Buch ist in vier Kapitel und ein zusammenfassendes fünftes gegliedert: In Kapitel 1 stelle ich für alle, die noch nie etwas von Holacracy gehört haben, den Kontext her: was Holacracy ist, wo es herkommt, was zentrale Elemente der Praxis sind usw. Ich kontrastiere Holacracy mit der Soziokratie und schildere meinen persönlichen Weg und meine Erfahrungen mit der Methode. Dieses Kapitel gibt einen groben Überblick und Kontext für Außenstehende in Bezug auf Holacracy, versteht sich aber nicht als eine erschöpfende Einführung.[3] Im Übrigen ist Holacracy vor allem eine Praxis. Und als solche lernt man sie am besten, indem man sie selbst ausprobiert, nicht durch die Beschreibungen anderer.

In Kapitel 2 wende ich mich der *Kritik an Holacracy* im Einzelnen zu. Ich nehme dabei Bezug auf wissenschaftliche Publikationen und ergänze die Beobachtungen bzw. widerspreche der Interpretation dieser Daten, wo ich es aus der Sicht eines Holacracy-Praktikers, der sich der Wahrheit verpflichtet fühlt, für geboten halte.

Kapitel 3 führt *»Polaritätsmanagement«* nach Barry Johnson als relevante theoretische Linse zur Einordnung und Interpretation der Forschungsergebnisse ein. In diesem Kapitel argumentiere ich, dass die Praxis von Holacracy dabei hilft, typische Polaritäten in Organisationen besser zu managen. Aufgrund der ungewöhnlichen *Sowohl-als-auch*-Logik einer Arbeit mit

3 Eine etwas ausführlichere Beschreibung gebe ich in Kapitel 6 von Hollmann, J. & Daniels, K. (2016). Anders wirtschaften: Integrale Impulse für eine plurale Ökonomie (2., aktual. Aufl.). Wiesbaden: Springer.

Polaritäten (anstelle einer *Entweder-oder-Logik*, die immer nur einen Pol als richtig sieht) werden häufige Missverständnisse in Bezug auf Holacracy leichter nachvollziehbar.

In Kapitel 4 geht es mir zum Abschluss darum, mithilfe der *integralen Theorie* einen erkenntnistheoretischen Gesamtrahmen bereitzustellen, in denen partielle Teilwahrheiten gewahrt und ihre Beiträge angemessen gewürdigt werden können. Ich stelle die Frage, wie es möglich ist, dass jeder aus seiner Warte (zumindest ein bisschen) Recht haben kann und wie man mithilfe eines Gesamtrahmens am Ende doch Sinn aus diesem scheinbaren Perspektivensalat machen kann. Auf diese Weise versuche ich, meinen Beitrag zu einem fruchtbareren Dialog zwischen Organisationspraktikern und Organisationsforschern zu leisten. Dafür ist genuine und wohlwollende Neugier nötig: *Verstehen zu wollen ist sogar noch wichtiger als verstanden zu werden.*

Möge die Geschichte, die ich erzähle, mehr Raum und mehr Weite schaffen, so dass im Leser[4] eine innere Zuversicht entstehen kann, dass wir nicht *trotz*, sondern *mithilfe* von Organisationen unsere Probleme als Menschheit in den Griff bekommen können.

Dennis Wittrock, Oktober 2023

4 Aus Gründen der besseren Lesbarkeit wird bei Personenbezeichnungen und personenbezogenen Hauptwörtern in diesem Buch das generische Maskulinum verwendet. Entsprechende Begriffe gelten im Sinne der Gleichbehandlung grundsätzlich für alle Geschlechter. Die verkürzte Sprachform hat nur redaktionelle Gründe und beinhaltet keine Wertung.

1 Zum Kontext: Was ist Holacracy?

Holacracy, zu Deutsch »Holakratie« (oder manchmal fälschlich auch »Holocracy« oder »Holokratie«), ist eine neuartige Methode des Selbstmanagements bzw. der Selbstorganisation, die eine echte Alternative zur konventionellen Managementhierarchie darstellt. Holacracy beschreibt eine organisationale Praxis, welche die Entscheidungsbefugnis dezentral an Untereinheiten der Organisation – Kreise und Rollen – verteilt. Dadurch ermöglicht es die Selbstorganisation auf Teamebene und echtes Empowerment der Mitarbeitenden.

Auf diese Weise ersetzt Holacracy das klassische Managementsystem mit seinen schwerfälligen Entscheidungskaskaden über mehrere Managementebenen hinweg, wodurch Entscheidungsprozesse dramatisch beschleunigt werden und die Agilität und Responsivität des Unternehmens zunehmen. Gleichzeitig erlaubt Holacracy allen Mitarbeitenden, durch klare Prozesse die Strukturen und Regeln der Organisation kontinuierlich in kleinen Schritten weiterzuentwickeln, wodurch diese stets wandlungsfähig und relevant bleiben.

Als »organisationales Betriebssystem«, basierend auf einer expliziten Verfassung als Regel-Set, stellt Holacracy eine universelle Plattform für Selbstmanagement von Organisationen dar, welche hochgradig flexibel und anpassbar ist, während sie gleichzeitig praxisbewährte Lösungen für die üblichen Standardprobleme von Organisationen bietet.

Wurzeln und Einflüsse von Holacracy

Holacracy wurde seit 2001 durch den US-Amerikaner Brian Robertson und seinen Kollegen in seiner damaligen Softwarefirma »Ternary« im Versuch-und-Irrtum-Modus entwickelt und verbindet die Einflüsse zahlreicher Modelle und Praktiken auf neue Weise. Eingeflossen sind nach Robertsons Aussage die Arbeiten von Jim Collins, Peter Senge, Barry Oshry, Patrick Lencioni, Linda Berens, Agile Softwareentwicklung, die Schriften und Lehren von Kent Beck, Ken Schwaber, Jeff Sutherland, Mike Cohn und Mary Poppendieck sowie David Allens *Getting-Things-Done*-Methode (»GTD«).

Ab 2004 stieß Robertson auf Gerard Endenburgs Arbeit und die Soziokratie, aus der viele entscheidende Elemente, wie die Organisation in Kreisen, die Doppelverbindung zwischen Kreisen sowie viele Aspekte des Konsent-Entscheids in Holacracy eingeflossen sind. Später kamen Ken Wilbers Ideen über Holarchien und Elliot Jaques' Modell der erforderlichen Organisation hinzu. Ab 2007 gründete er die Beratungsfirma *HolacracyOne* und formalisierte die Praxis in Form der »Holacracy-Verfassung«.[5]

5 Siehe dazu auch Robertson, B. (2014, Juni). Die Geschichte von Holacracy: Die Entdeckung eines evolutionären Algorithmus. Xpreneurs Blog. Abgerufen am 1. Juni 2023, von https://www.xpreneurs.co/blog/holacracy-8/die-geschichte-von-holacracy-507

1.1 Was ist besonders an Holacracy?

Holacracy strukturiert eine Organisation anhand ihres übergreifenden Sinn und Zwecks (Purpose)[6]. Die Arbeit der Organisation wird organisch in Rollen und Sub-Kreise gegliedert, deren Sinn und Zweck jeweils auf den übergreifenden Sinn und Zweck einzahlt. Jeder Kreis und jede Rolle hat ein hohes Maß an Autonomie und darf seinen Sinn und Zweck und seine spezifischen Verantwortlichkeiten selbst interpretieren und selbstorganisiert zum Ausdruck bringen.

Eine weitere Besonderheit von Holacracy ist die *inverse Befugnisstruktur* im Vergleich zu klassischen Organisationen. In der klassischen Organisation ist tendenziell alles verboten, was nicht explizit erlaubt ist: Bevor man handelt, benötigt man erst die Erlaubnis von seinen Vorgesetzen. In Holacracy ist es dagegen erlaubt, alles zu tun, was nicht durch die Regeln der Verfassung oder selbst geschaffene Regeln der Organisation explizit verboten worden ist.[7] Dank dieses systemischen Vorschussvertrauens muss man unter Holacracy nicht erst fragen, bevor man handeln darf, was die Schnelligkeit der Entscheidungen dramatisch erhöht und selbstbestimmtes Handeln und Eigeninitiative fördert. Die Befugnis zu handeln, ist wahrhaft dezentralisiert und über die Organisation verteilt.

In Holacracy wird unterschieden zwischen der Arbeit im operativen Tagesgeschäft, »Operations«, und der Arbeit an der Struktur, »Governance«. Das erstere ist die Arbeit *in* der Organisation und das letztere die Arbeit *an* der Organisation. Beide folgen jeweils einem expliziten Regelset, das durch die Holacracy-Verfassung definiert ist.

1.1.1 Die Holacracy-Verfassung

Die Holacracy-Verfassung ist das Dokument, das die grundlegenden strukturellen Elemente einer holarchischen Organisation definiert und die Regeln und Prozesse von Holacracy darlegt. Es definiert die Struktur, die Regeln der Zusammenarbeit, die Entscheidungsbefugnisse und die Governance der Organisation. Die Verfassung besteht aus **fünf Artikeln**. Im Folgenden eine kurze Übersicht der wichtigsten Inhalte und wofür sie nützlich sind.

1.1.1.1 Artikel 1: Organisationsstruktur

Artikel 1 dient als Fundament für alle weiteren Artikel, um eine flexible, skalierbare Rollenstruktur zu schaffen, anhand derer die Arbeit organisiert werden kann.

6 »Sinn und Zweck« ist die Übersetzung für »purpose«. Konsistent mit der Verwendungsweise in der Holacracy-Verfassung schreibe ich diese Wendung im Genitiv so: »eines Sinn und Zwecks«.

7 In Kapitel 2 gehe ich näher auf die inverse Befugnisstruktur in Holacracy ein.

In diesem Artikel werden die grundlegenden Strukturelemente von Holacracy, nämlich Rollen und Kreise, sowie grundlegende Verantwortlichkeiten von Rollen-Leads definiert. Ferner werden die Befugnisse systemtragender Rollen (Kreis-Lead, Prozessmoderator, Kreis-Sekretär) beschrieben, die jeder Kreis benötigt.

1.1.1.2 Artikel 2: Regeln der Zusammenarbeit

Artikel 2 ersetzt die üblichen vagen, impliziten Normen der Zusammenarbeit durch Regeln, die auf bewährten Praktiken beruhen. Er definiert verschiedene Pflichten, die alle Rolleninhaber (»Rollen-Leads«) gegenüber anderen Rollen haben, und schafft dadurch Klarheit, Konsistenz und Augenhöhe.

Pflicht zur Transparenz ermöglicht es, Informationen darüber einzuholen, woran die Kollegen gerade arbeiten. Die *Pflicht zur Verarbeitung* (»processing«) beschreibt allgemeine Regeln darüber, was man von Kollegen hinsichtlich der Bearbeitung von Anfragen erwarten kann. Die *Pflicht zur Priorisierung* beschreibt Regeln zur Priorisierung des Arbeitsflusses, so dass die Autonomie des Rollen-Leads, aber auch die Bedürfnisse des Kreises und der größeren Organisation in Balance bleiben.

Der Aspekt *Beziehungsvereinbarungen* schließlich schafft eine Konvention darüber, wie Erwartungen, die an Menschen und nicht an Rollen gerichtet sind, bei Bedarf explizit geregelt werden können.

1.1.1.3 Artikel 3: Tactical Meetings

In den meisten Organisationen laufen Meetings eher suboptimal. Daher installiert die Verfassung in Artikel 3 einen hochgradig effizienten Prozess für jedes Team, um sich in Bezug auf das Tagesgeschäft abstimmen zu können. In diesem Meeting stützt man sich auf die Erwartungen an die Rollen der Organisation, die man zuvor mithilfe von Artikel 1 definiert hat.

In der sogenannten »Präambel« des Tactical Meetings verschafft sich das Team mithilfe von Checklisten, Kennzahlen und Berichten über Projektfortschritte schnell einen Überblick über die aktuellen Daten, die die Arbeit des Kreises betreffen – jedoch ohne schon in Diskussionen abzudriften.

Der von einem Prozessmoderator geleitete Prozess hat eine offene Agenda, die an Ort und Stelle erstellt wird, was jedem Teammitglied ermöglicht, jederzeit eigene Themen einzubringen. Dadurch, dass jeweils nur ein Agendapunkt nacheinander bearbeitet wird, ermöglichen die Regeln von Artikel 3, dass die Zeit effizient genutzt wird, so dass jedes Anliegen in der zur Verfügung stehenden Zeit Raum bekommt und die anfragende Person jeweils bekommt, was sie braucht, um in ihren Rollen autonom weiterarbeiten zu können.

1.1.1.4 Artikel 4: Verteilte Befugnis

Der vierte Artikel definiert die Grenzen der Befugnis, autonom in Rollen zu handeln. Dadurch eliminiert er die Unsicherheit, die durch Unklarheit darüber entsteht, ob ein Rollen-Lead eine bestimmte Entscheidung treffen und die damit verbundene Handlung ausführen darf oder nicht: Befreiung durch Begrenzung.

Artikel 4 verleiht die *Befugnis zum Handeln*, die *Befugnis der Interpretation* der Governance-Aufzeichnungen und der Verfassung selbst sowie die *Befugnis zu »individueller Initiative«*, mit der Erlaubnis, in definierten Ausnahmesituationen die Regeln brechen zu können, wenn es die Situation erfordert.

Befugnis zum Handeln ermächtigt den Rollen-Lead, seine Rolle zu führen und alles zu tun, was er für sinnvoll hält, um den Sinn und Zweck oder die Verantwortlichkeiten seiner Rolle zum Ausdruck zu bringen – solange er dabei die expliziten Einschränkungen beachtet, die in der Verfassung oder in den eigenen Governance-Aufzeichnungen der Organisation definiert sind.

Befugnis der Interpretation bekräftigt das individuelle Urteilsvermögen des einzelnen Rollen-Leads zur Auslegung der eigenen Rollendefinition und entlastet dadurch die Kreis-Leads bzw. ehemalige Führungskräfte, dies für die Rolle zu leisten. Stattdessen geschieht die Auslegung auf dezentralisierte Art und Weise.

Befugnis zu »individueller Initiative« anerkennt, dass Regeln und Richtlinien in Notfällen manchmal im Weg stehen, und ermächtigt einen Rollen-Lead – innerhalb definierter Leitplanken – jederzeit dasjenige für die Organisation zu tun, was nicht erst auf explizite Erlaubnis von anderen Rollen warten kann, wenn in dringenden Fällen Schaden von der Organisation abgewendet werden soll.

1.1.1.5 Artikel 5: Governance-Prozess

Artikel 5 beantwortet die Frage, wie sich die selbst gegebene Organisationsstruktur über die Zeit graduell auf dezentrale Weise mit der Organisation mitentwickeln kann. Der dafür verwendete Governance-Prozess wird in jedem Kreis benutzt und *gibt jedem Rollen-Lead die Möglichkeit, Verbesserungen an der Struktur vorzuschlagen* – nicht bloß »den Managern« an der Spitze der Organisation. Der Artikel definiert den *Prozess der integrativen Entscheidungsfindung*, der in moderierten Governance-Meetings verwendet wird, sowie einen *Prozess zur Testung von Sicherheitsbedenken* gegen Vorschläge, damit Veränderungen keinen Rückschritt für die Organisation bedeuten.

Wenn *jeder selbst Verbesserungsideen vorschlagen* und durch den Prozess verarbeiten kann, entlastet das ehemalige Führungskräfte, sich zu allen Ideen verhalten zu müssen. Zudem kann die kollektive Intelligenz der Gruppe stärker in die Veränderung einfließen.

Der *Prozess der integrativen Entscheidungsfindung* stellt einen disziplinierten Gesprächsrahmen bereit, in dem jeder zu Wort kommen und gehört werden kann, und führt langsam, aber stetig und zuverlässig zu Ergebnissen, die die entscheidenden Perspektiven integrieren. Dadurch können fruchtlose Endlosdiskussionen und hitzige Debatten, in denen einander nicht zugehört wird, vermieden werden. Der darin enthaltene *Prozess zur Testung von Sicherheitsbedenken* ermöglicht mithilfe klarer Testkriterien, nur diejenigen Argumente auszusortieren, die gewichtige Einwände darstellen und deren Vernachlässigung zu einem Schaden für die Organisation führen würde.

Die *dezentrale Natur des Governance-Prozesses* auf jeder Ebene der Organisation führt dazu, dass organisationales Lernen wesentlich schneller und effizienter stattfinden kann und es mehr Perspektiven aus allen Rollen mit einbezieht, als dies durch eine zentralistische Steuerung von der Spitze der Organisationspyramide aus möglich wäre.

1.1.1.6 Modulare Einführung der Artikel der Verfassung

Bei der Einführung von Holacracy ratifiziert eine mit formaler Macht ausgestattete Instanz (Eigentümer, Geschäftsführung, Vorstand, Abteilungsleitung o. ä.) diese Verfassung und überträgt damit die persönliche Macht in ein transparentes und für alle gleichermaßen gültiges Regelwerk für Zusammenarbeit. Dies ist der Beginn für einen tiefgreifenden Machtwechsel (»Power Shift«) unter den Beteiligten hin zu einer Arbeit auf Augenhöhe mit gleichen Rechten und Pflichten gemäß Verfassung.

Dabei kann Holacracy seit dem Erscheinen der Verfassung in der Version 5.0 auch auf modulare Weise Artikel für Artikel eingeführt werden. Voraussetzung für die Annahme eines jeglichen Artikels ist die Annahme von Artikel 1, welcher grundlegende Konstrukte wie Rollen und Kreise definiert. Darüber hinaus können weitere Module, d. h. Artikel, in beliebiger Reihenfolge je nach Bedarf herangezogen werden, z. B. Artikel 3 – »Tactical Meetings«, wenn die Organisation ihre Meeting-Prozesse verbessern möchte, Artikel 2, um die allgemeinen Regeln der Zusammenarbeit im Tagesgeschäft zu klären, usw.

1.1.1.7 »Konstitutionelles Management« und »Citizenship« bei der Arbeit

Der französische Holacracy Master Coach Bernard Marie Chiquet prägte 2019 den Begriff des »konstitutionellen Managements« (»management constitutionnel«) – quasi eine gänzlich neue Spezies von Management, als deren ersten reifen Ausdruck er Holacracy sah:

> »Konstitutionelles Management ist nichts anderes als ein Managementsystem, in dem die Machthaber, meist die Führungskräfte, eine Verfassung für die Organisation verabschieden, die die Art und Weise der Machtausübung durch Regeln und Prozesse regelt, die für alle gelten, auch für sie selbst. Dieses System ermöglicht den Übergang von einer hierarchischen Macht zu einer verfassungsmäßigen Macht, die Gesetze erlässt, das

> heißt, sie richtet sich nach den in der gewählten Verfassung festgelegten Rechtsregeln und verteilt diese. Jeder wird entsprechend seiner Rolle zum Inhaber bestimmter Befugnisse, die durch Richtlinien, die alle verpflichten, umrahmt und begrenzt werden.«[8]

Wenn der klassische Chef – analog zu einem Monarchen, der eine nationale Verfassung ratifiziert – einwilligt, sich durch die Regeln der Holacracy-Verfassung binden zu lassen, müssen auf der anderen Seite die Mitarbeitenden, die bisher nur ausführende Untertanen waren, ebenfalls neue Qualitäten als ›Bürger‹ in dieser neuen ›organisationalen Staatsordnung‹ entwickeln. Es ist analog dazu sehr passend, dass der niederländische Holacracy Master Coach Diederick Janse die Gelegenheit und den Bedarf sieht, eine Fähigkeit, die er »Citizenship«, also Bürgerschaft nennt, vermehrt in die Organisationen zu bringen.

> **»Citizenship *in* und Citizenship *von* Organisationen**
> Citizenship ist die Bereitschaft und Fähigkeit, an einer Gemeinschaft teilzunehmen und dazu beizutragen. Wir verbinden den Begriff üblicherweise mit dem Staat, den Wahlen und unserem Pass. Warum ihn also auf diese neue Weise verwenden? Warum nicht die vorhandene Sprache des Mitarbeiter-Engagements, der Teilnahme oder der persönlichen Führung verwenden?
>
> Ich habe das Gefühl, dass Citizenship ein mächtigeres Konzept ist. Es lädt uns ein, Organisationen als Gemeinschaften zu sehen: solche, die uns prägen, die wir aber auch zusammen gestalten. Citizenship ist mehr als Führung. Es geht um Zugehörigkeit. Es ersetzt das autonome Individuum (wie den gepriesenen ›Leader‹) durch die differenziertere Geschichte eines Community-Mitglieds. Und im besten Fall ist Citizenship inklusiv. Sie erkennt, dass jeder eine Stimme und eine Rolle hat, anstatt nur wenigen Exklusiven die Macht zu geben.«[9]

Für die allermeisten Organisationen – selbst solche, die bereits Holacracy praktizieren – mag beides viel zu weit führen: sowohl die Neuinterpretation der Organisation als Community, in der man sich im Sinne von »Citizenship« engagieren und jenseits seiner Organisationsrollen als Mitglied auch menschlich zugehörig fühlen kann, als auch die Betrachtung der Organisation als Teil einer größeren Gemeinschaft von Organisationen, die einen Impact auf die Welt als Ganzes hat. Doch durch Holacracy ist diese Vision wesentlich konkreter geworden.

In einer Demokratie macht zwar auch nicht jeder von seinem Recht als Staatsbürger Gebrauch, sich in der »Governance« des Staates zu engagieren, d.h. wählen oder abstimmen zu gehen oder sich für ein politisches Amt zu bewerben. Und dennoch ist es gut, dass all dies möglich ist.

---

8 Siehe Chiquet (2020, 6. Januar). Libérer la puissance des collaborateurs grâce au management constitutionnel. Harvard Business Review France. 4. Absatz, eigene Übersetzung. Abgerufen am 28. Mai 2023, von https://www.hbrfrance.fr/chroniques-experts/2020/01/28925-liberer-la-puissance-des-collaborateurs-grace-au-management-constitutionnel/

9 Janse, D. (2023, 17. Mai). How Citizenship is at the Heart of Self-Governance. Corporate Rebels. Eigene Übersetzung. Abgerufen am 28. Mai 2023, von https://www.corporate-rebels.com/blog/citizenship-heart-of-self-governance

Ebenso ist es auch in Holacracy. Nicht jeder macht im selben Maße von den Einflussmöglichkeiten des Governance-Prozesses Gebrauch. Und doch steht durch die Regeln der Verfassung die Tür dafür jederzeit offen. Nur hindurchgehen muss man selbst.

Wie man leicht an der aktuellen Versionsnummer im Titel, » v5.0«, erkennen kann, ist die Verfassung ein lebendiges Dokument, das (mittlerweile) von der breiteren Gemeinschaft der Holacracy-Praktizierenden weiterentwickelt wird.[10] Somit fließt die kollektive Weisheit aus tausenden praktischen Experimenten und Erfahrungen der Community auf dezentrale Weise kontinuierlich in die Verbesserung des Quellcodes der Holacracy-Praxis ein. Auch darin kann man bereits Ansätze eines Citizenship-Engagements erkennen: ein internationaler Diskurs analog zu den Ideen der Verfassung der Vereinigten Staaten, welche seinerzeit jenseits des Atlantiks die Französische Revolution inspirierten.

1.1.2 Führung in Holacracy

In der Presse ist oft zu lesen: »Holacracy schafft die Manager ab«. Das gilt zwar für die *Stelle* bzw. *Position* des Managers, man muss aber gleichzeitig festhalten, dass *Führung weiterhin wichtig für die Organisation* bleibt – sie wird nur anders realisiert in Holacracy. Führung ist stärker verteilt. Jeder führt seine Rolle. Oder in der Terminologie der Verfassung v5.0: Jeder ist ein »Rollen-Lead«. Und dann gibt es noch Rollen, die gleichzeitig eigene Kreise sind bzw. haben. Diese sind dann »Kreis-Leads« (v5.0) für ihren Kreis, bzw. »Lead Links« in der Sprachregelung der früheren Version der Verfassung (v4.1). Sie verantworten gegenüber dem Super-Kreis die Ergebnisse ihres Sub-Kreises, der wiederum eigene Rollen haben kann, die von anderen Personen gefüllt werden.

Kreise in Holacracy

Ein »Super-Kreis« ist ein übergeordneter Kreis, der mehrere Rollen und »Sub-Kreise« enthalten kann. Die Begriffe sind relativ zum Standpunkt des Beobachters zu verstehen. Der äußerste bzw. höchste Kreis ist der sogenannte »Ankerkreis«. Er hat selbst keinen Super-Kreis und enthält alle Rollen und Sub-Kreise.

Kreis-Leads in Holacracy sind keine Manager im klassischen Sinne. Sie haben keine disziplinarischen Aufgaben, sondern einen rein fachlichen Fokus. Für alle disziplinarischen Aspekte, wie z. B. die Übernahme der gesetzlichen Fürsorgepflicht, der Rekrutierung, Gehaltseinstufungen oder Trennung von Mitarbeitenden, schaffen sich Unternehmen in Holacracy gesonderte Rollen oder Prozesse, um diese abzubilden. Diese Trennung kann eine Entlastung sein für ehemalige Führungskräfte, die eine der beiden Seiten (menschliche oder fachliche Führung) besser beherrschen, da sie nun eine Rolle entsprechend ihren Fähigkeiten finden können, ohne dass angenommen wird, dass sie *beides* gut beherrschen, was selten ist.

10 HolacracyOne (o. D.). Holacracy Constitution. GitHub.

Kreis-Leads dürfen anderen Rollen keine Befehle geben, sondern müssen Arbeit von den jeweiligen Rollen anfragen, welche zum Sinn und Zweck bzw. den Verantwortlichkeiten der angefragten Rolle passt – wie alle anderen Rollen auch. Sie dürfen allerdings die von den Rollen-Leads angenommene Arbeit im Sinne der Erreichung der Ziele des Kreises für sie priorisieren bzw. eine entsprechende Strategie festlegen, an der sich die anderen Rollen ausrichten müssen.

Kreis-Leads haben zudem standardmäßig die Kontrolle über die Besetzung der Rollen ihres Kreises mit passenden Menschen sowie die Kontrolle über die Freigabe der Ressourcen des Kreises. (Allerdings wird die Dynamik dieser Ressourcen-Kontrolle in v5.0 der Verfassung umgekehrt. Jede Rolle darf hier eine Ausgabe-Intention äußern, die automatisch freigegeben wird, wenn niemand innerhalb einer bestimmten Zeit Bedenken dagegen vorbringt. Kreis-Leads dürfen die Ausgabe stoppen, doch dafür müssen sie aktiv werden, nicht umgekehrt.)

Ein weiterer Unterschied ist, dass »Kreis-Lead« bzw. »Lead Link« sein kein Vollzeitjob ist, wie das beim klassischen Manager der Fall ist. Es ist nur eine weitere Rolle und sollte in der Regel nicht mehr als 10% der Arbeitszeit umfassen. Den Rest der Zeit sollte die Person in ihren anderen Rollen verbringen und andere Arbeit tun. Tut sie regelmäßig mehr, als durch die Verantwortlichkeiten der Lead-Link-Rolle spezifiziert wird, so sollten diese regelmäßigen Aktivitäten durch den Governance-Prozess in einer eigenen Rolle außerhalb der Lead-Link-Rolle dokumentiert werden. Man darf einer einzelnen Lead-Link-Rolle keine zusätzlichen Verantwortlichkeiten hinzufügen, man darf sie aber durch Governance weiter dekonstruieren – durch die Dezentralisierung ihrer Verantwortlichkeiten und Domänen in andere Rollen oder Prozesse.[11]

Wer früher Abteilungsleiter oder Führungskraft war, wird erfahrungsgemäß oft Kreis-Lead in Holacracy. Er ist dann aber eher »Gärtner« seines Kreises, nicht »General«, d. h. er kommandiert Leute nicht herum, sondern sorgt dafür, dass die Hindernisse aus dem Weg geräumt werden, die den Kreis an der Erfüllung seines Sinn und Zwecks hindern.

Ehemalige Führungskräfte müssen in Holacracy ihre Fähigkeiten unter den veränderten Vorzeichen einer verteilten Befugnisstruktur neu interpretieren und einen Weg finden, wie sie der Organisation auf neue Weise dienen können. Coaching von außen kann bei diesem Umlernprozess sehr wertvoll sein.

11 Es gibt Unterschiede zwischen «Kreis-Lead«-Rolle, nach Verfassung v5.0, und «Lead-Link«-Rolle, nach Verfassung v4.1. In der alten Version (4.1) hat die Lead-Link-Rolle klar definierte Verantwortlichkeiten, die im Appendix aufgelistet sind. Diese können nicht ergänzt werden, sie können der Rolle aber entzogen und verteilt werden. Die Verantwortlichkeiten und Befugnisse der «Kreis-Lead«-Rolle in Verfassung v5.0 werden zwar beschrieben, doch nicht mehr im Anhang als explizite Liste aufgeführt. Stattdessen wird eher betont, dass der Kreis-Lead den gesamten Sinn und Zweck des Kreises hält. Die Kreis-Lead-Rolle darf jetzt auch unter bestimmten Bedingungen um neue Verantwortlichkeiten erweitert werden.

1.1.3 Arbeit in Rollen

In Holacracy hat jede Rolle einen Sinn und Zweck, der zum umfassenderen Sinn und Zweck des Kreises beiträgt, in dem sie enthalten ist. Normalerweise umfasst eine Rollenbeschreibung auch eine Liste von Verantwortlichkeiten, welche wiederkehrende Tätigkeiten sind, die man explizit von der Rolle erwarten kann. Optional kann einer Rolle zusätzlich die Treuhandschaft für Domänen übergeben werden, welche eigens »eingezäunte« Bereiche darstellen, auf die nur nach Rücksprache mit dem Domäneninhaber zugegriffen werden darf.

Die Unterscheidung von »role and soul«, bzw. von Rolle und Mensch ist zentral in Holacracy. Menschen »sind« nicht ihre Positionen, stattdessen »füllen sie die Rollen« der Organisation und erwecken sie damit zum Leben. Die Rollen und Kreise sind die Konstrukte der Organisation und gehören ihr. Die Menschen hingegen gehören nicht der Organisation, sie gehören sich selbst. Sie sind »Partner« der Organisation, nicht »Teile« der Organisation (*»partners, not parts«*). In Holacracy übt die Organisation keinen Zwang auf die Partner aus. Jeder kann jederzeit Rollen übernehmen und auch wieder ablegen. Niemand muss Rollen annehmen, die er nicht füllen möchte.

Hierin zeigt sich schon, dass es entscheidende Unterschiede zwischen klassischen Stellenbeschreibungen und Rollen in Holacracy gibt. Rollen sind wesentlich leichtgewichtiger und in der Regel kleiner als klassische »Stellen«. Somit ist es möglich und normal, dass Partner mehrere Rollen gleichzeitig ausüben, oft auch in mehreren Kreisen der Organisation. Die Gleichung »ein Mensch = eine Stelle« gilt in Holacracy nicht mehr. Auf der anderen Seite können aber auch mehrere Partner dieselbe Rolle füllen. Man spricht dann von einer mehrfach besetzten Rolle.

Durch die Differenzierung von Mensch und Rolle wird ihre teilweise problematische Fusion beendet. Menschen »kleben« weniger an statusbehafteten Titeln und Positionen als in klassischen Organisationen und haben im Gegenzug mehr Freiheit, ihr komplettes Spektrum an Fähigkeiten in fluider Weise über mehrere Rollen zu verteilen. Dies bietet komplett neue Möglichkeiten der Gestaltung der eigenen Arbeitskarriere.

Die Differenzierung von Mensch und Organisation drückt sich auch darin aus, dass man bei der Strukturierung der Organisation zunächst von der Seite der Arbeit her denkt. Man erschafft nicht eine Stelle, die auf einen Menschen zugeschnitten ist, sondern man erschafft primär eine Rolle, weil sie notwendig ist, um die Arbeit der Organisation zu erledigen. Welcher Partner die Rolle letztlich füllen wird, ist eine nachgelagerte Überlegung.

Analog dazu beginnt man nicht mit einer Gruppe von Menschen, die ein Team bilden sollen, sondern man bildet einen Kreis, damit sich bestimmte Rollen hinsichtlich ihrer Arbeit besser synchronisieren können. Dass die Menschen in einem Kreis zu einem »Team« zusammenwachsen, ist allenfalls ein nachgelagerter Effekt. Der Ausgangspunkt ist immer der Sinn und Zweck der Organisation und wie er durch die Arbeit zum Ausdruck gebracht werden kann.

1.1.4 Spannungen

Eine »Spannung« bezeichnet in Holacracy die Lücke zwischen einem Ist-Zustand und einem Soll-Zustand. Je größer der Abstand zwischen beiden, desto größer ist die Spannung – wie bei einem Gummiband, das man immer weiter auseinanderzieht. Wenn man in Holacracy eine Rolle füllt, so dient der Mensch in der Rolle als eine Art »Sensor« für die Organisation, indem er ihr seine Sinne zur Verfügung stellt. Er erspürt im Sinne der Organisation Spannungen und hat die Pflicht, sie zu erfassen und für seine Rollen zu lösen. Sowohl »Probleme« als auch »Chancen« können Spannungen darstellen. Ob das Glas nun »halb leer« oder »halb voll« ist, ist für Holacracy irrelevant – der *Abstand* zwischen »Ist« und »Soll« bildet den Kern der Spannung.

Diese Spannungen dienen der Organisation als Information in Bezug darauf, ob sie sich in Richtung ihres Sinn und Zwecks bewegt oder nicht. Gleichzeitig sind sie Treibstoff für Handlung und Veränderung. Sie sind somit entgegen der landläufigen Assoziation nichts per se etwas Schlechtes, eher etwas Gutes, gar Lebensnotwendiges. Ein Merkmal lebender Systeme ist es, dass sie kontinuierlich auf Umweltreize in Form von Spannungen reagieren. Solange die Organisation Spannungen verarbeitet, bedeutet es, dass sie lebendig ist. Ein komplett spannungsfreier Zustand hieße demnach, dass die Organisation bereits *tot* ist. Das kann also nicht das Ziel sein.

Menschen spüren alle möglichen Arten von Spannungen: Spannungen für ihre Rollen, Spannungen in Bezug auf die Struktur der Erwartungen, persönliche Spannungen oder zwischenmenschliche Spannungen. Für die ersteren beiden bietet Holacracy Meeting-Formate zur Lösung an, für die letzteren beiden bedarf es eigener Formate und Lösungen. So oder so: Die Arbeit in Holacracy lädt dazu ein, eine Differenzierung zwischen menschlichen und organisationalen Spannungen vorzunehmen (vgl. Kap. 2.3).

Wenn die Lernreise gut verläuft, kommt man von *unbewusster Fusion* von Rolle und Mensch hin zu einer *bewussten Differenzierung* und schließlich zu einer *bewussten Integration* der beiden Elemente im Bewusstsein der Mitarbeiter und der Kultur im Ganzen.

1.1.5 Exkurs: Getting Things Done (GTD) in Holacracy

GTD von David Allen[12] ist eine *individuelle* Selbstmanagement-Methode zur Organisation des eigenen Arbeitsflusses. Sie ermöglicht es, ein verlässliches System aufzubauen, in welchem man alle seine Aufgaben erfassen, organisieren und dynamisch priorisieren kann. Der Nutzer kann alle seine »losen Enden«, ob beruflicher oder privater Natur, an *einem* zentralen Ort wiederfinden und überblicken. Das hat die Wirkung, dass er sich selbst davon entlastet, sich auf stressvolle Weise ständig ungewollt an offene Aufgaben erinnern zu müssen, und sich stattdessen auf die aktuell wichtigen Dinge fokussieren und sie abarbeiten kann. Eine wichtige Einsicht

12 Allen, D. (2015). Getting Things Done: The Art of Stress-Free Productivity. Penguin.

Allens war, dass nur durch den kompletten Überblick, den ein aktuell gehaltenes, verlässliches System ermöglicht, das *bewusste Nicht-Tun* von Aufgaben überhaupt auf entspannte Weise (ohne latente Reue) geschehen kann.

Holacracy (als *kollektive* Selbstmanagement-Methode) integriert zentrale Elemente aus dem GTD-System, z. B. die Definition von »Projekten« und »nächsten Schritte«. Ein *Projekt* im Sinne von GTD wird definiert als jedes angestrebte Ergebnis, das mehr als einen nächsten physischen Schritt benötigt, z. B. »Steuerklärung ist angefertigt«. Projekte selbst kann man daher nicht *tun*, man kann nur auf sie hinarbeiten. Dafür wären z. B. als *nächste Schritte* Dinge nötig wie, »Belege sortieren«, »Ausgangsrechnungen ausdrucken«, »Steuerberater anrufen«, usw., die dann dem Projekt zugeordnet werden und es konkret voranbringen. GTD beseitigt Blockaden im Denken, indem es *die nötige Denkarbeit* der *Definition* ausführbarer, nächster Schritte im Arbeitsprozess *vorlagert* und diese klar von abstrakteren Arbeitsergebnissen (Projekten) differenziert. Auf diese Weise können die nächsten Schritte leicht aus dem System entnommen und abgearbeitet werden.

Die »Regeln der Zusammenarbeit« (Artikel 2 der Verfassung) von Holacracy erfordern daher im Sinne der GTD-Methode, dass jeder Rollen-Lead sowohl eine Liste aller seiner aktuellen Projekte in einem verlässlichen System *außerhalb* seines eigenen Kopfes pflegt als auch für jedes Projekt mindestens einen »nächsten Schritt« definiert.

Wie wichtig das GTD-Modell als Katalysator und Messlatte für die Evolution von Holacracy war, reflektiert Brian Robertson mit den folgenden Worten:

> »Ein weiterer Meilenstein, der in Version 3.0 [der Verfassung] erreicht wurde, war die tiefe Integration von Holacracys Befugnisstruktur mit den operativen Kernkonzepten und Einsichten aus David Allens *Getting Things Done* (GTD) Methode. Zu dieser Zeit war ich bereits seit mehreren Jahren selber ein GTD-Praktizierender, und die exquisite Klarheit und Reinheit, mit der David die Methode erfasste und vermittelte, waren eine riesige Inspiration und ein Wegweiser in meiner eigenen Arbeit lange vor diesem Punkt. GTD erschien auf tiefgründige Weise ›natürlich‹ – eine unvermeidliche Entdeckung der effektivsten Weise, die Welt zu prozessieren, zu organisieren und auf sie zu antworten, unter den Gegebenheiten des menschlichen Geistes und Bewusstseins. Es war ein empirisch entdecktes System und Set von nützlichen Unterscheidungen, nicht bloß eine Kreation des Verstandes, die einem spezifischen mentalen Modell oder Wertesystem entsprang. Das war genau das, was ich versuchte mit Holacracy zu entdecken, und ich glaube, es war eine disziplinierte GTD-Praxis, die mir den ersten Geschmack davon vermittelte, wie sich eine solche Methode anfühlt, und eine Messlatte, um Holacracys Entwicklung daran zu messen.«[13]

13 Robertson, B. (2014, Juni). Die Geschichte von Holacracy: Die Entdeckung eines evolutionären Algorithmus. Xpreneurs Blog. Abgerufen am 1. Juni 2023, von https://www.xpreneurs.co/blog/holacracy-8/die-geschichte-von-holacracy-507

1.2 Wie funktioniert Holacracy?

Die Holacracy-Verfassung definiert die grundlegenden Prozesse der Zusammenarbeit und die Erwartungen, die man an alle Partner richten kann, ihre operativen Pflichten. Dies umfasst die Pflicht, Spannungen für seine Rollen zu verarbeiten, Projekte und Aktionen nachzuhalten und relativ zu priorisieren, sowie Transparenzpflichten gegenüber anderen Partnern. Zudem kann jede Rolle von jeder anderen Rolle Arbeit in Form von Projekten oder nächsten Schritten anfragen. Fallen diese gemäß Sinn und Zweck oder Verantwortlichkeiten in den Zuständigkeitsbereich einer Rolle, muss deren Rollen-Lead sie annehmen und verfolgen, darf aber selbst entscheiden, wann und mit welchem Aufwand er sie erledigt. Gleichzeitig haben die Partner die Befugnis, alles zu tun, was nach ihrer Auffassung den Sinn und Zweck ihrer Rollen oder deren Verantwortlichkeiten zum Ausdruck bringt – solange es nicht die Regeln der Verfassung oder interne Richtlinien oder Domänen verletzt.

Die Mitglieder eines Kreises synchronisieren die Arbeit ihrer Rollen in den Tactical Meetings des Kreises. Sind Anpassungen an den Strukturen wie Rollen, Kreisen und Richtlinien nötig, so können die Partner diese als Vorschläge in Governance Meetings einbringen und so dabei helfen, die Organisation schrittweise weiterzuentwickeln.

Holacracy hat das Prinzip der dynamischen Steuerung bzw. einer agilen Vorgehensweise in seinen Prozessen integriert. Es wird in Meetings immer nur *eine* Spannung zu einer Zeit bearbeitet. Die Governance-Struktur der Rollen und Kreise wird in kleinen Schritten über die Zeit evolutionär weiterentwickelt. Jede Rolle hat durch die inverse Befugnisstruktur (s. o.) und die Regeln der Verfassung bereits von Grund auf die Erlaubnis, zu handeln und neue Initiativen auszuprobieren, ohne erst Erlaubnis einholen oder eine weitreichende Planung betreiben zu müssen. »Empowerment« wird dadurch überflüssig — es ist bereits in die Regeln eingebacken.

1.2.1 Tactical Meetings

Das Tactical Meeting ist ein Standard-Meeting-Format, welches jeder Kreis gemäß der Verfassung regelmäßig durchführt (normalerweise wöchentlich, etwa 60 Minuten). Es dient dazu, das Team schnell in Bezug auf die operative Arbeit zu synchronisieren, indem zunächst entscheidende Informationen sichtbar gemacht werden und danach alle offenen Themen des Tagesgeschäfts besprochen werden.

Dieses Meeting hat nicht den Anspruch, alle Fragen im Detail zu klären, sondern lediglich rasch Blockaden aus dem Weg zu räumen, die uns daran hindern, autonom die Arbeit unserer Rollen zu erledigen. Es leistet die Art von »Meta-Arbeit«, die einem Team hilft, zu definieren, was die noch offene Arbeit überhaupt ist (*Projekte* und *nächste Schritte*) und welche Rolle sich darum kümmern wird.

In den meisten Fällen können Rollen ihre Arbeit einfach autonom abarbeiten. Falls nicht, dann müssen sie sich abstimmen und synchronisieren. Dafür kann man in Holacracy auf das regelmäßige Tactical Meeting des Kreises zurückgreifen. Es ist aber wichtig zu betonen, dass alles, was man im Tactical Meeting tun kann (Projekte oder nächste Schritte anfragen, Informationen einholen oder teilen, Spannungen für Governance festhalten) jederzeit auch *außerhalb* von Tactical Meetings tun kann. Tactical Meetings sind lediglich eine bequeme Gelegenheit dafür und geben dem Team durch ihre Regelmäßigkeit einen operativen Herzschlag. Doch die meiste Arbeit in Holacracy geschieht *außerhalb* von Meetings.

1.2.1.1 Der Ablauf von Tactical Meetings

Tactical Meetings beginnen mit einer *Check-in-Runde*, bei der jedes Kreismitglied sagt, was es sagen möchte, um Ablenkungen bewusst zu machen und ganz im Meeting anzukommen. Danach überprüft der Kreis *Checklisten* von Aktionen, die für den Kreis relevant sind. Es folgt eine *Durchsicht von Kennzahlen*, die die Gesundheit des Kreises widerspiegeln. Danach werden die aktuellen *Projektfortschritte* von den Rollen des Kreises berichtet. Bei der folgenden *Erstellung der Agenda* sammeln die Teilnehmer ihre mitgebrachten Spannungen mit ein bis zwei Worten als Platzhalter. Der Kreis-Sekretär erfasst die Punkte auf Zuruf.

Während der *Bearbeitung der Agenda* fragt der Prozessmoderator für jeden Agenda-Punkt »Was brauchst du?« Nach einer kurzen Diskussion werden in der Regel Projekte und nächste Schritte erfasst und an die passenden Rollen verteilt. Wenn der Spannungsinhaber die nötige Klarheit über das weitere Vorgehen gewonnen hat (der Moderator prüft nach, indem er fragt »Hast du alles, was du brauchst?«), wird zügig die nächste Spannung verarbeitet. Der Prozessmoderator achtet darauf, dass jede Spannung auf der Agenda behandelt wird. Wenn alle Spannungen abgearbeitet worden sind, schließt der Kreis mit einer Abschlussrunde, bei der die Partner nacheinander kurz über das Meeting reflektieren und dazu ein Abschlussstatement teilen können.[14]

Tactical Meetings sind schnell und effizient, weil Detaildiskussionen konsequent ausgelagert werden und die Arbeit lediglich auf der Meta-Ebene definiert wird. Was muss getan werden und welche Rolle kümmert sich darum? Sobald diese Klarheit besteht, geht es weiter. Weil keine vagen »Themen« besprochen werden, sondern nur konkrete Spannungen, kann ein Punkt definitiv als geschlossen betrachtet werden, sobald sein »Sensor«, bzw. Spannungsinhaber ihn für sich als geklärt betrachtet und nach eigenem Ermessen alles hat, was er dazu von den anderen brauchte. Jeglicher »Gesprächsrest« ist lediglich eine *neue* Spannung einer anderen Person, die dynamisch als eigener Agendapunkt erfasst und auf dieselbe Weise bearbeitet werden kann (was sich aber oft als nicht nötig herausstellt).

---

14 Siehe Xpreneurs. (2022). Tactical Meeting Moderationskarte (PDF): Version DE-2.0. Abgerufen am 13. August 2023, von https://www.xpreneurs.co/holacracy-tactical-meetings

1.2.2 Governance Meetings

Holacracy ist ein System verteilter Befugnisse. Daher ist auch die Befugnis, die eigene Struktur zu verändern, über die gesamte Organisation verteilt, weshalb *jeder Kreis* auf jeder Ebene seine eigenen Governance Meetings abhält. Jedes Kreismitglied, das eine Rolle in diesem Kreis ausübt, darf daran teilnehmen. In Governance Meetings ist es möglich:

- Rollen des Kreises zu erschaffen, anzupassen oder zu entfernen
- Richtlinien des Kreises zu erschaffen, anzupassen oder zu entfernen
- durch Wahlen die gewählten Rollen des Kreises zu besetzen (Prozessmoderator, Kreis-Sekretär und Kreis-Rep)

Laut Holacracy-Verfassung muss jeder Kreis regelmäßig Governance Meetings und Tactical Meetings durchführen. Die meisten Kreise halten im Durchschnitt ein oder zwei Mal pro Monat ein Governance Meeting ab. Die Rolle »Kreis-Sekretär« darf den Takt festlegen.

1.2.2.1 Der Ablauf von Governance Meetings

Der Rahmen eines Governance Meetings besteht aus einer Check-in-Runde, der dynamischen Erstellung der Agenda, der Bearbeitung der Agenda und einer Abschlussrunde. Für die Bearbeitung der einzelnen Agendapunkte kommt jeweils der *Prozess der integrativen Entscheidungsfindung* zum Einsatz, der aus mehreren klar umrissenen Schritten besteht und vom gewählten Prozessmoderator (Facilitator) des Kreises angeleitet wird:

Im Schritt **Vorschlag vorstellen** beschreibt der Agendapunktinhaber zunächst seine ursprüngliche Spannung, welche Rolle diese betrifft und wie sie sich konkret gezeigt hat. Daraufhin präsentiert er entweder einen Vorschlag zur Lösung seiner Spannung oder lässt sich in einer offenen Diskussion bei der Erstellung eines solchen helfen.

Sobald ein Vorschlag in Rohform etabliert und notiert worden ist, hat im nächsten Schritt, **Verständnisfragen**, jedes Kreismitglied die Gelegenheit, Fragen dazu zu stellen. Der Vorschlagende kann antworten, muss es aber nicht, da der Anspruch nicht ist, dass der Vorschlag perfekt durchdacht sein muss. Er soll an dieser Stelle lediglich potenziell die Spannung des Vorschlagenden lösen.

Sobald die Fragen abgeebbt sind, fragt der Prozessmoderator in der **Reaktionsrunde** nacheinander alle anderen Kreismitglieder nach ihrer Reaktion auf den Vorschlag. Hier sind alle Arten von Äußerungen erlaubt, nur Diskussionen zwischen Kreismitgliedern sind untersagt. Im nächsten Schritt, **Gelegenheit zur Klärung**, kann der Vorschlagende selbst noch auf das Gehörte reagieren und darf optional seinen Vorschlag modifizieren, doch nur, wenn es ihm nützlich erscheint, um seine Spannung besser zu lösen.

Nun geht es in die **Einwandrunde** oder auch ***»Sicherheitsprüfung des Vorschlags«***. Hier fragt der Prozessmoderator reihum jeden, ob er oder sie irgendein Bedenken in Bezug auf den Vorschlag hat. Falls das der Fall ist, erforscht er dieses gemeinsam mit dem Bedenkenträger mithilfe von Testfragen. Diese klären, ob der Vorschlag wirklich einen *Schaden* für die Organisation verursacht und ob das Bedenken gemäß holakratischer Kriterien als *Einwand* gilt, der integriert werden muss, oder ob es an dieser Stelle als irrelevant verworfen werden kann. Sind keine Einwände zu integrieren, so gilt der Vorschlag automatisch bereits an dieser Stelle als angenommen.

Wurden hingegen Einwände erfasst, so geht es in den Schritt der **Integration** weiter. Die Integration ist eine offene Diskussion, die das Ziel hat, den Vorschlag schrittweise so anzupassen, dass der jeweilige Einwand aufgelöst wird, wobei der Vorschlag immer noch die ursprüngliche Spannung des Vorschlagenden löst. Alle Kreismitglieder dürfen helfen. Nachdem die Einwände nacheinander integriert worden sind, geht der modifizierte Vorschlag nochmals zurück zur Sicherheitsprüfung. Sobald keine Einwände mehr auftreten, gilt der Vorschlag als angenommen.[15]

1.2.3 Gibt es in Holacracy keine Hierarchie mehr?

Holacracy ist »holarchisch« strukturiert. Eine Holarchie bezeichnet nach Arthur Koestler eine Hierarchie von Holons. »Holons« sind »Teil-Ganze«, d. h. Ganze, die zugleich Teile von größeren Ganzen sind, usw., man denke z. B. an russische Puppen oder die Sequenz *Atome — Moleküle — Zellen — Organe*. Holacracy imitiert diese natürlich vorkommenden, ineinander geschachtelten Strukturen, indem sie »Bündel von sinnhaft zusammengehöriger Arbeit« als Holons in Form von Rollen und Kreisen abbildet und diese über eine Holarchie zueinander in eine Beziehung setzt. Wenn die Organisation wächst, differenziert sie sich immer weiter aus, indem sie nach Bedarf Sub-Kreise und Sub-Sub-Kreise usw. bildet. Die Struktur ist also fraktal und daher beliebig skalierbar.

Als Holacracy-Organigramm kann man sich also eine Holarchie vorstellen, in welcher Rollen und Kreise gemäß ihrem Sinn und Zweck ineinander verschachtelt sind. Es gibt also entgegen populärer Annahmen sehr wohl Hierarchie in Holacracy, nämlich eine Hierarchie – genauer gesagt eine »Holarchie« – von Kreisen und Rollen. Es ist eine Hierarchie von Arbeitsfunktionen, die benötigt werden, um den Sinn und Zweck der Organisation auszudrücken.

Diese Holarchie ist allerdings verschieden von einer *Personenhierarchie*, wie wir sie aus klassischen Organisationen kennen. Es ist keine Dominanzhierarchie, sondern eine Hierarchie der Ganzheit – bezogen auf den Umfang der jeweiligen Rolle bzw. des Kreises. Weiterhin gibt es naturgemäß auch Kompetenzhierarchien, d. h. Menschen sind in bestimmten Fähigkeiten kom-

15 Siehe Xpreneurs (2021a). Governance Meeting Moderationskarte (PDF): Version DE-2.0. Abgerufen am 13. August 2023, von https://www.xpreneurs.co/holacracy-governance-meetings

petenter als andere und ihr Urteil genießt daher ein höheres Ansehen und hat mehr Einfluss. Ihr Erfahrungs- oder Kompetenzvorsprung ist dabei natürlich ein relevanter Faktor, den die Kollegen in ihre Abwägung mit einbeziehen. Doch selbst diese Menschen dürfen in Holacracy anderen Menschen keine Anweisungen erteilen, sondern müssen auf den »zwanglosen Zwang« des besseren Arguments vertrauen.

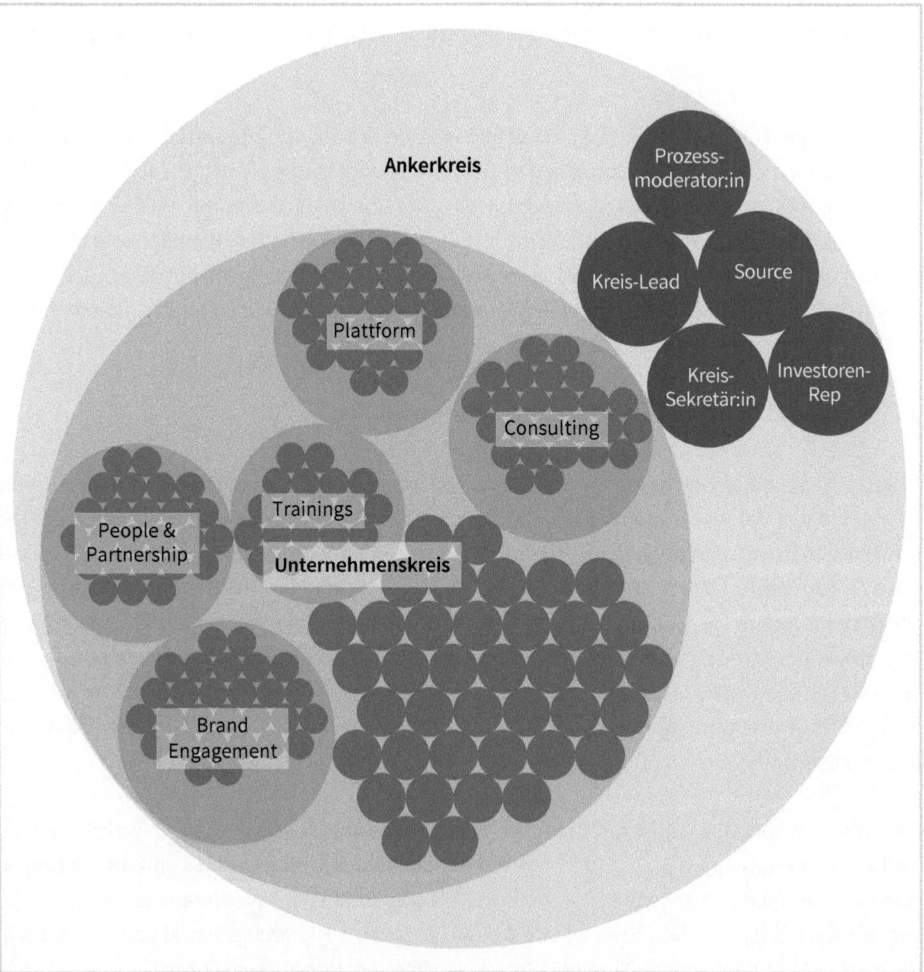

Abbildung 1 – Ein holakratisches Organigramm

1.3 Unterschiede zwischen Holacracy und Soziokratie

Die Soziokratie wurde Mitte des 20. Jahrhunderts von den Reformpädagogen Kees Boeke und Beatrice Cadbury geprägt und dann durch Gerard Endenburg in der »Soziokratischen Kreismethode« weiterentwickelt und in seinem Elektrotechnikunternehmen angewendet.

Holacracy hat viele zentrale Innovationen von Soziokratie übernommen, darunter die Organisation in Kreisen, die Doppelverbindung zwischen Kreisen sowie viele Aspekte des Konsent-Entscheids.

Oberflächlich betrachtet sehen sich die Systeme zum Verwechseln ähnlich. Sie unterscheiden sich untereinander weitaus weniger als jedes von ihnen im Vergleich zu klassischen Organisationsformen. Da es die Soziokratie aber lange vor Holacracy gegeben hat, sehen einige Kritiker in Holacracy nichts weiter als einen kommerziellen Abklatsch mit neuem Branding – mithin ›pure Geldmacherei nach amerikanischer Machart‹. Eine derart verkürzte Sicht ist ebenso falsch wie bedauerlich, da sie entscheidende Innovationen übersieht, die Holacracy im Feld des organisationalen Selbstmanagements hinzugefügt hat. Einige davon wurden auch unter dem Stichwort »Sociocracy 3.0« in der soziokratischen Community zurück adaptiert.

1.3.1 Innovationen von Holacracy gegenüber der Soziokratie

Die entscheidenden Innovationen sind:
1. eine Verfassung als objektiviertes Regelset
2. Governance für den Sinn und Zweck, nicht für die Menschen
3. Differenzierung von Mensch und Rolle
4. Meeting-Formate für operative Prozesse und Governance
5. systematische Überprüfung von Bedenken/Einwänden
6. operative Regeln der Zusammenarbeit
7. Prozess für Tactical Meetings
8. Standardregelungen für Kreis-Leads
9. Software-Support

1.3.1.1 Eine Verfassung als objektiviertes Regelset

Die Holacracy-Verfassung ist das Regelset, das objektiv expliziert, nach welchen Regeln die Organisation und ihre Partner verbindlich spielen möchten. Ein gleichwertiges Pendant dazu gibt es in der Soziokratie nicht.[16] Die damit verbundene Offenheit der Interpretation der geltenden Regeln in der Soziokratie kann man positiv (»Freiheit«) oder negativ (»Chaos!«) bewerten. Holacracy setzt in dieser Hinsicht auf größtmögliche Eindeutigkeit. Auch hier kann man sich auf die positiven Seiten fokussieren (»Klarheit«) oder das Ganze negativ betrachten (»Holacracy ist rigide!«). Es ist eine Polarität von Werten entlang eines Spektrums, auf dem sich Organisationen selbst einordnen müssen.

16 »In der Soziokratie gibt es Normen, die als Standardregeln dienen. Leider können diese nur käuflich über das Soziokratie-Zentrum in den Niederlanden erworben werden. Sie sind also nicht so leicht verfügbar wie die Verfassung der Holacracy und auch nicht Open source.« Quelle: persönliche Kommunikation durch Christian Rüther

1.3.1.2 Governance für den Sinn und Zweck, nicht für die Menschen

Die Unterschiede zwischen Soziokratie und Holacracy könnte man mit der folgenden Formel illustrieren:

Soziokratie ist Governance der *Organisation*,
durch die *Menschen*
für die *Menschen*.

Holacracy ist Governance der *Organisation*,
durch die *Menschen*,
für den *Sinn und Zweck* der Organisation.

Zu der Ausrichtung auf die Menschen passt die anekdotische Beobachtung, dass man Soziokratie tendenziell häufiger als Organisationsform für Non-Profit-Organisationen oder Gemeinschaften findet und Holacracy häufiger als Organisationsform für Unternehmen, die dadurch die Arbeit in Bezug auf einen bestimmten Sinn und Zweck operationalisieren wollen.

1.3.1.3 Differenzierung von Mensch und Rolle

Holacracy differenziert klar zwischen Mensch und Rolle bzw. zwischen den Anliegen der Menschen und den Anliegen der Organisation. Diese Aspekte sind in Soziokratie eher miteinander verschmolzen, zumindest werden sie oft nicht explizit unterschieden. Holacracy versucht durch seine Regeln Übergriffe der Menschen auf die Organisation – und auch umgekehrt, Übergriffe der Organisation auf die Menschen – zu verhindern, indem z. B. innerhalb von Meetings sprachlich klare Unterscheidungen zwischen beiden Dimensionen getroffen werden. Bestenfalls sind Mensch und Rolle integriert, schlechtestenfalls sind sie komplett undifferenziert miteinander verschmolzen. Die Differenzierung kann als notwendiger Zwischenschritt für die Integration gedacht werden.

1.3.1.4 Meeting-Formate für operative Prozesse und Governance

Holacracy unterscheidet zwischen *operativen Prozessen* (Tagesgeschäft) und *Governance* (Erwartungen an Rollen/Richtlinien) und hat zwei verschiedene, für die spezifischen Bedarfe dieser beiden Perspektiven optimierte Meeting-Formate. Die gleiche Unterscheidung gibt es auch in der Soziokratie, wo zwischen Grundsatzentscheidungen (Governance) und Ausführungsentscheidungen (operative Prozesse) unterschieden wird. Allerdings gibt es in der Soziokratie keine Formvorgaben für bestimmte Meeting-Formate im Tagesgeschäft, weshalb die Themen oft in ein und demselben Format behandelt werden.

1.3.1.5 Systematische Überprüfung von Bedenken/Einwänden

In Holacracy wurde im Governance-Prozess die Überprüfung von Bedenken gegen Vorschläge mithilfe von vier Kriterien (s. u.) ausdifferenziert. Dies führt u. a. dazu, dass die Verbindung eines Bedenkens zur jeweiligen Rolle stärker eingefordert wird, weil man nun nicht mehr rein aufgrund von subjektivem Missfallen Einwände gegen Vorschläge erheben kann. Auf diese Weise werden auch andere, wenig überzeugende Arten von Bedenken herausgefiltert und die oben beschriebene Differenzierung von Mensch und Rolle gefördert.[17]

Testkriterien in Holacracy zur Prüfung möglicher Einwände

Auszug aus der Holacracy-Verfassung, Art. 5.3.2 – Anforderungen an Einwände

»Ein Bedenken hinsichtlich der Annahme eines Vorschlags zählt nur dann als ein Einwand, wenn der*die Einwendende begründen kann, weshalb es alle der folgenden Kriterien erfüllt:

a) Der Vorschlag würde die Fähigkeit des Kreises verringern, seinen Sinn und Zweck oder seine Verantwortlichkeiten auszudrücken.
b) Der Vorschlag würde die Fähigkeit des*der Einwendenden einschränken, den Sinn und Zweck oder eine Verantwortlichkeit einer Rolle zu erfüllen, die der*die Einwendende im Kreis vertritt, selbst wenn der*die Einwendende keine anderen Rollen in der Organisation ausüben würde.
c) Das Bedenken existiert nicht schon vorher, selbst in Abwesenheit des Vorschlags. Somit würde spezifisch durch die Annahme des Vorschlags eine neue Spannung erzeugt werden.
d) Der Vorschlag würde die Wirkung zwangsläufig verursachen, oder, falls er die Wirkung verursachen könnte, hätte der Kreis keine angemessene Möglichkeit anzupassen, bevor bedeutender Schaden entstehen könnte.«[18]

1.3.1.6 Operative Regeln der Zusammenarbeit

Holacracy spezifiziert in der Verfassung ein Set von operativen Regeln, d. h. allgemeinen Erwartungen, die für alle Rollen-Leads der Organisation gelten (z. B. Auskunft über den Stand der Arbeit zu geben, Projekte für die eigenen Rollen anzunehmen, Priorisierungsregeln zu beachten). Holacracy funktioniert stark rollenbasiert und bevorzugt als Modell – im Vergleich zu Soziokratie – individuelle Handlung gegenüber kollektivem Konsent. Daher ermöglichen die Regeln ein hohes Maß an Freiheit und Autonomie, die eigenen Rollen innerhalb der Begrenzungen, die die Organisation sich selbst gegebenen hat, mit Leben zu füllen.

Es gibt zwar einige zentrale Pflichten, doch diese werden aufgewogen von vielen Freiheiten und Selbstbestimmung in der Arbeit, was Holacracy für alle Organisationen interessant macht, die Engagement und Intrapreneurship fördern wollen. In der Soziokratie gibt es keine Vorgaben für

---

17 Für einen Vergleich von Soziokratie und Holacracy (aus Sicht der Soziokratie) mit Details zur Moderation siehe auch Rüther, C. (2022). KonsenT-Moderation: Gemeinsam effektiv auf Augenhöhe entscheiden. Ein Lehrbuch und Praxisleitfaden! Hamburg: tredition.

18 Xpreneurs (2021b). Holacracy Verfassung, v5.0. Abgerufen am 13. August 2023, von https://www.xpreneurs.co/holacracy-verfassung

das Tagesgeschäft. Sie können jeweils in dem zuständigen Kreis getroffen werden. Theoretisch könnte das Set von operativen Regeln aus Holacracy per Konsent 1:1 in die Soziokratie übernommen werden.

1.3.1.7 Prozess für Tactical Meetings

Holacracy hat mit dem Tactical Meeting ein effizientes, eigenständiges Format für operative Synchronisierung zwischen Rollen geschaffen, welches mit Checklisten, Kennzahlen und Fortschrittsberichten bewährte Praktiken der Unternehmensführung integriert hat. Gleichzeitig kommen die durch die Getting-Things-Done-Methode von David Allen[19] beschriebenen Differenzierungen und Definitionen von »Projekten« und »nächsten Schritten« zum Einsatz und erhöhen die Klarheit des Meeting-Outputs. Hier bietet Holacracy eine bewährte Standardlösung als Praxis an, während Soziokratie es jedem Kreis überlässt, eigene Lösungen zu finden.

1.3.1.8 Standardregelungen für Kreis-Leads

Ein wesentlicher Unterschied, der immer wieder hervorgehoben wird, ist, dass in Soziokratie der operationale Leader eines Kreises durch den Super-Kreis gewählt wird. In diesem Super-Kreis sitzt auch der Delegierte des Sub-Kreises und legitimiert damit seine Führungskraft. In Holacracy gibt es anstelle einer Wahl die *Besetzung* einer Kreis-Lead-Rolle durch den Kreis-Lead des Super-Kreises. Dem liegen unterschiedliche Auffassungen darüber zugrunde, wo die größte Fachkompetenz über die Auswahl fachkompetenter Rollen-Leads liegt: in den Mitgliedern des Kreises (Soziokratie) oder in einer fachkompetenten Person (Holacracy). Die den Prozess unterstützenden Rollen jedes Kreises hingegen (Prozessmoderator, Kreis-Sekretär, Kreis-Rep) werden in Holacracy weiterhin durch Wahl besetzt.

In der Anfangszeit wurde bei *HolacracyOne* mit der *Wahl* der Kreis-Lead-Rolle experimentiert, doch diese Lösung hat sich in diesem Kontext empirisch nicht bewährt, weshalb sich die *Ernennung* durch den Kreis-Lead des Super-Kreises als Standard-Voreinstellung in der Verfassung durchgesetzt hat. Die praktische Erfahrung hat gezeigt, dass Wahlprozesse zwar für prozessunterstützende Rollen funktionieren, die keine spezifische Expertise benötigen, dass sie jedoch schlechter geeignet sind für die Auswahl von fachspezifischen Rollen. Allerdings kann die Besetzung inhaltlicher Rollen jederzeit über den Governance-Prozess in Form einer neuen Richtlinie angepasst und anders geregelt werden. Das gilt auch in umgekehrter Richtung für Soziokratie, welche ebenfalls in dieser Hinsicht flexibel ist.

1.3.1.9 Software-Support

Eine Innovation, die Holacracy angestoßen hat, ist die Erfassung der Meeting-Ergebnisse, der operationalen Details sowie der Organisationsstruktur in Form der Governance-Aufzeichnun-

19 Allen, D. (2015). Getting Things Done: The Art of Stress-Free Productivity. Penguin.

gen (Kreise, Rollen, Richtlinien) mithilfe eines Software-Tools, »GlassFrog«. Etwas später gab es konkurrierende Software-Plattformen, z. B. »Holaspirit«, »Nestr«, »Peerdom« oder »Maptio«, die mittlerweile auch für soziokratische Organisationen genutzt werden.

> **Die Sache mit der Lizenz**
> Dass die Wortmarke »Holacracy« durch *HolacracyOne* geschützt wurde, wird oft kritisch gesehen und kontrastiert mit der Tatsache, dass jeder Soziokratie frei nutzen darf. Doch auch Holacracy und die Holacracy-Verfassung dürfen unter einer Creative-Commons-Lizenz frei von jeder Organisation genutzt werden. Lediglich der Verkauf von »Holacracy«-Dienstleistungen unterliegt einem Lizenzschutz und ist an gewisse Qualitätsstandards gebunden und mit Lizenzabgaben der kommerziellen Holacracy-Dienstleister (»Provider«) an die *Holacracy Foundation* verknüpft, welche diese Qualitätsstandards sicherstellt. Kurz gesagt: *Jeder darf Holacracy praktizieren, doch nicht jeder darf Holacracy®-Dienstleistungen verkaufen.* Das ist schon alles. Die Holacracy-Marke ist dadurch wesentlich klarer umrissen als die Soziokratie-›Marke‹, was der Verbreitung von Holacracy bisher zumindest nicht abträglich war. Ihre wachsende Popularität hat auch der Soziokratie nachträglich zu mehr Bekanntheit verholfen .

1.4 Eigene Erfahrungen mit der Praxis von Holacracy

Die Anfänge

Mein Weg in Holacracy begann 2006 bei einer Begegnung mit dem Holacracy-Pionier Brian Robertson im *Integral Institute* von Ken Wilber in Boulder (Colorado), wo ich damals als Volunteer tätig war. Brian hatte die Praxis gerade in seiner Softwarefirma entwickelt und stellte sie nun unter dem Namen »Holacracy« als eine Art neues Betriebssystem für Organisationen vor.

Mich faszinierte daran insbesondere die große Klarheit, die Ausrichtung auf den Purpose, die Arbeit auf Augenhöhe, die holarchische Kreisstruktur sowie die effizienten Entscheidungs- und Meeting-Prozesse. Holacracy erschien eine der ersten wirklich »integralen« Organisationsformen zu sein, die Sinn für mich ergaben. Mit Business hatte ich damals zwar nicht viel am Hut, aber so wollte ich auch arbeiten.

Kurz darauf lud ich, in meiner damaligen Funktion als Vorstand (und später Geschäftsführer) *des Integralen Forums e. V.,* Brian mit seiner neugegründeten Firma *HolacracyOne* und seinen Mitgründern Tom Thomison und Alexia Bowers 2007 für eine Workshop-Tour und eine Konferenz-Keynote nach Deutschland ein. Es war der erste Auftritt von *HolacracyOne* in Europa, als die Praxis noch gänzlich unbekannt war.[20]

20 Siehe dazu auch Robertson, B. (2014, Juni). Die Geschichte von Holacracy: Die Entdeckung eines evolutionären Algorithmus. Xpreneurs Blog. Abgerufen am 1. Juni 2023, von https://www.xpreneurs.co/blog/holacracy-8/die-geschichte-von-holacracy-507

Holakratische Experimente im integralen Kontext

Auf der Workshop-Tour durch verschiedene Städte Deutschlands hatte ich die Gelegenheit, Holacracy direkt von den Erfindern kennenzulernen, während ich die Workshops ins Deutsche übersetzte. In 2009 nahm ich an einer Holacracy-Facilitator-Ausbildung in Holland teil, die *HolacracyOne* mir kostenlos ermöglichte. Meine ersten holakratischen Experimente machte ich dann im Kontext meiner eigenen Organisation, *Integrales Forum e. V.*, einem überregionalen Verein mit rund 500 Mitgliedern.

In 2013 verließ ich das *Integrale Forum*, um die erste *Integral European Conference* (IEC) 2014 zu organisieren. Das Konferenzteam konnte von der holakratischen Praxis profitieren. Die Kollegen schätzten hier vor allem das Tactical-Meeting-Format und die explizite Rollenklarheit.

Intensive Holacracy-Praxis bei encode.org

Nach der Organisation der zweiten IEC 2018 schloss ich mich der Organisation *encode.org* an. Aus alter Verbundenheit hatte *HolacracyOne* Mitgründer Tom Thomison mir eine Holacracy-Coach-Ausbildung in Amsterdam ermöglicht. Tom suchte zudem weitere Partner für seine neue Organisation. Ähnlich wie *HolacracyOne* sollte *encode.org* zu einem lebendigen Laboratorium für neue Arbeitsweisen werden, die im Selbstversuch entwickelt wurden (nach dem Motto: »We eat our own dog food« – »Wir essen unser eigenes Hundefutter«).

Encode.org setzt an den Themen an, die Holacracy bewusst ausspart: Was ist mit den Menschen? Was ist mit der Rechtsform? Wenn es mit Holacracy keine Manager mehr gibt, warum gibt es dann immer noch eine Unterteilung in Eigentümer und Angestellte? Wie kann man den durch Holacracy angestoßenen »Power Shift« weitertreiben und in neue rechtliche, finanzielle und soziale Grundlagen übersetzen?

Die Antwort von *encode.org* ist die Entwicklung des *»For-Purpose Enterprise«* (FPE) mit klaren Regelsets für die Bereiche *Organisation* (holakratisch gegliederte Arbeit – wie gehabt per Holacracy-Verfassung), *Association* (Gemeinschaft) und *Company* (Eigentümerschaft, Investitionen und Rechtsrahmen).[21]

Bei encode.org konnte ich von der Erfahrung von Holacracy Master Coaches und ehemaligen *HolacracyOne*-Mitarbeitern profitieren und die Holacracy-Praxis endlich so erlernen, wie sie gemeint ist – inklusive Governance Meetings. Währenddessen schloss ich 2018 meine Holacracy-Coach-Zertifizierung bei *HolacracyOne* erfolgreich ab.

21 Siehe Wittrock, D. (2016a, August 25). How to Work, Earn, and Live on Purpose. encode.org. Abgerufen am 30. Mai 2023, von https://medium.com/encode-org/how-to-work-earn-and-live-on-purpose-25c175213030 und Wittrock, D. (2016b, November 14). Parallel Work Universes Exist: What it is like to work inside encode.org as a Purpose Agent in a For-Purpose Enterprise. encode.org. Abgerufen am 30. Mai 2023, von https://medium.com/encode-org/parallel-work-universes-exist-172d0e01a9bb

Praxis im Kontext eines börsennotierten Unternehmensnetzwerks
Von 2018 bis 2021 praktizierte ich Holacracy im Kontext von *Hypoport* – einem Unternehmensnetzwerk aus der Kredit-, Immobilien- und Versicherungswirtschaft mit 15 Tochterunternehmen und insgesamt rund 2.000 Mitarbeitern.

Zusammen mit meinen Kollegen aus dem »hola::be«-Kreis war ich einer von vier internen Holacracy-Coaches, die sieben Implementierungen parallel begleiteten – eine einzigartige Schnittstelle von Erfahrungswerten zur Holacracy-Praxis. Ich gab 30 interne Holacracy-Praxistrainings, bildete rund 320 Prozessmoderatoren aus, machte Coaching, Prozessmoderation und Shadowing (Meeting-Supervision) und forschte mit meinen Kollegen an der Weiterentwicklung und Optimierung der Praxis. Hierbei entwickelten wir radikal überarbeitete Sprachkonventionen (»Sicherheitsbedenken« statt »Einwände«) und neue, umfassendere Moderationskarten für Governance Meetings und Tactical Meetings.[22]

Xpreneurs: Arbeit für einen offiziellen Holacracy Provider
Seit 2021 arbeite ich hauptsächlich bei der Schweizer Firma *Xpreneurs*. Wir begleiten Unternehmen in der konsequenten Transformation ihrer Strukturen und Prozesse hin zu mehr Klarheit, Eigenverantwortung, Augenhöhe, Transparenz und Sinnhaftigkeit – mithilfe von Holacracy. Im Juli 2022 wurde mir von *HolacracyOne* der Titel Holacracy Master Coach zuerkannt.

Ich schreibe also aus der Warte eines Menschen, der die Entwicklung von Holacracy seit ihren Anfängen (2006) und lange vor dem Beginn des »Hypes« (circa 2011) beobachtet und später schließlich auch aktiv als Praktizierender in verschiedenen Organisationen, dann lizenzierter Holacracy-Coach, Trainer, Berater und schließlich Master Coach begleitet hat. Demnach verdiene ich mein Geld damit, Menschen dabei zu helfen, Holacracy zu lernen und anzuwenden – ich »hänge mit drin«.

Somit könnte man also sagen, dass ich von »innerhalb der Holacracy-Blase spreche«, was für manche kritischen Leser vielleicht bereits ein Grund wäre, meine Ausführungen, insbesondere meine Kritik an der Kritik, als tendenziös abzutun und pauschal zu verwerfen. Ich teile den Hintergrund meiner Perspektive aber ganz bewusst mit, nicht nur, weil ich es für authentisch und geboten erachte, sondern gerade auch, weil ich meine spezifische Perspektive für wert halte, als wichtiger Teil des Gesamtbildes berücksichtigt zu werden.

Ich bringe den »Blick von innen« aus verschiedenen Holacracy-Praxiskontexten, sowohl als Anwender als auch als Berater, zusammen mit einer durch die Philosophie und Erkenntnistheorie informierten Meta-Perspektive. In meiner Magisterarbeit im Fach Philosophie habe ich mich mit wissenschaftstheoretischen Fragen der Zusammenarbeit zwischen Disziplinen beschäf-

22 Wittrock, D. & Reineke, K. (2020, 17. März). Weiterentwicklung der Holacracy Facilitationkarten. hola::be. Abgerufen am 1. Juni 2023, von https://holabe.hypoport.de/2020/03/17/weiterentwicklung-der-holakratie-facilitationkarten/

tigt.[23] Die Kombination dieser beiden Sichtweisen versetzt mich in die besondere Lage, sowohl Missverständnisse von Holacracy-Praktizierenden »von innen« zu identifizieren als auch die Sicht »von außen« auf Holacracy durch die Wissenschaft kritisch kommentieren zu können.

Aber vielleicht ist die ganze Mühe umsonst, denn es erreicht mich gerade die traurige Nachricht, dass Holacracy leider unerwartet verstorben ist.

23 Wittrock, D. (2008). Perspektiven inter- und transdisziplinärer Kooperation im Lichte des integralen methodologischen Pluralismus Ken Wilbers [Philosophie Magisterarbeit]. Universität Bremen. Abgerufen am 12. August 2023, von http://denniswittrock.com/wp-content/uploads/2020/07/Transdisziplinaritaet_und_IMP_D.Wittrock.pdf

2 Betrachtung der Kritikpunkte an Holacracy

»Die Nachrichten über meinen Tod sind stark übertrieben.«
Mark Twain

Trauerrede

Nun ist es also so weit: die Managementmode Holacracy hat sich überlebt und den Zenit ihres natürlichen Hype-Zyklus überschritten. Nach etwa 17 Jahren ist es nunmehr an der Zeit, leise Abschied zu nehmen und ihr Aussterben zu betrauern.

Glücklicherweise hat ein hingebungsvolles Team von Organisationsforschern der Universität Bielefeld dieses eigentümliche und überaus seltene Exemplar einer postbürokratischen Organisationsform dokumentiert. Das Team war in der Lage, es gerade noch rechtzeitig vor seinem kompletten Verschwinden von der Erdoberfläche gründlich zu untersuchen und es wie einen seltenen Schmetterling gleichsam zwischen zwei Buchdeckeln für unsere Erinnerung und Andacht zu präparieren.

Holacracy mag zwar nun ein wenig flach, zweidimensional und blutleer aussehen, aber immerhin schillert diese Methode des Selbstmanagements noch so schön hyperformalistisch wie zu Lebzeiten. Tot, aber schön. Oder »schön tot« – je nachdem. Ruhe in Frieden.

Doch jetzt mal ernsthaft. Um nicht als Keynote-Speaker zur nächsten Welt-Sarkasmus-Konferenz eingeladen zu werden, möchte ich nun bewusst die Tonart wechseln. Schließlich geht es um ein mir wichtiges Thema, auf das ich vor allem *inhaltlich* und nicht bloß rhetorisch eingehen möchte. Ursprünglich lautete der Arbeitstitel meines Buches »Holacracy ist tot. Lang lebe Holacracy!« Wie diese Randnotiz vermuten lässt, halte ich Holacracy weder für tot noch für akut vom Aussterben bedroht.

Im Gegenteil: Holacracy existiert seit nunmehr schon etwa 16 Jahren und ich denke, dass es sich auch in Zukunft munter weiterentwickeln und verbreiten wird. Es gibt eine weltweite Gemeinschaft der Praktizierenden, deren Vertreter darin eine echte Alternative zu konventionellem Management sehen und die sich nicht vorstellen können, jemals wieder zurückzugehen. Holacracy ist gekommen, um zu bleiben. Unberührt vom Auf und Ab medialer Hype-Zyklen und oberflächlicher Fehlinformation über das Thema gibt es eine wachsende Anzahl von Organisationen, für die die Praxis einfach gut funktioniert und die andere dadurch inspirieren, dass sie radikal anders arbeiten. Das macht sie auch für die Forschung interessant.

2.1 Zur Vorgeschichte dieser Gegenkritik

Kritik an Holacracy gibt es bereits seit ihrer Entstehung. Das Internet ist voll von mehr oder weniger überzeugenden Artikeln und Blogbeiträgen; wer sucht, der findet.

Der konkrete Anlass für die Entstehung dieses Buches war das parallele Erscheinen zweier Bücher im März 2023:

- »Holacracy. Funktionen und Folgen eines Managementmodells«, Stefan Kühl, Phanmika Sua-Ngam-Iam (Hrsg.), Wiesbaden: Springer Gabler (2023)
- »Schattenorganisation. Agiles Management und ungewollte Bürokratisierung«, Stefan Kühl, Frankfurt: Campus (2023a)

Eine Forschungsgruppe an der Universität Bielefeld, geleitet von dem Soziologen Stefan Kühl, hat sich die Mühe gemacht, empirische Daten über Holacracy zu erheben, zu sichten, organisationswissenschaftlich einzuordnen und für den allgemeinen Diskurs aufzubereiten.

Allein diese Tatsache ist eine kritische Würdigung wert. Die weltweite Gemeinschaft der Holacracy-Praktizierenden ist gut beraten, genau hinzuschauen und zur Kenntnis zu nehmen, welche Ergebnisse uns die Soziologen als Resultat ihrer Forschung präsentieren. Ich nehme sie daher zum Anlass, um typische Fallstricke und mögliche Fehlentwicklungen zu reflektieren (Kap. 2.2 bis 2.11) und schließlich auch konkrete Empfehlungen zur Verbesserung der Holacracy-Praxis und ihrer Vermittlung abzuleiten (Kap. 2.12). Gleichzeitig ist es mir ein Anliegen, die Spreu vom Weizen zu trennen und entlang des Weges einige Punkte zu klären und zu kommentieren, die ich für eine fehlerhafte Darstellung bzw. ein Missverständnis der Praxis halte – sowohl auf Seiten der Forschenden als auch auf Seiten der Praktizierenden. In Kap. 2.13 fasse ich die Kritikpunkte in einer Gesamtschau zusammen. Es wird deutlich, dass Holacracy kein pauschales Allheilmittel ist (Kap. 2.14), doch dass Organisationen bereits aus einzelnen Artikeln der Verfassung Mehrwert ziehen können, selbst wenn sie Holacracy nicht als Gesamtsystem umsetzen.

2.1.1 Explosive Forschung: Vorsicht, die »Sozialtheoristen« kommen

Bereits seit Februar 2021 wurden auf dem Blog der Bielefelder Forschungsgruppe mit dem provokanten Titel »Sozialtheoristen«[24] mehrere kritische Beiträge über Holacracy verfasst, die ich damals in Form von drei Blogartikeln kritisch kommentiert habe, um auf Missverständnisse hinzuweisen.[25] Antworten darauf erhielt ich seinerzeit keine, doch Freunde habe ich mir damit unter den Forschenden offenbar auch nicht gemacht, wie sich später zeigen sollte (siehe Kap. 4).

24 Siehe https://sozialtheoristen.de/, abgerufen am 21.05.2023

25 Siehe Wittrock, D. (2021a), (2021b), (2021c) unter www.denniswittrock.com.

Der Name des Soziologenblogs ist, insbesondere in Verbindung mit dem Logo, ziemlich unglücklich gewählt. Es zeigt ein Buch mit einer brennenden Zündschnur, welches eine Bombe suggeriert – und damit eher die Nähe zum Begriff »Sozialterroristen«. Es muss sich scheinbar um »explosive« soziologische Forschung handeln, die Angst und Schrecken verbreiten soll – ein Anspruch, der dann offenbar vor allem unter Holacracy-Beratern in Bezug auf die Forschung zu Holacracy in den beiden Büchern eingelöst werden sollte.

Das Anliegen des ersten Buches, herausgegeben von Kühl und Sua-Ngam-Iam, wird mit folgenden Worten zusammengefasst:

> »Dieser Sammelband widmet sich [daher] der Untersuchung der faktischen Ausprägung der Holacracy in Organisationen. Es wird analysiert, wie das Managementkonzept funktioniert und welche Folgen sich aus dieser spezifischen Funktionsweise ergeben. Der Sammelband unternimmt damit den Versuch, die Forschungslücke hinsichtlich der empirischen Forschung zur Holacracy zu verkleinern, indem die faktische Funktions- und Wirkungsweise dieses Konzepts herausgearbeitet werden. Anspruch des Sammelbandes ist dabei das Herausarbeiten über den Einzelfall hinausreichender, generalisierbarer Thesen zur holakratischen Organisation.
>
> Um diesen Anforderungen genügen zu können, wurden Untersuchungen in fünf holakratischen Organisationen durchgeführt.«[26]

Wie der Auszug zeigt, ist die Ausrichtung eine wissenschaftliche und das Ziel des Buches, einen Beitrag zur organisationssoziologischen Forschung und zum Verständnis von Holacracy »in freier Wildbahn« zu leisten. Es geht den Forschenden also eigenen Angaben zufolge nicht darum, Holacracy als Managementmethode zu diskreditieren, sondern generalisierbare Aussagen über Funktionen und Folgen von Holacracy anhand von empirischen Beobachtungen herauszuarbeiten. Das Verhältnis von Anspruch und Realität der Praxis soll untersucht werden.

Das zweite Buch, »Schattenorganisation«, hat eine unterschiedliche Stoßrichtung. Es fasst die Ergebnisse für ein breiteres Publikum zusammen und verortet sie im Kontext des organisationswissenschaftlichen Diskurses. Stefan Kühl verfolgt nach eigenen Aussagen das Anliegen, »bewusst den Brückenschlag zwischen Organisationswissenschaft und Organisationspraxis zu versuchen«.[27] Das führe »zwangsläufig« zu »heftigen Reaktionen der Anhänger eines Managementkonzepts«[28], wenn dabei Ergebnisse herauskommen, die diesen nicht in den Kram passten.

Mein übergeordnetes Anliegen mit diesem Buch ist, auf die zentralen Kritiken an Holacracy zu antworten. Stefan Kühls Buch »Schattenorganisation« ist dafür auf besondere Weise geeignet,

26 Kühl, S. & Sua-Ngam-Iam, P. (2023). Holacracy: Funktionen und Folgen eines Managementmodells. Wiesbaden: Springer Gabler, S. 6

27 Kühl, S. (2023a). Schattenorganisation: Agiles Management und ungewollte Bürokratisierung. Frankfurt a. M.: Campus, S. 27

28 Kühl 2023a, S. 26

weil es eine Art konzentriertes Destillat der derzeit gängigen, kritischen Stimmen reflektiert, ob nun durch empirische Forschung untermauert oder lediglich anekdotischer Natur. Es repräsentiert exemplarisch den aktuellen Stand der Forschung und der Kritik an Holacracy. Zudem hat Kühls Forschungsgruppe eigene Daten erhoben, ausgewertet und interpretiert, die in »Schattenorganisation« zusammengefasst werden. Im weiteren Verlauf hangele ich mich bei der Darstellung der Kritik an Holacracy daher an der Struktur des Buches entlang und kommentiere sie aus Praxissicht. An einigen Stellen ergänze ich Kühls Kritik mit den Stimmen anderer relevanter Kritiker.

Vorausschicken möchte ich meinen Eindruck, dass die Forschenden die theoretischen Grundlagen von Holacracy weitestgehend korrekt verstanden und wiedergegeben haben – so sehr man das als Außenstehender eben kann. Das ist leider keine Selbstverständlichkeit – insbesondere, wenn man viele Darstellungen von Holacracy in der Presse oder auf Blogs liest, die es der Öffentlichkeit erklären wollen, jedoch häufig von Fehldarstellungen und Missverständnissen gespickt sind. Mein Eindruck ist jedoch, dass die Bielefelder Forschungsgruppe viele Aspekte, die einem erfahrenen Holacracy-Praktiker direkt ins Auge springen, nicht wahrgenommen und angemessen repräsentiert hat. Daher zeichnen ihre Ergebnisse letztlich ein zutiefst unausgewogenes Bild von Holacracy, wie im Verlauf meiner Analyse im Detail deutlich werden wird.

2.2 »Hyperformalisierung«?

> »Eine holakratische Organisation ist darauf ausgerichtet, ihre Formalstruktur ständig an die Erwartungen ihrer Umwelt anzupassen. Kreise und Rollen werden durch kontinuierliche Formalisierung gebildet, modifiziert oder entfernt. Die Formalstruktur eines holakratischen Systems ist deshalb in ständiger Veränderung. Alle Veränderungen werden dabei schriftlich genau dokumentiert. Durch diese Dokumentation wird es nach Vorstellung der Holakraten möglich, eine Organisationsstruktur für alle sichtbar zu halten und damit anschlussfähig für weitere Veränderungen zu machen (siehe dazu Robertson 2015a: 26 ff.).«[29]

Diese Darstellung ist erst mal zutreffend. Holacracy versucht den Nutzen der Formalisierung zu bewahren, den darunterliegenden Prozess allerdings zu beschleunigen, zu verflüssigen und partizipativ zugänglich zu machen (durch Governance). Kühl beschreibt ferner, dass die Enttäuschung jeglicher Erwartung in Holacracy theoretisch zum Anlass genommen werden kann, um die Formalstruktur konstant zu hinterfragen:

> »In der Zeitdimension findet in holakratischen Organisationen eine Umstellung im Umgang mit Erwartungsenttäuschungen statt. Bei der klassischen bürokratischen Variante wird auf Erwartungsenttäuschung im Regelfall mit Aufrechterhaltung der Er-

29 Kühl 2023a, S. 42

> wartung reagiert und so ein hohes Maß an Beständigkeit sichergestellt. Wenn gegen eine Arbeitsvorschrift verstoßen, der Dienstweg ignoriert oder eine Zielvorgabe nicht erreicht wird, wird trotzdem an diesen formalen Erwartungen festgehalten. In der holakratischen Formalisierung wird die Erwartungsenttäuschung jedoch – so die Feststellung von Phanmika Sua-Ngam-lam (2023c) – unmittelbar zum Anlass genommen, die formale Struktur infrage zu stellen. Bei einer Abweichung von der Formalstruktur wird in einem der holakratischen Meetings eine Spannung thematisiert. Die Formulierung dieser Spannung ermöglicht, dass nicht automatisch an Erwartungen festgehalten, sondern auch nach Veränderungen in der formalen Struktur gesucht wird. Systemtheoretisch ausgedrückt: Statt einem normativen Festhalten an Erwartungen wird bei deren Enttäuschung eher kognitiv reagiert und die Erwartungen selbst infrage gestellt (zur Unterscheidung Luhmann 1972:12). Der Effekt ist eine permanente Veränderung der formalen Struktur der Organisation.«[30]

Ich würde gern präzisieren, dass in Holacracy sehr wohl an Erwartungen festgehalten wird. Nehmen wir an, eine Domäne wurde an eine Rolle delegiert, z. B. »Logo-Design« an die Rolle »Grafik-Designer«. »Logo-Design« wurde ihr zur exklusiven Kontrolle überantwortet, um sie vor unbefugtem Zugriff zu schützen. Wenn nun ein anderer Mitarbeiter diese Domäne dennoch verletzt, z. B. indem er eine modifizierte Version des Logos veröffentlicht, die nicht den Markenfarben entspricht, so würde man den Mitarbeiter in der Praxis zuerst einmal an die Existenz der Domäne erinnern, was vermutlich in den meisten Fällen ausreichend wäre. In der Praxis wird also nicht die Sinnhaftigkeit der Domäne als formale Erwartung bei *jeder* Erwartungsenttäuschung automatisch infrage gestellt. Das wäre unverhältnismäßig, denn dass eine Domäne wie z. B. »Logo-Design« eingerichtet wurde, hatte ja einen bestimmten Grund, der sich durch die Enttäuschung der Erwartung ihrer Beachtung nicht in Wohlgefallen auflöst. Das wäre in etwa so sinnvoll, wie im Straßenverkehr ein Stoppschild prompt infrage zu stellen und wieder abzumontieren, sobald ein Autofahrer es übersehen oder missachtet hat. Entsprechend wird in der realen Holacracy-Praxis nicht jede Erwartungsenttäuschung unmittelbar zum Anlass genommen, die formale Struktur infrage zu stellen. Es gibt keinen Formalisierungsautomatismus.

Gleichzeitig ist es in Holacracy »möglich«, eine Erwartungsenttäuschung als Spannung für Governance zu thematisieren, wie Sua-Ngam-lam richtig beschreibt. Es besteht jedoch kein *Automatismus* zwischen einer einzelnen Erwartungsenttäuschung und der Änderung der Formalstruktur in Holacracy, wie hier suggeriert wird. Holacracy kann beides: normatives Festhalten an Erwartungen *und* Änderung der Formalstruktur durch Governance. Es kommt in der Praxis darauf an, was in einem gegebenen Fall mehr Sinn macht. Mit dem Governance Meeting gibt es einen deliberativen Prozess, der von Mitgliedern des Unternehmens genutzt werden kann, um jeden Veränderungsimpuls auf konstruktive Weise kritisch zu reflektieren.

30 Kühl 2023a, S. 42

Wenn sich durch fortwährende, *wiederholte* Erwartungsenttäuschung zeigt, dass eine bestehende Formalstruktur (Rolle, Kreis, Richtlinie, Domäne, Verantwortlichkeit, Sinn und Zweck) keinen Sinn mehr ergibt, z. B. eine Richtlinie, die dauernd gebrochen und umgangen wird, weil sie unpraktisch und hinderlich geworden ist, dann ist es angemessen, ihre Sinnhaftigkeit infrage zu stellen und sie ggf. durch Governance zu verändern.

Bestehen hingegen die sachlichen Gründe, die initial zur Einrichtung der Richtlinie geführt haben, weiterhin fort, so kann man davon ausgehen, dass durch den Governance-Prozess zumindest dafür gesorgt wird, dass diese Gründe weiterhin gewürdigt bleiben, selbst wenn die Richtlinie am Ende modifiziert wird. Es ist keinesfalls so, dass in Holacracy jegliche Frustration *zwangsläufig* gleich zur Veränderung der Formalstruktur oder Veränderung der grundlegenden Erwartungen führt. Das wäre ein Zerrbild der Praxis. Eine »Spannung« muss zudem nicht immer aus einer Erwartungsenttäuschung bestehen – sie kann auch der Impuls sein, durch neue Erwartungen und Strukturen neue *Chancen* für die Organisation zu realisieren, z. B. eine neue Rolle, die sich um ein neues Produkt kümmern soll.

2.2.1 Spannungen müssen in konkreten Beispielen verankert sein

Zudem stolpere ich im Zitat oben über die Wortwahl, dass Holacracy in Fällen der Erwartungsenttäuschung eher »kognitiv« statt normativ reagiere.[31] Vielleicht ist das nur eine unterschiedliche semantische Auslegung des Wortes in diesem Zusammenhang, doch Brian Robertson weist im Gegenteil immer wieder darauf hin, dass der Begriff der »Spannung« in Holacracy keine rein *kognitive* Frustration meint, sondern in der Regel als körperlich und emotional spürbare Dissonanz beginnt, die ins Bewusstsein tritt und die manchmal noch gar nicht auf der kognitiven Ebenen voll ausbuchstabiert ist. Man wird in Holacracy systematisch ermutigt, derartige Spannungen in Meetings einzubringen, selbst wenn man noch nicht genau greifen kann, was sich dahinter verbirgt.

Stattdessen warnen wir unsere Klienten immer wieder davor, ihre rein theoretische Überlegungen darüber, wie man die Organisation besser »designen« könnte, die aber keinerlei konkrete Spannung zum Anlass haben, zum Ausgangspunkt einer Governance-Veränderung zu nehmen. Das ist meistens eine schlechte Idee, weil sie nicht in der Wirklichkeit verankert, sondern rein mental, rein kognitiv sind.

Es gibt sogar in der Verfassung eine Regel darüber, dass es *unzulässig* ist, diese Art von »Spannungen« in Governance zu verarbeiten, für die man *kein konkretes Beispiel* nennen kann.[32] Das ist zumindest ein anderes Verständnis des Adjektivs »kognitiv« und der Art und Weise, wie Holacracy auf Erwartungsenttäuschungen reagiert.

31 Kühl 2023a, S. 42
32 s. Holacracy-Verfassung v5, Art 5.3.1- Anforderungen an Vorschläge

2.2.2 Formalisierung, bis der Arzt kommt?

Kühl lässt sich ferner zu der extremen Position hinreißen, zu behaupten, es könne in Holacracy keine Erwartung geben, die nicht formalisiert wurde:

> »In der Sachdimension unterscheidet sich die holakratische von der klassischen Formalisierung durch ihre ausgeprägte Detailverliebtheit (einschlägig Sua-Ngam-lam 2023c). Die Rollenerwartungen werden nicht mehr nur allgemein formuliert, sondern sehr genau gefasst. Statt sich auf allgemeine Rollenbeschreibungen wie Programmiererin, Personalmanagerin oder Vertrieblerin zu beschränken, die situativ ausgedeutet werden können, werden diese Rollen in holakratischen Organisationen bis ins kleinste Detail ausbuchstabiert. Mit Chester Barnard kann man den Prozess so beschreiben, dass die Indifferenzzonen — also die Verhaltensweisen, die von Mitgliedern seitens der Organisation erwartet werden können, ohne dass dies vorher spezifiziert wurde — so weit wie möglich reduziert werden (Barnard 1938: 168 f.). Kurz: In der holakratischen Organisation werden alle Erwartungen so weit ausformalisiert, dass es faktisch keine Erwartungen gibt oder geben kann, die nicht in eine formale Struktur gegossen worden sind.«[33]

Kühl schließt aus, dass es in Holacracy implizite, informale Erwartungen geben kann. Die gibt es aber natürlich auch in Holacracy zuhauf.[34] Es wäre jedoch höchst unzweckmäßig zu versuchen, *alle* impliziten Erwartungen formal zu explizieren. Was auch *ohne* Formalisierung wunderbar funktioniert, das bedarf ihrer offensichtlich nicht. Wie das Sprichwort sagt, *»Never change a winning team«* – oder einen Kreis, in dem die Arbeit rund läuft. Daher gibt es ein leicht zu verstehendes Prinzip: Man macht nur diejenigen Dinge explizit, die *unrund* laufen, und auch nur in dem Maße, wie sie explizit geregelt sein müssen, um die dahinterliegende Irritation oder Spannung aufzulösen. Um den zweckmäßigen, *minimal notwendigen* Grad der Formalisierung zu erreichen, reagiert man somit nicht »kognitiv« auf Erwartungsenttäuschung, sondern lässt sich von konkreten Spannungen leiten, denen man im Arbeitsalltag begegnet. Den adäquaten Grad von Formalisierung zu finden – nicht zu wenig und nicht zu viel – kann allerdings etwas Übung erfordern.

Es trifft (mutmaßlich) zu, dass die Forschenden faktisch in den von ihnen untersuchten fünf Organisationen offenbar hoch spezifizierte Rollenbeschreibungen, wahrscheinlich mit langen Listen von Verantwortlichkeiten, vorgefunden haben, die sie zu dem Schluss geführt haben müssen, das Ziel von Holacracy sei es, alle Erwartungen genau bis ins kleinste Detail festzuhalten. Ein Blick in die zugrundeliegenden Daten wäre hier aufschlussreich. Diese Beobachtung führt Kühl jedenfalls zu der Annahme, dass er es hier nicht mit einem Sonderfall, sondern vielmehr mit einer allgemeinen Norm der Holacracy-Praxis zu tun haben muss.

---

33 Kühl 2023a, S. 43

34 Man kann implizite Erwartungen in Holacracy allerdings nicht von den Organisationsmitgliedern einfordern. Aber sobald man sich ihrer bewusst wird, hat man mit Governance einen zuverlässigen Mechanismus, um zu versuchen, sie zu formalisieren.

> »Diese bis ins kleinste Detail gehende Fixierung von Erwartungen an Organisationsmitglieder kann man als Hyperformalisierung bezeichnen.«[35]

Dazu mein Kollege Patrick Scheuerer, ebenfalls Holacracy-Coach:

> »Dieses von Kühl et al. beobachtete und beschriebene Phänomen ist in unserer Beratungs- und Coachingpraxis wohl bekannt: die Tendenz zur ›Hyperformalisierung‹ tritt in der frühen Praxis nicht selten auf.
>
> Das große Missverständnis und die Fehlinterpretation der Beobachtung liegt darin, dass die perfekt formalisierte Organisation ein Ziel der holakratischen Praxis sei. […] Die Beobachtung ist also korrekt, die Interpretation der kausalen Zusammenhänge ist jedoch falsch.
>
> Es geht also eben NICHT um die Formalisierung ›aller nur vorstellbarer‹ Erwartungen, sondern eben nur gerade derjenigen, die jetzt gerade im Weg stehen, damit der kollektive Koordinationsprozess weitergehen kann. Das Ziel der holakratischen Praxis ist demnach nicht eine Hyperformalisierung, sondern das Herstellen und Aufrechterhalten einer ›minimally viable organization‹: es ist nicht das Ziel alles zu formalisieren, sondern nur gerade soviel wie nötig ist, um eine konkrete Spannung zu lösen.«[36]

Ich kann nur wiederholen, was ich bereits 2021 in Antwort auf eine Vorveröffentlichung der Studienergebnisse auf meinem Blog[37] zu diesem Phänomen in ähnlichen Worten zu erklären versucht habe:

Ich weiß nicht, welche holakratische Organisation Kühl sich da als Beispiel angeschaut hat und welches Niveau der Praxis in dieser konkreten Organisation herrscht. Er scheint mir hier aber einer Übergeneralisierung zum Opfer zu fallen, um seine These von der »Hyperformalisierung« aus seinen Daten herauslesen zu können. Aus Holacracy-Coach-Sicht erscheint mir das Praxisbeispiel als typisches Missverständnis einer Organisation, die gerade mit Holacracy begonnen oder es nie richtig gelernt hat. Jede noch so kleine Arbeitsroutine einer Rolle wird in Form in Form von expliziten Verantwortlichkeiten ausbuchstabiert. Hierbei machen sich die Beteiligten nicht klar, dass sie selbst als Rollenfüller im Prinzip nur eine Beschreibung des Sinn und Zwecks ihrer eigenen Rolle brauchen, um loszuarbeiten. Mehr braucht es zu Anfang nicht. (Fortgeschrittene holakratische Organisationen definieren daher manchmal nur einen Sinn und Zweck an einer neuen Rolle und lassen das Feld mit den Verantwortlichkeiten gänzlich frei.) Das Missverständnis rührt aus der habituellen Fortführung der alten Befugnisstruktur des traditionellen Managements, in der man nichts tun darf, was nicht explizit erlaubt ist. Man versucht

35 Kühl 2023a, S. 43

36 Scheuerer, P. & Xpreneurs (2023, 30. März). Sind »Hyperformalisierung« und »Formalitätsruinen« zwangsläufige Ergebnisse holakratischer Praxis? LinkedIn. Abgerufen am 20. Mai 2023, von https://www.linkedin.com/feed/update/urn:li:activity:7047099710305624064

37 Wittrock, D. (2021a). Holacracy ist keine Maschine. www.denniswittrock.com. Abgerufen am 20. Mai 2023, von https://denniswittrock.com/2021/02/07/holacracy-ist-keine-maschine/

sich daher über Governance-Prozess in Form von akribisch definierten Rollenbeschreibungen eine Handlungslegitimation zu verschaffen, die jeder Rollen-Lead gemäß der sogenannten ›goldenen Regel‹ in der Verfassung sowieso bereits hat:

> »Als Rollen-Lead hast du die Befugnis, alles zu tun und jede Entscheidung zu treffen, die den Sinn und Zweck und die Verantwortlichkeiten deiner Rolle zum Ausdruck bringt, solange du nicht gegen eine in dieser Verfassung definierte Regel verstößt.«[38]

In Holacracy ist also alles erlaubt, was nicht explizit verboten ist – nicht umgekehrt. Das Ausbuchstabieren von Verantwortlichkeiten ist also genau in dem Maße redundant, wie es *nicht* spannungsbasiert durch die Verarbeitung der Spannung *anderer* Rollen zustande gekommen ist. Ich als Rollen-Lead *weiß selbst*, was mein Job ist. Der Sinn und Zweck meiner Rolle reicht mir zur Orientierung und gibt mir ausreichend Befugnis, denn ich darf ihn frei selbst interpretieren laut Verfassung. Doch *andere* Rollen-Leads wollen bestimmte spezifische Dinge legitimerweise von mir erwarten können. Sie können also das Konstrukt der Verantwortlichkeiten nutzen, um meiner Rolle spezifische Erwartungen hinzuzufügen – sobald und sofern es dafür einen konkreten Anlass in Form einer Spannung gibt.

Wenn also eine Organisation in vorauseilendem Gehorsam unnötige Verantwortlichkeiten definiert, so ist daran sicherlich eine Menge falsch. Doch diese »Hyperformalisierung« Holacracy *selbst* und nicht einem *unzureichenden Verständnis von Holacracy* in einem konkreten Einzelfall anzukreiden, schießt nach meinem Dafürhalten leider über das Ziel hinaus. In Kap 4.5 wende ich mich daher noch mal genauer dem Thema der Reifegrade der Holacracy-Praxis zu.

2.3 »Role *over* Soul«?

Laut Kühl gilt in Holacracy das Prinzip »Role over Soul«, er meint, die Rolle wird sogar als noch wichtiger angesehen als der Mensch.

> »Die Besonderheit dieser Betonung auf Rollen mag auf den ersten Blick überraschend klingen, weil letztlich jede Organisation auf die Ausdifferenzierung von Rollen angewiesen ist. Dieses Prinzip der Rollenausrichtung wird jedoch in der Holacracy radikalisiert, indem Aufgaben konsequent nicht an einzelne Personen, sondern explizit an Rollen übertragen werden. Aufgaben werden in Besprechungen dann nicht an ›Rebecca‹, ›Kim‹ oder ›Brian‹ übertragen, sondern an ›Trainer‹, ›Programm-Designer‹ oder ›Finanzen‹. Kollegen werden in den Besprechungen nicht als ›Lee‹, ›Rachel‹ oder ›Phoebe‹, sondern als ›Marketing‹, ›Web-Manager‹ oder ›Trainings-Manager‹ adressiert (Robertson 2016:

38 Siehe Art. 4 der Verfassung, Xpreneurs (2021b). Holacracy Verfassung, v5.0. Abgerufen am 13. August 2023, vonhttps://www.xpreneurs.co/holacracy-verfassung, S. 21

> 39 f.; Robertson 2015b: 40). **›Role over Soul‹ ist die Kurzformel, mit dem sich dieses Prinzip auf den Punkt bringen lässt.«**

Das erschien mir schon beim Lesen merkwürdig, denn Brian Robertson betont zwar stets die *Differenzierung* von Rolle und Mensch, doch *nirgendwo* habe ich ihn bisher so verstanden, dass er die eine Dimension *über* die andere stellen und somit privilegieren würde (was Kritikern, die Holacracy gemeinhin für »unmenschlich« oder »roboterhaft« halten, weitere Munition liefern würde). Doch genau dies behauptet Kühl. Als Beleg führt er in seiner Fußnote 20 zwei Quellen an:

> »Interessant ist, dass aus der ursprünglichen Differenzierung von ›role and soul‹ (Robertson 2015b: 40) schrittweise das Prinzip ›role over soul‹« wurde (so Peters 2018 oder Robertson 2021).«[39]

Das ist tatsächlich »interessant«, denn es ist schlichtweg *falsch*. Kühl verweist auf einen Podcast mit Brian Robertson von 2021, in dessen Beschreibungstext tatsächlich »Role over Soul« steht, als wäre es ein Robertson-Zitat.[40] Also habe ich mir den besagten Podcast angehört, weil ich es genau wissen wollte. Es handelt sich offenbar um ein fehlerhaftes Zitat in der Podcast-Zusammenfassung der Gastgeber. Für alle, die sich den Podcast anhören wollen — Robertson spricht in Minute 19:35 von »role vs. soul«.[41] Möglicherweise haben die Podcast-Gastgeber hier »role over soul« gehört, aber Brian Robertson hat es nicht gesagt. Vielleicht hätte sich Kühl die Mühe machen sollen, seine Quelle genauer zu prüfen und sich den zugehörigen Podcast auch wirklich selbst in Gänze anzuhören, statt sich nur auf die Beschreibung der Gastgeber zu verlassen. Dann hätte er Robertsons Position zum Verhältnis von Mensch und Rolle besser verstanden, statt Missverständnisse zu reproduzieren – was der Wissenschaft sicherlich nicht dienlich ist.

Und auch der Artikel von Peters, den Kühl als zweites Indiz für »role over soul« zitiert, lässt keinerlei Rückschlüsse zu, dass dies eine Position von Robertson oder von *HolacracyOne* ist.[42] Vielmehr ist es eine individuelle Meinung des Autors über Holacracy. Diese Kurzformel als Robertsons Position auszugeben ist irreführend. Im Übrigen reden sich die Menschen in holakratischen Meetings in der Praxis auch weiterhin mit Vornamen an, doch zusätzlich mit Nennung der jeweiligen Rolle, *in* und *von* der die Arbeit angefragt wird. Also keine Sorge: die Menschlichkeit in der Kommunikation geht nicht verloren – nur die Rollenklarheit kommt hinzu.

---

39 Kühl 2023a, S. 114

40 Trautmann, M. (2021, 25. Januar). Holacracy Mastermind Brian Robertson as our guest (On the Way to New Work) and in 35 quotes (Podcast Episode 247). On the Way to New Work. Abgerufen am 3. Juni 2023, von https://www.linkedin.com/pulse/holacracy-mastermind-brian-robertson-our-guest-way-new-trautmann/

41 #247 mit Brian Robertson, Entrepreneur, Organization Builder & Revovering CEO, Pioneer of Holacracy (M. Trautmann & C. Magnussen; Folge 247). (2021, 25. Januar). Abgerufen am 10. Juni 2023, von https://podcasts.apple.com/de/podcast/on-the-way-to-new-work-der-podcast-%C3%BCber-neue-arbeit/id1231392085?i=1000506442783

42 Peters, V. (2018, 19. Juli). The relationship between roles and authority. Medium. Abgerufen am 3. Juni 2023, von https://medium.com/@sandro997/the-relationship-between-roles-and-authority-9716e9a6d18c

Die **Differenzierung von Mensch und Rolle in Holacracy** ist zentral, um sowohl die Bedürfnisse der Organisation als auch die Bedürfnisse der darin arbeitenden Menschen besser adressieren zu können. Es sind zwei Dimensionen oder Kontexte, die in jedem Moment simultan wirksam sind. Mal steht der eine Kontext im Vordergrund der Aufmerksamkeit, mal der andere. Das Problem bürokratischer Organisationen ist, dass der Mensch hinter seiner Rolle oft nicht mehr gesehen wird. Das Problem postbürokratischer Organisationen ist, dass man oft vor lauter »Menschelei« nicht mehr die Rollen und Arbeit der Organisation erkennen kann. Mit Holacracy wird hingegen die gegenseitige Durchdringung dieser Dimensionen und das bewusste, kontextbezogene Wechseln zwischen Rollenperspektive und persönlicher Perspektive ermöglicht und unterstützt. Weder ist der Mensch ein Anhängsel der Rolle, noch die Rolle ein Anhängsel des Menschen. Beide sind wichtig, beide bekommen ihren eigenen Raum. Wenn man noch die kollektive bzw. Gruppenperspektive hinzufügt, dann ergibt das ein Raster von vier Räumen. Brian Robertson illustriert das in seinem Buch mit der folgenden Grafik[43]:

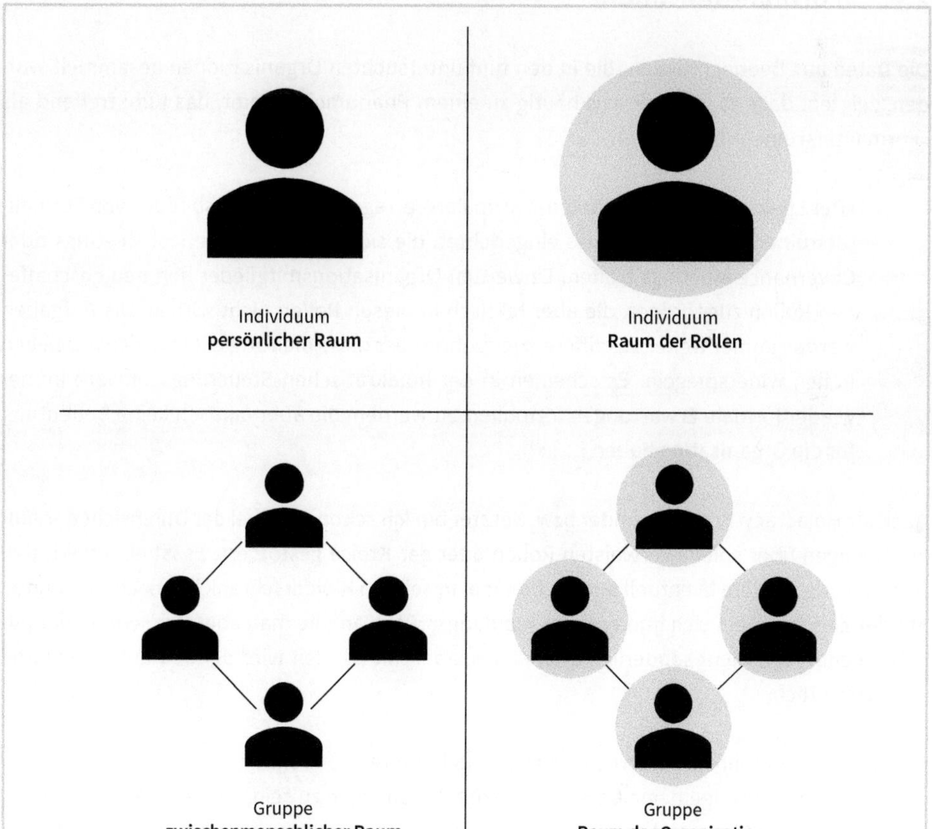

Abbildung 2 – Die vier Räume in Holacracy

43 Nach Robertson, B. J. (2015). Holacracy: The Revolutionary Management System that Abolishes Hierarchy. Penguin UK., S. 201, eigene Übersetzung und Darstellung

Er schreibt dazu:

> »Wenn man es gut macht, entwertet Holacracy den persönlichen und zwischenmenschlichen Bereich nicht, wie manche Menschen zunächst befürchten. Tatsächlich erlebe ich regelmäßig, dass es eine tiefere Wertschätzung des Persönlichen hervorruft, viel sogar noch mehr, als ich es in vielen Organisationen gesehen habe, die sich ausschließlich auf diese Dimensionen konzentrieren. Dies geschieht durch eine klare Differenzierung dieser vier Räume und die Festlegung angemessener Grenzen zwischen ihnen. Dies ermöglicht die Koexistenz aller Räume, ohne dass einer die anderen dominiert, und verschiebt sie von einer unbewussten Verschmelzung und verschwommenen Grenzen hin zu einer gesunden Vermählung, die deutlich und doch integriert ist.«[44]

2.4 »Formalitätsruinen«

Die Daten aus Beobachtungen, die in den fünf untersuchten Organisationen gesammelt wurden, zeigten, dass es in der Praxis häufig zu einem Phänomen kommt, das Kühl treffend als »Formalitätsruinen« bezeichnet.

> »Der Effekt einer immer stärkeren formalen Verregelung ist die Ausbildung von Formalitätsruinen. Es werden Kreise eingerichtet, die sich fast nie zu Tactical Meetings oder Governance Meetings treffen. Es werden Organisationsmitglieder den neu geschaffenen Rollen zugeordnet, die aber faktisch in diesen Rollen nicht wirken. Die Aufgaben werden immer weiter ausdifferenziert, ohne dass diese die Tätigkeiten in den jeweiligen Rollen widerspiegeln. Es scheinen in der holakratischen Steuerungssoftware immer wieder formale Erwartungen formuliert zu werden, die aber faktisch keine Bedeutung für die Organisation haben [...].«[45]

Auch als Holacracy-Praktizierender bzw. Berater bin ich schon öfter bei der Durchsicht der Aufzeichnungen über solche verwaisten Rollen oder gar Kreise gestolpert. Es ist ein Effekt, den der eine oder andere eventuell auch schon mal in seinem Kleiderschrank beobachten konnte: Mit der Zeit sammeln sich immer mehr Kleidungsstücke an, die man aber nur selten oder gar nicht mehr trägt. Nicht sonderlich dramatisch, aber mit der Zeit wird der Schrank zu voll und unübersichtlich.

Ich denke, dass mehrere Faktoren zu diesem Effekt führen können:

1. Es scheint eine allgemeine Gesetzmäßigkeit der Entropie zu sein, dass es stets leichter ist, Dinge hinzuzufügen und anzusammeln, als sie wieder abzuschaffen und zu vereinfachen.

---

44 Robertson, B. J. (2015). Holacracy: The Revolutionary Management System that Abolishes Hierarchy. Penguin UK., S. 201, eigene Übersetzung.

45 Kühl 2023a, S. 59

2. Zu Beginn der Holacracy-Praxis liegt der Schwerpunkt der Aufmerksamkeit sinnvollerweise vor allem auf der Identifikation und Formalisierung wiederkehrender Tätigkeiten, die bisher noch nicht in Rollen oder Verantwortlichkeiten erfasst worden sind, d. h. auf dem additiven Pol. Wenn die Organisationen dann länger praktizieren, fehlt oft noch das Bewusstsein, dass es neben der kontinuierlichen Differenzierung auch einen subtraktiven Pol der Vereinfachung geben muss – vor allem, wenn ein Blick von außen auf die Organisation fehlt, z. B. durch einen Coach. Es braucht oft eine kritische Masse von »Formalitätsruinen«, bis diese Art von Spannung als Problem ins kollektive Bewusstsein dringt.
3. Die offensichtliche Lösung wäre die kontinuierliche Löschung der irrelevanten Rollen, Verantwortlichkeiten etc. via Governance. Zu Beginn der Praxis fehlt aber oft noch die Bereitschaft, sich voll in den Prozess zu »lehnen«, um die eigenen Spannungen zu verarbeiten. Man scheut sich aus Gewohnheit noch davor – wie man es vielleicht aus der traditionellen Hierarchie kennt –, anderen Rollen Spannungen zu bereiten, z. B. indem man die Löschung oder Vereinfachung von Rollen vorschlägt, insbesondere, wenn andere Kollegen sie erschaffen haben. Da erscheint es bequemer, nichts zu tun – eine verwaiste Rolle in den Aufzeichnungen tut ja erst mal niemanden weh, so die Logik.

Kühl beschreibt ferner den Effekt, dass, sobald in holakratischen Organisationen die Ansammlung von Formalitätsruinen kollektiv problematisiert wird, dann mit »Verschlankungskampagnen« reagiert wird, bei der ironischerweise manchmal sogar »Müllmänner«- Rollen geschaffen werden mit der Aufgabe, die Strukturen auf den Prüfstand zu stellen – eine Art formalisierte Entformalisierung.[46]

Aus meiner eigenen Erfahrung würde ich das unter der Rubrik »Effekte früher Holacracy-Praxis« einordnen. Dass alle Mitarbeitenden selbst partizipative neue Strukturen *hinzufügen* dürfen, ist für die meisten eine neue Erfahrung im Vergleich zu konventionellen Organisationen. Es ist vielleicht ein bisschen wie bei einer Teenagerin, die gerade erst damit anfängt, sich von ihrem Taschengeld selbst Klamotten zu kaufen und erst mal begeistert neue Sachen hinzufügt – ohne schon daran zu denken, ob und wann sie das ganze Zeug tragen wird. Die Notwendigkeit des Ausmistens wird erst später zum Problem, wenn der Schrank aus allen Nähten platzt und man nichts mehr wiederfindet.

Natürlich wäre es wünschenswert, wenn Mitarbeitende holakratischer Organisationen schon von Beginn an ein Bewusstsein für minimal hinreichende Strukturen, für Essenz und Vermeidung von Redundanz mitbrächten. Doch das ist ebenso realistisch wie zu erwarten, dass die Teenagerin jedes Mal ein Kleidungsstück in die Altkleidersammlung bringt, sobald sie sich ein neues dazu kauft. Realistischer ist die Beobachtung, dass es etwas Zeit und Erfahrung braucht, um zu lernen, Ordnung zu halten – ob nun im Kleiderschrank oder in den Governance Aufzeichnungen. Das Aufräumverhalten hat zu Beginn eher den Charakter einer impulsiven Hauruck-Aktion, bevor man lernt, dass eine Gewohnheit des kontinuierlichen Ordnunghaltens effizienter und weniger disruptiv ist.

46 Kühl 2023a, S. 60

2.5 Mitarbeitende, die sich hinter vielen Rollen verstecken?

»Stell dir vor, es geht,
und keiner kriegt's hin.«
Wolfgang Neuss

Ein weiterer Kritikpunkt lautet, dass Holacracy den Mitarbeitenden in besonderem Maße die Möglichkeit gibt, sich gegenüber der Organisation der Anforderung der Leistungserbringung zu entziehen. Kühl schreibt dazu:

> »Genau diese bürokratischen und postbürokratischen Mechanismen zur Sicherstellung der Leistungserbringung werden in holakratischen Organisationen durch die Rollenübernahme in verschiedenen Kreisen erschwert [...]. Organisationsmitglieder können darauf verweisen, dass sie in ihren Rollen in einem Kreis im Moment nicht die erwarteten Leistungen erbringen können, weil sie in ihren Rollen in einem anderen Kreis gerade besonders gefordert sind. Weil in holakratischen Organisationen – jedenfalls von der Idee her – auf eine personale hierarchische Zuordnung der Mitglieder verzichtet wird, gibt es keine Stelle, die sich dieses Problems annimmt. Aufgrund der Absage an eine personale Hierarchie gibt es kaum eine Organisationsform, in der sich Mitarbeiter so leicht durch die Übernahme einer Vielzahl von Rollen verstecken können.«[47]

Die Kritik ist relativ einleuchtend, aber nur, wenn man Kühls impliziter Prämisse folgt, um die es nun gehen soll.

2.5.1 Die Hermeneutik des Argwohns

Kühl beantwortet die Frage nach der Motivation der Menschen in der Organisation so:

> »Im Kapitalismus übernehmen Menschen Tätigkeiten nicht vorrangig deswegen, weil sie darin Sinn sehen, sondern weil sie für ihr alltägliches Überleben gezwungen sind, ihre Arbeitskraft zu verkaufen [...].
>
> Auch das Vollsaugen einer Organisation mit einem ›Purpose‹ ändert nichts daran, dass die Organisationsmitglieder am Ende Geld verdienen müssen, um ihr Leben zu finanzieren.«[48]

Es ist sicherlich richtig, dass auch Mitarbeitende in holakratischen Organisationen am Ende ihre Rechnungen bezahlen können müssen (vgl. auch Kap. 2.8). Gleichwohl wohnt seiner Argumentation eine unhinterfragte Hermeneutik des Argwohns inne, die annimmt, dass die Mitarbeitenden jedes Schlupfloch gnadenlos ausnutzen werden. Wer wollte es Kühl verübeln?

47 Kühl 2023a, S. 63
48 Kühl 2023a, S. 62

Diese Haltung durchzieht die moderne Arbeitswelt in geradezu epidemischen Ausmaßen. Und sie hat selbst unintendierte Folgen.

2.5.2 Selbstmanagement als Gretchenfrage

In der Tragödie »Faust« lässt Goethe das fromme Gretchen dem um sie werbenden Dr. Faust die entscheidende Frage stellen, wie er es denn mit der Religion halte. Egal welche Art von Selbstmanagement man praktiziert oder welche Regeln man verwendet, sei es Holacracy, Soziokratie, Sociocracy 3.0 oder andere Modelle, sie alle basieren auf bestimmten, axiomatischen Grundannahmen. Damit die Einführung von Selbstmanagement nicht zur Tragödie wird, muss sich jeder Vorstand, Chef oder Eigentümer, bevor er sich auf irgendeine Form davon einlässt, ebenfalls einer speziellen Gretchenfrage stellen: »Wie steht es um das Vertrauen in die Mitarbeitenden?«

Oder anders ausgedrückt: Kann man grundsätzlich den Menschen vertrauen oder nicht? Sind sie im Grunde genommen unmotiviert, faul und versuchen die Firma auszunutzen, solange sie nicht erwischt werden, oder sind sie vielmehr intrinsisch motiviert, kreativ und engagiert für den Unternehmenszweck tätig? Kann man ihnen verteilte Führung überantworten oder sind sie so inkompetent und unselbständig, dass sie mit dieser Aufgabe sicher scheitern und den Unternehmenserfolg gefährden? Kurz: eine Haltung des Misstrauens oder des Vertrauens? Was sollte man wählen?

2.5.2.1 Man bekommt zurück, was man gibt

Unabhängig von der Antwort wird man Recht behalten und Belege für seine Überzeugung finden. Dies liegt daran, dass axiomatische Grundannahmen keinen objektiven »Blick von nirgendwo« darstellen, sondern nicht weiter hintergehbare Annahmen und grundlegende Weichenstellungen sind, von denen alles Weitere abgeleitet wird. Somit spiegeln sie nicht auf rein *passive* Weise die Realität wider (Reflexionsparadigma), sondern stellen *aktive* Setzungen mit Konsequenzen dar, die sich auf das beobachtete System auswirken. Man steht niemals außerhalb davon. Das beobachtende Subjekt und das beobachtete Objekt sind nicht voneinander getrennt. Man bekommt zurück, was man gibt. Wie man in den Wald hineinruft, so schallt es heraus.

In den meisten Fällen werden diese Entscheidungen unbewusst getroffen, insbesondere wenn das Ergebnis lautet, dass man den Menschen eigentlich nicht vertrauen sollte. Vielleicht hat man beobachtet, dass Mitarbeiter versuchen, die Pausenzeiten über Gebühr zu dehnen oder sich auf Social Media die Zeit vertreiben, sobald sie sich unbeobachtet fühlen. Man nimmt dies dann als Beweis für die Grundannahme der defizitären Natur des Menschen.[49] Dabei könnte man jedoch möglicherweise die vermeintlich beobachtete Ursache (»Man kann den Menschen nicht vertrauen!«) mit ihrer Wirkung verwechseln.

49 Man neigt jedoch dazu, sich selbst wohlwollend davon auszunehmen, denn diese Regel gilt anscheinend nur für »die anderen«.

Aufgrund dieser grundlegenden Annahme hat man eine Organisation aufgebaut, die ihre Mitarbeiter kontrolliert, ihnen keine anspruchsvollen Aufgaben überträgt, ihre Kreativität und Selbstbestimmung einschränkt und sie in gewisser Weise wie Kinder behandelt, so wie es diese Annahme vorgibt. Man hat Bestrafungs- und Belohnungssysteme entwickelt, da man keine intrinsische Motivation erwartet. In einer solchen Organisation wird den Mitarbeitern subtil von morgens bis abends die wenig ermutigende Botschaft vermittelt, dass man ihnen nicht vertraut. Es erfordert große Bewusstheit seitens der Mitarbeiter, diese Projektion nicht als Teil ihrer eigenen Identität anzunehmen. Die meisten Menschen jedoch tun es und verhalten sich entsprechend der geringen Meinung, die man von ihnen hat. Und siehe da: Die These von faulen, betrügerischen und unzuverlässigen Mitarbeitern wird bestätigt.

2.5.2.2 Warum kann man den Menschen vertrauen? – »Because«

Menschen, die Holacracy einführen, entscheiden sich im Gegensatz zu konventionellen Organisationen bewusst dafür, ihre gesamte Organisation auf der axiomatischen Annahme aufzubauen, dass man den Menschen grundsätzlich vertrauen kann. Sie haben damit ebenfalls vollkommen Recht und werden ebenfalls Belege für die Richtigkeit ihrer Annahme finden. Die Menschen sind »Im Grunde gut«.[50] Warum? Englisch geantwortet: *»Because.«* Oder etwas ausführlicher: *»Be the cause« — Sei die Ursache.* Mache diese Aussage wahr, indem du eine Organisation aufbaust, die den Menschen von Anfang an Vertrauen entgegenbringt, damit sie letztendlich in dieses Vertrauen hineinwachsen und dir recht geben. Vertrauen ist ebenso ein schöpferischer Akt wie Misstrauen.

Abbildung 3 – Grundannahmen wirken selbstverstärkend

50 So auch der Buchtitel von Bregman, R. (2020).

2.5.2.3 Theorie X und Theorie Y

Douglas McGregor beschrieb 1960 zwei unterschiedliche Menschenbilder, die Managementtheorien zugrunde liegen, Theorie »X« und Theorie »Y«:

> »Die Theorie X nimmt an, dass der Mensch von Natur aus faul ist und versucht der Arbeit so gut es geht aus dem Weg zu gehen. Prinzipiell ist er von außen motiviert; das heißt, durch extrinsisch ausgerichtete Maßnahmen zu belohnen beziehungsweise zu sanktionieren. Im Gegensatz dazu geht die Theorie Y davon aus, dass der Mensch durchaus ehrgeizig ist und sich zur Erreichung sinnvoller Zielsetzungen bereitwillig strenge Selbstdisziplin und Selbstkontrolle auferlegt. Er sieht Arbeit als Quelle der Zufriedenheit und hat Freude an seiner Leistung. Auch Verantwortungsbewusstsein und Kreativität prägen dieses Menschenbild.«[51]

Holacracy basiert implizit auf der Annahme der Richtigkeit von Theorie Y. Sie betrachtet den Menschen als intrinsisch motiviert, durch individuelle Zwecke oder solche der Organisation, in der er wirkt, angetrieben und in der Lage, eigenständig und autonom Entscheidungen zu treffen und sich selbst zu unterstützen. Diese Überzeugung spiegelt sich an vielen Stellen in der Arbeitsweise einer holakratischen Organisation wider. Hier sind einige Beispiele dafür:

- **Freiwillige Rollenannahme:** Die Annahme von Rollen erfolgt immer freiwillig und nicht unter Zwang. Jeder hat die Möglichkeit, seine Rollen jederzeit abzugeben, sofern keine anderen Vereinbarungen getroffen wurden, beispielsweise im Arbeitsvertrag.
- **Befugnis und Interpretation der eigenen Rolle(n):** Als Rollen-Lead hat man das Recht und die Verpflichtung, den Sinn, Zweck und die Verantwortlichkeiten der eigenen Rolle zu interpretieren. Man darf alles tun, von dem man glaubt, dass es der Rolle dient. Es liegt in der eigenen Zuständigkeit, den Arbeitsfluss zu priorisieren und zu entscheiden, wie man die Rolle zum Leben erwecken möchte. Hierin zeigt sich ein Vertrauensvorschuss.
- **Filterung von ungefragter Hilfe:** Holacracy geht davon aus, dass Menschen ausreichend reif und in der Lage sind, sich selbst zu helfen. Daher werden im Governance-Prozess automatisch alle Sicherheitsbedenken herausgefiltert, die Rollen einbringen, um anderen Rollen zu »helfen«. Es wird gefragt: »Welche deiner Rollen wird durch den Vorschlag beeinträchtigt?«
- **Individuelle Initiative:** Die Regel der »individuellen Initiative« (Art. 4.3 der Verfassung) basiert auf einem grundlegenden Vertrauen in das Urteilsvermögen der Menschen, verantwortungsbewusst mit Regeln und ihren Ausnahmen umzugehen. Sie ermächtigt Rollen-Leads, die Regeln der Governance in Notsituationen unter bestimmten Voraussetzungen vorübergehend außer Kraft zu setzen, wenn es erforderlich ist. Dies kann beispielsweise bedeuten, Richtlinien zu ignorieren oder bestimmte Domänen.

Ich will damit nicht behaupten, dass es niemals Menschen geben wird, die nach Schlupflöchern in Holacracy suchen werden und die die Organisation auf diese Weise austricksen und übervor-

51 Siehe X-Y-Theorie. (o. D.). Wikipedia. Abgerufen am 20. Mai 2023, von https://de.wikipedia.org/wiki/X-Y-Theorie

teilen wollen. Soziopathen sind eine statistische Realität. Die Frage ist dann, welcher Rahmen hinreichende stützende Strukturen bietet, um von einem blinden Vertrauen zu einem vernünftigen Vertrauen zu gelangen. Schließlich kann nicht nur blindes Vertrauen kostspielig sein, sondern auch blindes Misstrauen kann erhebliche Kosten nach sich ziehen.

Es geht mir vielmehr darum, dass die Problematisierung der Möglichkeit des Missbrauchs einer Hermeneutik des Argwohns folgt, die das Schlechte im Menschen als Prämisse erfordert. Somit ist die o. g. Gretchenfrage des Selbstmanagements immer auch ein Spiegelbild desjenigen, der in diesen Spiegel blickt. Sie gibt Aufschluss über das Welt- und Menschenbild.

Die meisten skeptischen Argumente, die ich in Bezug auf die Umsetzbarkeit von Holacracy höre, stammen von Menschen, die vorab *hypothetische* Probleme anmelden, die meist dem Schema folgen *»Was ist, wenn … [Beschreibung eines Verhaltens von Menschen, das auf Misstrauen beruht, bzw. Richtigkeit der Theorie X voraussetzt].«* Dann schmunzle ich immer, denn hypothetische Probleme sind mir die liebsten.

Ich verweise die Skeptiker dann darauf, dass sie das Problem noch mal aufbringen sollen, sobald sich ihre schlimmsten Befürchtungen tatsächlich materialisieren und sie eine echte Spannung damit haben. Der Witz ist, dass das in den allermeisten Fällen eben *nicht* passiert – weil man den Menschen eben *doch* mehr trauen kann, als sie das in diesem Moment für möglich halten.

2.6 Erstickung von Initiativen?

Eine weitere Kritik an Holacracy betrifft Initiativen jenseits der formalen Struktur, das heißt außerhalb bereits bestehender Rollen und Verantwortlichkeiten.

> »Jedes Mitglied hat dabei das Recht, in seiner Rolle Entscheidungen zu treffen, solange durch die Formalstruktur keine konkurrierenden Prioritäten festgelegt worden sind und nicht der Zuständigkeitsbereich einer anderen Rolle tangiert wird.«[52]

Vermutlich kennt Kühl die Begrifflichkeiten von Holacracy eigentlich besser, hat sich aber in diesem Satz etwas undeutlich ausgedrückt. Ich würde seine Aussage daher gerne in zweierlei Hinsicht präzisieren.

Erstens, falls er mit der »Formalstruktur« die Governance-Aufzeichnungen meint, dann sind dort per Definition keinerlei »konkurrierende Prioritäten« abgebildet. Priorisierungsentscheidungen werden immer als operative Entscheidungen verstanden. Operative Entscheidungen wie Festlegung von Prioritäten sind kein zulässiges Ergebnis des Governance-Prozesses – an-

52 Kühl 2023a, S. 64-65

dernfalls handelt es sich um einen Formfehler, d.h. einen Verstoß gegen die Regeln der Verfassung. Daher sind Initiativen formal nicht durch konkurrierende Prioritäten eingeschränkt. Es obliegt somit dem Rollen-Lead zu entscheiden, ob seine Initiative gerade das Wertvollste ist, was er für die Organisation tun kann (selbst dann, wenn er damit eine Strategie, die zuvor auf Kreisebene definiert worden ist, nach eigener Abwägung bewusst nicht befolgt).

Zweitens, wenn Kühl mit »Zuständigkeitsbereich« das Konstrukt der *Domänen* meint, d.h. exklusive Bereiche der Kontrolle, die Rollen übertragen werden können, dann ist die Aussage zutreffend. Hier ist das Einwirken nur nach vorheriger Ankündigung beim Domäneninhaber möglich. Aber es ist prinzipiell möglich. Wenn Kühl sich hingegen auf das Konstrukt der *Verantwortlichkeiten* von Rollen bezieht, dann ist die Aussage falsch. Die Tatsache, dass ich von einer *anderen* Rolle erwarten kann, dass sie sich um einen bestimmten Bereich kümmert, bedeutet *nicht*, dass ich für meine eigene Rolle nicht dasselbe tun darf, wenn ich der Ansicht bin, dass meine Initiative dem Sinn und Zweck meiner Rolle dient. Verantwortlichkeiten (anderer Rollen) haben in Holacracy *keine einschränkende Wirkung* auf meine eigene Rolle. Was andere *sollen* ist kein Hindernis für mein eigenes *Dürfen*.

2.6.1 Inverse Befugnisstruktur in Holacracy

Holacracy verwirrt die meisten Menschen, denn es hat – relativ zu konventionellen Organisationen – etwas, das ich eine *inverse Befugnisstruktur* nenne. Hier eine Illustration:

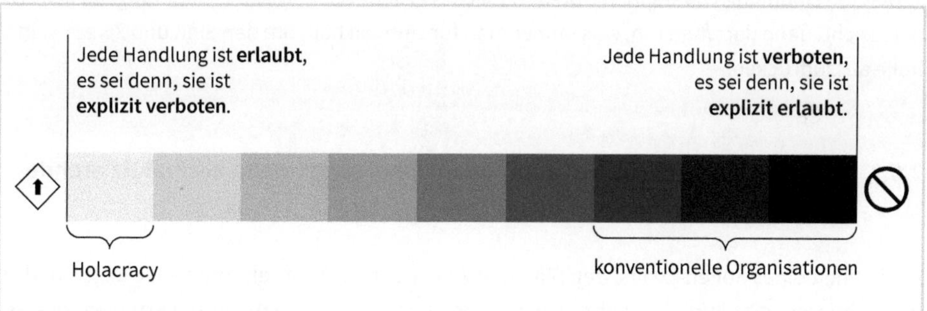

Abbildung 4 – Das Spektrum der Befugnis

Die meisten konventionellen Organisationen tummeln sich irgendwo auf der rechten Seite des Spektrums. Ihr Standardmodus ist, jede Handlung zu *verbieten*, es sei denn, sie ist *explizit erlaubt*. Die Leine wird mal kürzer und mal länger gelassen, je nach Führungsstil. Oft gibt es das implizite Verständnis, dass man bestimmte Entscheidungen schon treffen darf und auch soll, ohne dass man seine Führungskraft um Erlaubnis fragen muss. Doch wenn es um neue Arten von Sachverhalten, gewichtige Fragen oder bisher unbekannte Probleme geht, dann sichert man sich in der konventionellen Struktur doch lieber noch mal bei seinen Vorgesetzten ab (und es wird von diesen auch erwartet), denn der Bereich des Erlaubten ist eine ständige Unsicherheitszone. Es ist nicht immer klar geregelt, was man tun darf. Die Grenzen sind unscharf.

Diese latente Unsicherheit hemmt die Entscheidungsfreude und die Eigeninitiative. Themen werden an die Führung eskaliert – mit ungewissem Ausgang. Man bleibt in Wartestellung. Wenn die Führungskraft dann selbst noch mal eine Ebene darüber bei ihrer eigenen Führungskraft fragt, um sich abzusichern, dann kommt es zu der bekannten Flaschenhals-Problematik. Die weitergereichten Themen stapeln sich auf den höheren Ebenen und werden vielleicht nie entschieden, obwohl der Mitarbeiter an der Peripherie schon eine gute Lösungsidee hätte – aber leider keine klare Befugnis, um selbst tätig zu werden. Das lähmt Organisationen und führt zu viel Verschwendung von Potenzial. Oft mangelt es also nicht an der Motivation der Mitarbeitenden, sondern an der Klarheit der Handlungsbefugnis.

Holacracy krempelt die Befugnis komplett auf links. Die Befugnisstruktur wird invertiert bzw. es kommt zu einer *Befugnisumkehr.* **Die Standardannahme ist, dass erst mal alles erlaubt ist – es sei denn, dass es irgendwo explizit verboten ist.** Implizite Erwartungen haben laut Verfassung in Holacracy kein Gewicht, d.h. man kann sich nicht auf sie stützen, wenn sie nicht zuvor durch Governance formalisiert worden sind.[53] Die einzigen beiden Orte, wo Einschränkungen festgehalten sind, die es für die handelnde Rolle zu beachten gilt, sind erstens die *Verfassung* und zweitens die *Governance-Aufzeichnungen* der Organisation, insbesondere die Konstrukte »Domänen« und »Richtlinien«. Wenn man als Rollen-Lead eine Handlungsabsicht hat und unsicher ist, kann man an diesen beiden Orten nachschauen, ob da irgendetwas steht, was der geplanten Handlung widerspricht. Steht da nichts geschrieben, was der Handlungsabsicht widerspricht, dann darf man tun, was immer man für sinnvoll hält, um den Sinn und Zweck seiner Rolle auszudrücken.

2.6.2 Holacracy bietet viel Freiraum – manchmal sogar mehr, als Praktizierende denken

Die Freiheit eines Rollen-Leads, den Sinn und Zweck seiner Rolle sehr breit auszulegen und zu interpretieren, gibt ihm eine weitreichende Befugnis, eigene Initiativen zu verfolgen, so dass auch Dinge, die nicht explizit in den Verantwortlichkeiten der Rolle stehen, meistens bereits abgedeckt sind. Anfänger in der Praxis verstehen oft nicht, dass sie in Holacracy *wesentlich mehr* entscheiden dürfen, als sie jemals in konventionellen Systemen durften, und sogar mehr, als sie selbst aus ihren Rollenbeschreibungen herauslesen. Sie denken anfangs oft noch, dass sie »außerhalb« ihrer Rolle handeln müssten, nur weil ihre beabsichtigte Initiative nicht als explizite Verantwortlichkeit in ihrer Rollenbeschreibung aufgelistet ist. Das ist ein Missverständnis, das meist aus der inversen Befugnisstruktur herrührt.

53 Siehe Xpreneurs (2021b), Präambel S. 11

Auch die meisten Kritiker scheinen diesen Sachverhalt nicht zu verstehen. Eine alternative Erklärung wäre allenfalls, dass sie ihn absichtlich unter den Tisch fallen lassen, um Holacracy eng und »hyperformal« dastehen zu lassen. (Indizien einer unausgewogenen Betrachtung von Holacracy durch Kühl diskutiere ich in Kapitel 3.6.) Weiter heißt es bei Kühl:

> »Wenn man in einer holakratischen Organisation etwas bewegen will, dann muss man sein existierendes Rollenset erweitern lassen oder sich eine neue Rolle schaffen lassen.«[54]

Noch mal: Die Abdeckung der Befugnis durch den Sinn und Zweck bedeutet, dass man sein existierendes Rollenset *nicht zwangsläufig* erweitern muss. Das gilt selbst, wenn sich die einzelne Initiative in eine wiederkehrende Tätigkeit verstetigt. Der Sinn und Zweck der Rolle umfasst und beinhaltet auf abstrakte Weise stets *alle* potenziell denkbaren, darunterfallenden, wiederkehrenden Tätigkeiten, d.h. *alle* sinnvoll implizit dazu passenden Verantwortlichkeiten – gemäß der freien Auslegung des jeweiligen Rollen-Leads, der die Rolle führt. Implizite Verantwortlichkeiten sind also im Umfang des Purpose einer Rolle bereits enthalten und gewähren jederzeit die Befugnis zum Handeln – selbst ohne Explikation. Unbürokratischer geht's nun wirklich nicht.

In dem Maße wie *nötig, können* diese impliziten wiederkehrenden Tätigkeiten expliziert werden, z.B. wenn *andere* Rollen punktuell eine Erwartungssicherheit für konkrete Dinge, die sie von dieser Rolle brauchen, formalisieren wollen. »Können« heißt aber nicht »müssen«. An dieser Stelle Holacracy ein »Müssen« statt eines »Könnens« unterzuschieben ist ein Missverständnis der holakratischen Konstrukte.

Wenn die gemeinte Initiative gemäß der eigenen Interpretation des Rollen-Leads *außerhalb* des Sinn und Zwecks der eigenen Rolle liegt und keine einmalige Aktion, sondern *wiederkehrender* Natur ist, dann sollte man sinnigerweise prüfen, ob sie zum Sinn und Zweck der Organisation passt. Andernfalls verfolgt man Privatinteressen im Rahmen der Organisation und lässt sich von der Organisation auch noch seine Zeit bezahlen.

Ein Weg, um das zu prüfen, ist die Kreis-Lead Rolle desjenigen Kreises zu fragen, in dem die Initiative verortet wird. Denkt der Kreis-Lead seiner eigenen Auslegung des Sinn und Zwecks seines Kreises gemäß, dass diese Arbeit *nicht* sinnvoll ist, dann muss die anfragende Person ihr Privatvergnügen fortan *außerhalb* der Organisation ausleben. Hält er es hingegen für sinnvoll, dann ist es nur folgerichtig, eine entsprechende Rolle zu formalisieren, da es sich ja um wiederkehrende Arbeit handelt, nicht bloß um eine einmalige Initiative.

54 Kühl 2023a, S. 65

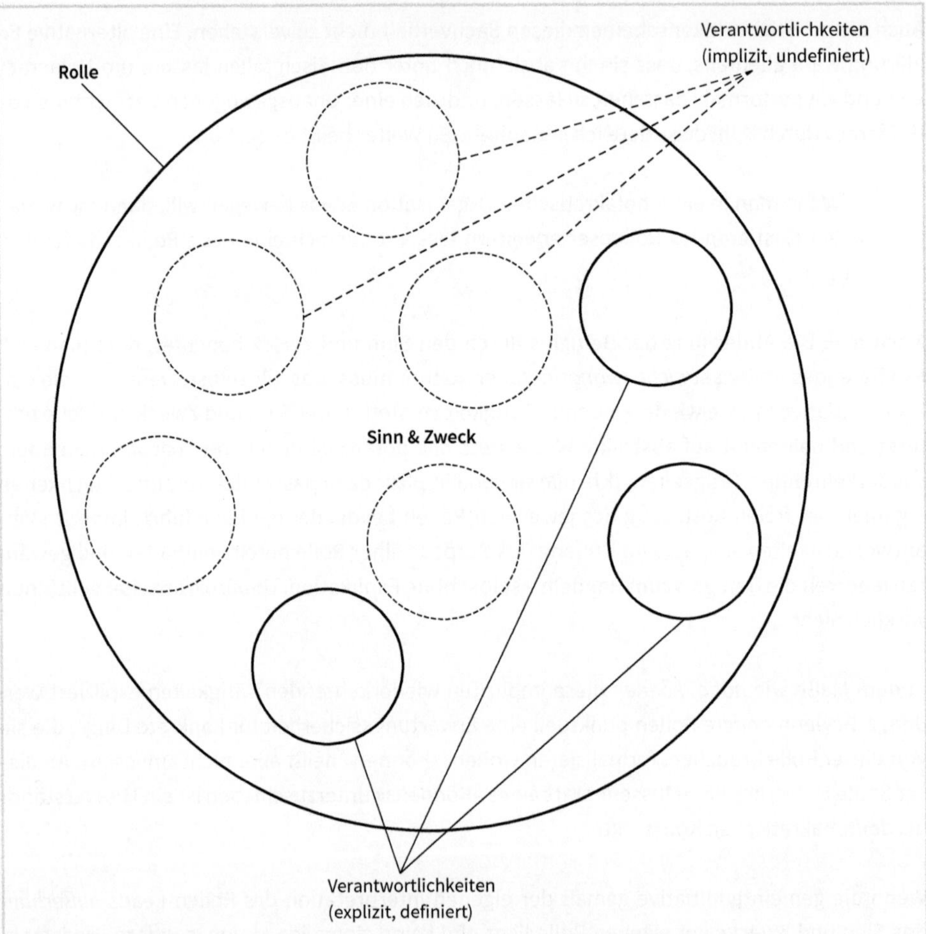

Abbildung 5 – Handlungsbefugnis durch implizite Verantwortlichkeiten, die im Purpose enthalten sind

Weiter heißt es bei Kühl im Anschluss an die zitierte Textstelle oben:

> »Veränderungen müssen dabei durch die Einbindung anderer Organisationsmitglieder in den betroffenen Kreisen legitimiert werden. Die Debatten über Veränderungen werden so durch die bis in[s] Detail vorgegebenen formalisierten Meetings zivilisiert. Kurz: geplanter Wandel in seiner Idealform.«[55]

Hierzu ebenfalls einige Präzisierungen zur Einordnung:

Erstens, Debatten über Veränderungen können in Holacracy natürlich auch *außerhalb* von formalisierten Meetings geführt werden und werden es pragmatischerweise auch. Es gibt keine

55 Kühl 2023a, S. 65

Regel in der Verfassung, die spontane Diskussionen oder andere Gesprächsformate verbietet. Die Ergebnisse solcher Debatten bleiben aber implizite Erwartungen, die man nicht *einfordern* kann, solange sie nicht durch den Prozess explizit gemacht worden sind.

Zweitens, Veränderungen an der Formalstruktur müssen in Holacracy durch den Governance-Prozess legitimiert werden. Andere Kreismitglieder müssen der Veränderung nicht zustimmen. Sie müssen die Veränderung auch nicht toll finden. Es ist sogar egal, ob sie sie schlecht finden. Solange andere Kreismitglieder keinen Grund nennen, weshalb die Veränderung für ihre Rollen ein neues Hindernis oder einen neuen Schaden einführt (oder einen bestehenden verschlimmert), so dass der Vorschlag nicht sicher genug ist, um ihn auszuprobieren (in dem Bewusstsein, dass er jederzeit nachgebessert werden kann, sobald sich neue Daten zeigen), gilt die vorgeschlagene Veränderung automatisch als angenommen. Das ist eine ziemlich hohe Latte für alles, was eine vorgeschlagene Veränderung ausbremsen könnte.

Mit anderen Worten: All das, was Veränderungsvorhaben in konventionellen Organisationen normalerweise massiv im Wege steht – fehlende Zustimmung der Kollegen, fehlender Buy-in der Führungskräfte, hypothetische Bedenken, Zukunftsängste (»was *möglicherweise* alles Schlimmes passieren könnte.«, etc.) – wird »durch den bis in[s] Detail vorgegebenen« Meeting-Prozess sorgfältig aus dem Weg geräumt. Somit ist der Governance-Prozess (den man wie gesagt nicht nutzen *muss*, um eine Initiative zu formalisieren, die bereits durch den Sinn und Zweck einer Rolle abgedeckt ist) eher eine *Unterstützung* für Veränderungsvorhaben und individuelle Initiativen, kein Hemmnis. Man *kann* sie dadurch nachträglich noch formalisieren, falls es nützlich ist. Falls nicht, dann kann man es auch einfach lassen.

Eine neue Rolle zu schaffen ist zudem kein großer Akt in Holacracy. Es dauert dank des disziplinierten Governance-Prozesses in einer erfahrenen Organisation etwa 15–20 Minuten (oder weniger). Ich weiß nicht, was Kühl denkt, wie schnell Veränderungsvorhaben im Vergleich dazu in konventionellen Organisationen umsetzbar sind, aber es wäre spannend zu vergleichen. Es ist oft eine kraftvolle Erfahrung für neue Praktizierende, wenn sie merken, wie schnell selbst weitreichende Veränderungen in Holacracy umgesetzt werden können, für die in konventionellen Organisationen zuvor – wenn überhaupt – Wochen oder Monate nötig waren.

Drittens, die Wendung, »geplanter Wandel in seiner Idealform«[56] im obigen Kühl-Zitat halte ich ebenfalls für eine Übertreibung. Wer Holacracy kennt, der weiß, dass das **Prinzip »Vorhersagen-und-kontrollieren«** vom Ansatz her konsequent durch das **Prinzip »Wahrnehmen-und-antworten«** ersetzt wird. Die Struktur der Organisation (die »Governance«) wird eben *nicht* wie in Konzernen am Reißbrett geplant. Sie emergiert Schritt für Schritt organisch über die Zeit, mittels der kontinuierlichen, dezentralen Verarbeitung von zahlreichen kleineren oder auch größeren Spannungen.[57]

56 Kühl 2023a, S. 65

57 Das gibt sogar Kühl zu: »Sicherlich – in der Praxis werden bei Verabschiedung der holakratischen Verfassung die Organisationen nicht auf dem Reißbrett von oben nach unten neu geplant.« (Kühl 2023a, S. 51)

> »Der Effekt dieser Vorgehensweise ist, dass das Verfahren zum Start übergreifender Veränderungen extrem aufwendig ist. Wenn eine Organisation unter Holacracy läuft, so eine häufig zu hörende Kritik, dann würde man nicht mehr einfach seine Kollegin Lisbette bitten, ein neues Werkzeug zur Zusammenarbeit zu entwickeln, sondern man würde stattdessen erst mal eine Rolle definieren, einen Purpose, eine Domaine und eine Liste von Rechenschaftspflichten erstellen, ein Steuerungstreffen initiieren, um diese neue Rolle zu aktivieren und dann die Initiative zur Entwicklung dieses neuen Tools an diese Rolle übertragen. Holacracy würde, so die Kritik von Skeptikern, Rollen und nicht Personen ›empowern‹ – und genau das sei das Problem (Appelo 2016). [...]
>
> Letztlich könne es, so die Kritik, dazu kommen, dass eine holakratische Organisation erstarrt. Der ›Prozess der Kodifizierung von Verantwortlichkeiten in größten Details‹ würde, so eine typische Beobachtung von Kritikern, ›eine proaktive Verhaltensweise‹ verhindern (zitiert nach Carr 2016). Die Gefahr ist, dass Mitarbeiter nicht im Sinne eines ›just do it‹ einfach loslegen, sondern warten, bis ihre Initiative holakratisch abgesegnet worden ist.«[58]

Genau das Gegenteil ist der Fall. Sobald man ein *verkörpertes* Verständnis[59] der inversen Befugnisstruktur verwirklicht hat, wird einem klar, *dass man in Holacracy immer schon alles tun darf, das einem sinnvoll erscheint*, um den Sinn und Zweck der eigenen Rolle zu dienen – ohne Erlaubnis einzuholen oder Strukturen formalisieren zu müssen. Das ist ja gerade der Schnelligkeitsvorteil, den Holacracy potenziell bietet – wenn man es kompetent anwendet.

Man kann Holacracy als eine Art Werkzeug, z. B. wie einen Hammer, betrachten. Mit diesem Verständnis ist es relativ trivial zu sagen, »Die Gefahr ist, dass die Menschen den Hammer nicht benutzen, um einen Nagel in die Wand zu hauen, sondern darauf warten, dass ihnen jemand erlaubt, ihn zu benutzen«. Jegliches Werkzeug kann unsachgemäß verwendet werden (was nebenbei bemerkt das Problem jeder Form von Technologie ist). Das spricht aber weniger gegen das Werkzeug als gegen den unsachgemäßen Gebrauch desselben. Da würde sicher auch ›Lisbette‹ zustimmen.

Kühl zitiert hier zudem andere Holacracy-Kritiker auf eine Weise, die nicht erkennen lässt, ob er sich deren Kritik selbst zu eigen macht oder nur als ›neutraler Berichterstatter‹ fungiert, der lediglich wiedergibt, was Skeptiker sagen, die Holacracy selbst nicht praktiziert haben. Ahnt er bereits, dass diese Kritiken ziemlich überzogen und nicht wirklich in Erfahrung verankert sind?

58 Kühl 2023a, S. 66

59 Ich meine verkörpertes Verständnis in Abgrenzung zu einem rein kognitiven Verständnis der Regel. Man kann es mental begreifen und trotzdem im Alltag immer noch gewohnheitsmäßig von anderen Erlaubnis einholen, bevor man proaktiv entscheidet und handelt. Verkörpertes Verstehen der inversen Befugnisstruktur bedeutet, dass die alte Gewohnheit durch eine neue Gewohnheit ersetzt worden ist und man »dem Braten traut«, dass man wirklich autonom für seine Rolle Entscheidungen treffen darf. Man hört auf, vorab zu fragen und verlässt sich darauf, dass die Kollegen schon Spannungen anmelden, falls das eigene Tun irgendwelche Probleme bereiten sollte.

Auf jeden Fall sichert er sich auf diese Weise zumindest für sich selbst »plausible deniability«[60]. Er hat es ja nie behauptet, nur wiedergegeben, was andere sagen. Ungeachtet der dargebotenen Schauseite wissenschaftlicher Unparteilichkeit trägt dies auf der Hinterbühne de facto zur unkritischen Unterstützung von Mythenbildung über Holacracy bei.

Die zitierten Kritiker operieren mutmaßlich auf der Annahme der »Theorie X« (s. o.), nach der man dem Menschen besser nicht trauen und ihnen erst recht nichts zutrauen sollte. Jeder kann sich aussuchen, ob er sich Ratschläge von Menschen mit einer solchen Weltsicht zu eigen machen möchte.

2.7 »Dienst nach holakratischer Vorschrift«

> *»Wenn man von den Leuten Pflichten fordert und ihnen keine Rechte zugestehen will, muss man sie gut bezahlen.«*
> Johann Wolfgang von Goethe

Kühl zitiert Kritiker, die befürchten, dass die Motivation der Mitarbeiter unter Holacracy aufgrund der Formalisierung von Verantwortlichkeiten in Rollen unterdurchschnittlich bleibt:

> »Am Ende machen die Mitarbeiter, so jedenfalls das Risiko, nur noch ›Dienst nach holakratischer Vorschrift‹«.[61]

»Dienst nach Vorschrift« ist tatsächlich ein Problem. Das liegt aber weniger an den Strukturen von Holacracy, sondern eher an der Haltung der Beteiligten. Wenn ich stets nur das tue, was in den Verantwortlichkeiten meiner Rolle expliziert ist, und ich mich beharrlich weigere, den Sinn und Zweck meiner Rolle auf kreative Weise auszulegen, d. h. den Möglichkeitsraum der Rolle auszuschöpfen, dann bemerken das irgendwann auch andere Mitarbeitende, inklusive des Kreis-Leads. Der fordert mich dann vielleicht zu einem Gespräch auf, um herauszufinden, was mein Problem ist, oder ob ich die Rolle vielleicht lieber abgeben möchte. Wenn ich auch in allen anderen Rollen nur das Allernötigste tue, dann liegt ein Performance-Problem vor.

Es macht in diesen Fällen wenig Sinn, als Reaktion auf das Problem jede Verantwortlichkeit haarklein per Governance zu explizieren und der Rolle hinzuzufügen. Der Lösungsversuch fände dann im falschen Raum statt: im «Raum der Organisation«, in Abbildung 2 unten rechts. Der gesunde Menschenverstand würde erst mal fragen, was mit der *Einstellung* des Rollen-Leads nicht stimmt («persönlicher Raum«, in Abb. 2 oben links). Wenn andere mich ständig »zum Jagen tragen« müssen und ich nicht eigenmotiviert arbeite, dann bin ich in der falschen Organisa-

60 Glaubhafte Abstreitbarkeit (plausible deniability). (o. D.). In Wikipedia. Abgerufen am 11. Juni 2023, von https://de.wikipedia.org/wiki/Glaubhafte_Abstreitbarkeit

61 Kühl 2023a, S. 66

tion. Das trifft mit Sicherheit auf holakratische Organisationen zu, aber gilt in ähnlichem Maße für konventionelle Organisationen. Egal, wie gut das System ist – wenn die Menschen nicht mitmachen, dann kann es nicht funktionieren.

Von daher ist dies kein Holacracy-spezifisches »Risiko« – eher im Gegenteil. Meine anekdotische Beobachtung dazu, die auch meine Coach-Kollegen bestätigen: Menschen, die sich eine holakratische Organisation aussuchen, tun das in der Regel, weil sie sich durch die größeren Gestaltungsmöglichkeiten und das höhere Maß an Autonomie angezogen fühlen. Sie zeigen daher zumeist eine höhere intrinsische Leistungsbereitschaft – das Gegenteil einer »Dienst nach Vorschrift«-Mentalität.

Mitarbeitende hingegen, die schon *vor* einer Holacracy-Einführung in der Organisation waren und die ihr defensives Arbeitsverhalten bisher erfolgreich verstecken konnten, werden unter Holacracy feststellen, dass die Regeln der Zusammenarbeit, welche u.a. Auskunftspflichten beinhalten, sowie die *Peer-to-Peer*-Transparenz, welche in Tactical Meetings durch Durchsicht der Kennzahlen und Berichte über Projektfortschritte hergestellt wird, es *schwieriger* machen, mit dieser Strategie durchzukommen. So kann es unter Umständen dazu kommen, dass eine holakratische Organisation über die Zeit unmotivierte Mitarbeiter und notorische »Low-Performer« ›verliert‹, denen es zu unbequem wird.

In einer empirischen Studie aus einer holakratischen Organisation kommen Michael Lee und Paul Green zu folgendem Schluss:

> «Wir stellen eine Theorie auf und finden empirische Unterstützung für die Tatsache, dass der Einfluss der Dezentralisierung auf die Qualität des Arbeitserlebnisses eines Mitarbeiters je nach seiner Leistung variiert, so dass leistungsstarke Mitarbeiter engagierter und zufriedener werden und wahrscheinlicher in ihren Jobs bleiben, während leistungsschwache Mitarbeiter weniger engagiert und unzufriedener werden und weniger wahrscheinlich in ihren Jobs bleiben.«[62]

In Sua-Ngam-Iams Interview-Transkripten der beforschten holakratischen Organisationen kommt eine Stelle vor, in der sich eine Person darüber beschwert, dass Kollegen sich hinter Verantwortlichkeiten, hier »Accountabilities« genannt, verstecken.

> »Das andere ist das Thema Accountabilities, die an sich was Gutes sind, aber es gibt Leute, die sich hinter Accountabilities verstecken und dann ganz gerne mal sagen: ›Ist ja nicht meine Accountability‹ und damit ist es eben wurscht und es macht niemand, also es geht sozusagen in den, sage ich mal, Zwischenräumen … zwischen den Circles fallen schon manchmal Sachen runter, die eigentlich wichtig wären […] und da ist einerseits

62 Siehe Lee, M. Y. & Green, P. (2022). Is Flat for Everyone? Investigating Who Thrives and Who Struggles in Decentralized Structures. INSEAD Working Paper No. 2022/44/OBH. http://ssrn.com/abstract=4077075

> möglicherweise die Definition der Accountabilities jetzt im GCC und da drunter nicht so, dass sie absolut trennscharf ist, das ist natürlich extrem schwer, ja, sodass es halt irgendwo immer eine gewisse Grauzone gibt, wo dann beide Seiten sagen: ›Das ist ja nicht meins, das ist ja seine Accountability.‹« #00:58:47[63]

Dazu gibt es mehrere Punkte anzumerken. Zum einen ist es ja gut, wenn man auf die Grenzen seiner Rolle achtet und auch mal Arbeit ablehnt, die wirklich nicht unter die Verantwortlichkeiten der eigenen Rolle fällt. Dadurch, dass man nicht jede Arbeitsanfrage einfach auf heroische Weise absorbiert, macht man die Lücken in der Governance des Kreises überhaupt erst sichtbar. Neinsagen und Grenzen wahren ist also eine gute Sache, die der Organisation nützt.[64]

Zum anderen hat Holacracy eine sehr spezifische Lösung für Themen, die durch die Ritzen der aktuellen Rollen- und Verantwortlichkeitsstruktur des Kreises fallen: Sie landen auf dem Tisch der jeweiligen Kreis-Lead-Rolle, die beurteilen muss, ob das Thema zur Arbeit des Kreises (ihrer Rolle) passt. Dann muss sie es annehmen und klären – entweder indem sie es selbst tut, falls es eine einmalige Sache ist, oder – im Falle wiederkehrender Arbeit – indem sie per Governance eine neue Rolle oder Verantwortlichkeit schafft und die Arbeit dann an diese Rolle übergibt.

Als letzte Nuance wäre noch hinzuzufügen, dass es auch im Fall eines reinen Auslegungskonfliktes bzgl. Verantwortlichkeiten von zwei Rollen, die unterschiedlich interpretieren, zu welcher von ihnen die angefragte Arbeit gehört, eine holakratische Standardlösung gibt: Man kann die Kreis-Sekretär-Rolle des jeweiligen Kreises um eine offizielle Auslegung der betreffenden Verantwortlichkeit bitten und so die nötige Eindeutigkeit erzeugen. Dieses Wissen scheint bei »IT-Tower« nicht vorhanden gewesen zu sein, was aus Holacracy-Coach-Sicht gewisse Rückschlüsse auf die allgemeine Praxisreife erlaubt.[65]

2.8 Der ›alles verzehrende Sinn und Zweck‹ und ›Teal-Washing‹

Auch der manchmal zu vernehmende Vorwurf, dass Holacracy durch die Orientierung am Sinn und Zweck (Purpose) der Organisation die Menschen quasi mit Haut und Haaren vereinnahmen und verschlingen will, verfängt nicht. Man beachte, dass diese Befürchtung nahtlos aus der weiter oben beschriebenen Hermeneutik des Argwohns hervorgeht, die unterstellt, dass holakratische Organisationen die Purpose-Rhetorik nur nutzen, um auch noch den letzten Tropfen

---

63 »IT-Tower – Interview 2a« in Sua-Ngam-Iam, P. (2023). Zusatzmaterial 1 (Kreise, Komplexität und Krisen. Holacracy auf dem organisationswissenschaftlichen Prüfstand). In Springer Link. Abgerufen am 24. Mai 2023, von https://static-content.springer.com/esm/chp%3A10.1007%2F978-3-658-40111-5_1/MediaObjects/538752_1_De_1_MOESM1_ESM.docx

64 Eine reife Weise das zu tun, wäre aus Sicht der angefragten Person wie folgt zu antworten: »Ja, man kann das aktuell nicht von meiner Rolle erwarten. Wenn du es in Zukunft erwarten können möchtest, schlage gerne eine neue Verantwortlichkeit für die Rolle vor.«

65 Mehr zum Thema »Holacracy-Praxisreife« in Kapitel 4.

Leistung aus den Mitarbeitenden zu quetschen. Ein solche Form des »Teal-Washings«[66] (analog zum »Green-Washing«) mag es vielleicht in der Welt der instrumentellen Zwecke par excellence, der Konzernwelt, geben. Den holakratischen Organisationen, die ich bisher kennengelernt habe, liegt jedoch nichts ferner als ein derartiger Zynismus.

Die Menschen verfolgen zudem ohnehin ihren eigenen Sinn und Zweck und die Organisation hat keinen direkten Zugriff auf ihren individuellen Innenraum. Für manche ist vielleicht »nur« Geldverdienen die Motivation zur Teilnahme in der Organisation. Das ist völlig in Ordnung und aus Sicht einer holakratisch geführten Organisation kein Ausschlussgrund, um jemanden einzustellen. Man muss kein Fan des Purpose der Organisation sein, solange man seine Rollen nur ordentlich führt.

Gleichzeitig gibt es Menschen, deren individueller Purpose mit dem Purpose der Organisation oder auch nur einzelner Rollen Überlappungen aufweist und in unterschiedlichem Maße in Resonanz geht, bis hin zu einer Deckungsgleichheit in extremen Fällen. Das ist natürlich ein Glücksfall, sowohl für die Organisation als auch für das Individuum. Je mehr Überlappung, desto mehr fließt die Motivation intrinsisch und ohne Widerstand – ohne Bedarf nach elaborierten Anreizsystemen.

Hier müssen dann ggf. die Mitarbeitenden aufeinander achten, dass sie nicht in einer Art von Entgrenzung ihren individuellen Purpose mit dem der Organisation verwechseln, dass sie genug Pausen nehmen und Ruhephasen einhalten, selbst wenn sie vielleicht noch so sehr für die Sache brennen (Stichwort »Selbstfürsorge«). Das ist aber kein Holacracy-spezifisches Problem, sondern ein individualpsychologisches Thema, das sich auch in anderen Organisationsformen oder auch außerhalb davon in Non-Profit-Kontexten beobachten lässt.

2.9 »Erosion der holakratischen Meetings«

Eine weitere Kritik betrifft die beobachtete Abweichung von den in Holacracy vorgegebenen Meeting-Formaten, Tactical und Governance. Kühl ist zunächst einmal überrascht, in Holacracy »eine Renaissance« »stark standardisierte[r] Interaktionsformate« vorzufinden.[67]

> »Der Effekt dieses hyperformalisierten ›Korsetts‹ für Interaktionen ist, dass Chancen für einen offenen Austausch stark eingeschränkt werden. Die Möglichkeiten für einen freien Austausch sind nur begrenzt vorhanden, der Raum für eine kreative Entwicklung von Ideen existiert kaum.«[68]

66 Zum Begriff »Teal« vgl. Kap. 4.4 im vorliegenden Buch.
67 Kühl 2023a, S. 68
68 Kühl 2023a, S. 68

Nun ja, das ist ein Detailsicht auf einzelne Bäume statt eines Überblicks über den Wald. Wie gesagt, nur weil es zwei Interaktionsformate gibt, die in Holacracy in der Verfassung vordefiniert sind, bedeutet das nicht, dass man Dinge nicht auch auf *andere* Weise besprechen kann (und oft auch sollte), z.B. in informalen Gesprächen in der Pause, als Brainstorming-Format oder in eigenen Projektmeetings mit den Rollen, die es betrifft. Aber in der Tat ist das oftmals ein geistiger Kurzschluss, der in der frühen Praxis auftritt. Gerade weil am Anfang die Meetings eine Art Mikrokosmos der neu zu erlernenden Holacracy-Praxis sind, in welchen die wesentlichen Mechanismen, wie man unter Holacracy *in* und *an* der Organisation arbeitet, vermittelt und eingeübt werden, stellt sich anfänglich oft die Wahrnehmung ein, dass es die *einzig* legitimen Weisen seien, um Arbeit erledigt zu bekommen und Entscheidungen zu treffen. Sie sind es aber nicht. Es ist eine Übergeneralisierung. Man kann *jegliches* Interaktionsformat verwenden, das man nützlich findet.

Das korrespondiert zudem mit dem häufig beobachteten Missverständnis unter Anfängern, dass man mit der Lösung seiner Spannung bis zum nächsten Holacracy-Meeting warten sollte. Wenn man nicht gerade zufällig eine neue formale Erwartung etablieren möchte (was tatsächlich *nur* über den Governance-Prozess möglich ist), kann man seine operativen Spannungen jederzeit auch direkt eins-zu-eins mit anderen Rollen *außerhalb* von holakratischen Meetings lösen gehen — man *sollte* es sogar.

Weiter heißt es bei Kühl:

> »Als ein Effekt stellt sich ein, dass die Entscheidungen ›vorher diskutiert und zumindest grob abgestimmt‹ werden. Die Treffen der Kreise werden nicht mehr zur Diskussion, sondern nur noch für die Abhandlung der Formalitäten genutzt. Sie werden zum formalisierten Ritual. Alles Wichtige wird vor den Kreis-Treffen in ungezwungenen, informalen Interaktionen ausgehandelt, die keine Legitimation der Sprecher durch raffiniert aufgefächerte Regeln verlangen (Matthiesen u.a. 2022: 192 ff.; siehe ausführlich Sua-Ngamlam 2023c).
>
> Nicht selten hat dies zur Folge, dass eine Erosion der holakratischen Meetings stattfindet. Das Interesse an den ›Tactical Meetings‹ und ›Governance Meetings‹ wird immer geringer und die offiziellen Treffen finden immer seltener statt. Schon der Blick auf die in der holakratischen Steuerungssoftware abgelegten Akten zeigt, dass in vielen holakratischen Organisationen über Monate keine ›Tactical Meetings‹ oder ›Governance Meetings‹ stattgefunden haben. Die inoffiziellen Vorabstimmungen für die offiziellen Treffen scheinen so gut zu funktionieren, dass keine Sinnhaftigkeit mehr für die Abhaltung dieser gesehen wird.
>
> Aber in den meisten Fällen wird an den holakratischen Treffen festgehalten. Weil aber vieles schon im Vorfeld abgestimmt wurde, werden, so die Beobachtung, im ›Theater der Organisation‹ die Meetings ›aufgeführt‹, weil ›erst die Aufführung‹ die notwendige holakratische Legitimation verschaffe. Alle würden ihre Rolle in ›dem Stück‹ kennen:

> Der Vorschlag wird entsprechend der holakratischen Regeln eingebracht, erläutert, es ›gibt eine Diskussion‹, ›Pro und Contra werden ausgetauscht, obwohl alle Beteiligten alle Argumente längst kennen‹ […]«[69]

Im Folgenden analysiere ich genauer, welche Gründe hinter einer Erosion der Meeting-Praktiken in Holacracy stehen können.

2.9.1 Die schrittweise Aushöhlung von Governance

Dieses Phänomen der schrittweisen Aushöhlung insbesondere von Governance-Meetings ist durchaus auch unter Holacracy-Coaches bekannt. In einer Organisation ist das ein klares Zeichen der Degeneration von einer reifen Praxis in eine Fassadenpraxis. Die Ursachen dafür können vielfältiger Art sein. Hier vier häufige Knackpunkte:

- schlecht ausgebildete Prozessmoderatoren
- eine allgemeine Kultur der Einwandsvermeidung
- unpassende Kreis-Struktur
- Spannungstaubheit und fortwirkende Gewohnheitsenergie

2.9.1.1 Schlecht ausgebildete Prozessmoderatoren

Viele Organisationen unterschätzen den Grad des praktischen Wissens, den es braucht, um holakratische Meetings, insbesondere Governance Meetings, wirkungsvoll zu leiten. Es braucht echtes *Know-how*, nicht bloß *Know-what*. Angelesenes theoretisches Wissen ist leider nicht annähernd genug. Versagen unausgebildete oder schlecht ausgebildete Prozessmoderatoren bei ihren ersten Versuchen der Moderation eines Meetings, so fühlen sich die anderen Teilnehmer nicht eingeladen, ihre Spannungen in diesem Interaktionsformat zu adressieren. Dies führt – manchmal trotz bester Absicht aller Beteiligten – zu wiederholten Frustrationserfahrungen.

Die Moderatoren agieren aus Unsicherheit vielleicht übermäßig rigide, nur um dann im nächsten Moment, wenn es darauf ankäme, die Regeln übermäßig schleifen zu lassen. Es ist leider nicht trivial, diesen recht anspruchsvollen Prozess gut zu halten und auszubalancieren. Es gibt einige typische Fallstricke, Sackgassen und Missverständnisse, die es zu vermeiden gilt. Auf der anderen Seite ist es aber auch kein esoterisches Hexenwerk. Mit guter Anleitung durch kompetente Praktizierende und mit ausreichend Übungsmöglichkeiten ist es eine Praxis, die man erlernen kann, so dass sie zu einer automatischen Gewohnheit wird, die gänzlich in den Hintergrund tritt. Doch ohne ein Praxisvorbild, d. h. einen Lehrer oder Coach, ist es schwierig.

---

69 Kühl 2023a, S. 68

2.9.1.2 Eine allgemeine Kultur der Einwandsvermeidung

Ein unsicherer Prozessmoderator, der keinerlei Feedback durch kompetente Praktizierende oder Holacracy-Coaches erhält, d.h. der seine Moderationspraxis nicht verbessert, schafft es in kurzer Zeit, bei Anfängern das Gefühl der Nützlichkeit der Meetings und das Vertrauen in die Sinnhaftigkeit der Regeln zu erodieren. Die Kollegen wollen den unsicheren Moderator in der Regel schließlich auch nicht absichtlich quälen.

Also wird es binnen kurzer Zeit zur impliziten Verhaltensnorm, möglichst keine Einwände mehr gegen Vorschläge einzubringen, denn ein schlecht ausgebildeter Moderator tut sich erfahrungsgemäß immer schwer, Einwände mithilfe der Testfragen zu prüfen. Weil Leute »nett« sind, vermeiden sie also ihre Einwände, damit der anfänglich oft ohnehin schon als schmerzhaft formal wahrgenommene Prozess nicht auch noch verlängert wird und man den Moderator möglichst schnell von seinem Leiden erlösen und nicht weiter in Verlegenheit bringen muss.

Somit kommt es selten bis gar nicht zum Prozess-Schritt »Integration«, bei welchem der Vorschlag modifiziert wird, um die zuvor festgestellten Einwände aufzulösen. Die Integration ist eine Herausforderung für Novizen-Moderatoren, weil der Schritt einerseits wieder einen offeneren Interaktionsmodus zulässt, zugleich aber auf eine minimal hinreichende Anpassung des Vorschlags abzielt. Mit anderen Worten: Es braucht Übung.

Ohne Einwände kommt es aber gar nicht erst bis zum Schritt der Integration. Ohne Integration gibt es keine Übung für den Moderator, dem dann schon bei der Andeutung von Einwänden Schweißperlen auf die Stirn treten: »Oh Gott, ein Einwand. Bitte lass ihn nicht durchkommen, sonst muss ich den am Ende noch integrieren und ich habe keine Ahnung wie das geht!« Das merken die Leute. Die »Einwandstodesspirale«, wie Holacracy Master Coach Chris Cowan sie nennt, hat ihr nächstes Opfer gefunden.[70]

Zum Ausweichmuster wird dann die Inszenierung von »Governance-Theater«. Der Vorschlag wird vorab unstrukturiert *außerhalb* des Prozesses besprochen, es wird der gewohnte Konsens erzielt oder die Zustimmung von den vormals gewohnten Personen eingeholt (die weiterhin als Führungskräfte wahrgenommen werden) und danach durch den Prozess formal »abgesegnet«.

Doch das alles ist nicht nötig, wenn man die Einführung von Holacracy sauber vorbereitet. Die Lösung besteht darin, die Moderatoren ordentlich auszubilden und ihnen Menschen mit hinreichend Praxiserfahrung an die Seite zu stellen, die ihnen konkretes Feedback zur Verbesserung ihrer Moderation geben können, so dass die beschriebenen Unsicherheiten und Dysfunktionalitäten zur Ausnahme statt zur Regel werden.

70 Cowan, C. (o. D.). Holacracy Habit Support Program – Habit #6: Avoiding the Objections Death Spiral. GlassFrog. Abgerufen am 6. Juli 2023, von https://glassfrog.com

2.9.1.3 Unpassende Kreisstruktur

In manchen Fällen passt einfach die Kreisstruktur nicht. Die Rollen, die zusammengesteckt wurden, haben eigentlich gar keinen Abstimmungsbedarf. Natürlich sind die Meetings dann nicht fruchtbar, denn die Rollen haben sich nicht viel zu sagen. Die implizite These von Holacracy lautet im Prinzip immer, dass die beiden vordefinierten Standard-Meetings für einen Kreis *nützlich* sein sollten. Sind sie das nicht, könnte es u. a. daran liegen, dass man die Struktur *überdesignt* hat (z. B., wenn man zu sehr ›vom Reißbrett her‹ gedacht hat, statt sich an konkreten Spannungen zu orientieren).

In diesem Fall sollte man die Spannung der als unnütz erlebten Meetings zum Anlass nehmen, um die Kreisstruktur selbst zu hinterfragen und ggf. anzupassen. Vielleicht muss man einen Kreis auflösen oder manche Rollen neu gruppieren, die ohnehin im Alltag einen großen Abstimmungsbedarf haben. Das Ziel eines solchen Vorschlags wäre dann, *größere Kohäsion* der Kommunikation innerhalb des Kreises zu erreichen, bei *geringerem Kopplungsbedarf* von Rollen über Kreisgrenzen hinweg.

2.9.1.4 Spannungstaubheit und fortwirkende Gewohnheitsenergie

Wechselt eine Organisation von einer klassischen Hierarchie hin zu Holacracy, indem die Regeln der Verfassung angenommen werden, heißt das nicht, dass auch alle Mitarbeitenden automatisch innerlich schon den Schalter umgelegt haben. Verhaltensweisen, die im alten System nützlich waren, werden in Holacracy auf einmal hinderlich (z. B. »Mikromanagement« auf der einen Seite oder »dauernd zur Führungskraft laufen« auf der anderen). Verhaltensweisen, die im alten System unerwünscht waren oder nicht gefördert wurden, stehen teilweise noch nicht zur Verfügung, z. B. Problemlösungskompetenzen. Die Gewohnheitsenergie wirkt erst mal fort. Holacracy erfordert ein Umlernen und ein teilweises Verlernen bestimmter alter Verhaltensweisen.

Ein Beispiel ist, was man als »Spannungstaubheit« bezeichnen könnte. Weil es in der alten Struktur nur begrenzte Möglichkeiten gab, um wahrgenommene Spannungen sinnvoll zu verarbeiten, wurden sie vielfach wieder heruntergeschluckt oder man hat sich diesen Spannungen gegenüber innerlich taub gemacht. Man hat vielleicht mehrere Änderungsversuche unternommen, ist mehrfach an seinen Vorgesetzten gescheitert und hat dann resigniert.

Menschen mit gewohnheitsmäßiger Spannungstaubheit werden sich erst mal nicht dafür einsetzen, ihre Spannungen mithilfe des Prozesses in Form von Vorschlägen und Einwänden zu verarbeiten. Sie sind es nicht gewohnt, dass ihre Meinung in Fragen der Struktur überhaupt etwas zählt, denn vorher sind sie auch nie dazu gefragt worden. Sie müssen sich erst mal an den Gedanken gewöhnen, dass sie Einflussmöglichkeiten haben und lernen, ihre Spannungen ernst zu nehmen und dem Meeting-Prozess zu vertrauen.

Dazu braucht es manchmal zu Anfang noch explizite Ermutigung durch Coaches, gut ausgebildete Moderatoren und andere Kollegen, die exemplarisch vorleben, wie man die neue Struktur nutzen kann, statt sie gleich wieder durch informelle Abstimmung zu unterlaufen, bevor sie überhaupt eine Chance bekommen hat, wirksam zu werden.

2.10 »Starrheit der holakratischen Organisationsprinzipien«

> »Bei aller Flexibilität in der Anpassung von Kreisen, Rollen und Aufgaben in den Zirkeln sind die Grundprinzipien der Holacracy von den einzelnen Organisationen nur mit einem extrem hohen Aufwand zu modifizieren. Der Grund für diese auffällige Starrheit holakratischer Organisationen liegt darin, dass die Organisationen nicht von sich aus die holakratische Verfassung anpassen können.«[71]

Es ist eine eigentümliche Polarität in Holacracy, dass man, um den Nutzen maximaler Flexibilität in der Veränderung der Strukturen ermöglichen zu können, auf der anderen Seite einen stützenden Rahmen braucht, der über längere Zeit relativ veränderungsstabil bleibt. Dieser Rahmen ist in Holacracy die Verfassung. Die darunterliegende Polarität von *Zuverlässigkeit/Anpassungsfähigkeit* wird in Kapitel 3 näher betrachtet.

2.10.1 Hyperstarre Verfassung?

> »Die einzige Möglichkeit zur Anpassung der Verfassung besteht darin, dass sich die Holakraten weltweit auf eine neue Verfassung einigen.«[72]

Das ist leider eine Fehlinformation. Die Verfassung von Holacracy ist open-source auf GitHub[73] und über *HolacracyOnes* Webseite verfügbar. Jede Firma kann sich eine lokale Kopie davon erstellen und sie munter anpassen, wie sie es möchte. Dass das bereits in breitem Maße geschieht und dass es viele Organisation gibt, die sich – inspiriert von der Holacracy-Verfassung – einen lokalen »Fork« machen und diesen unter eigenem Namen und Branding weiterentwickeln, ist dem sonst so findigen und gut informierten Organisationssoziologen an dieser Stelle offenbar komplett entgangen. Ob »Blinkcracy«[74] (Blinkist) oder »Loop-Approach«[75], »Adito Framework«[76]

---

71 Kühl 2023a, S. 70

72 Kühl 2023a, S. 70

73 https://github.com/holacracyone/Holacracy-Constitution/tree/v5.0, abgerufen am 27.04.2023

74 Blinks Labs GmbH, Hughes, B. & Klein, S. (2015). Blinkracy: A light version of Holacracy® to make any company management-free and 100 % results-oriented. https://static-cdn.blinkist.com/ebooks/Blinkracy-Blinkist.pdf, abgerufen am 27.04.2023

75 Klein, S., Hughes, B. & Fleischmann, F. (2023). Der Loop-Approach: Wie Du Deine Organisation von innen heraus transformierst. Campus.

76 Adito GmbH & Mirwald, T. (2021). Adito Framework – One ADITO, Version 1.0. https://www.adito.de/fileadmin/downloads/ADITO-Framework.pdf, abgerufen am 27.04.2023

(Adito GmbH), »Me-Cracy«[77], die Verfassung der Sparkasse Bremen[78] oder unzählige andere weniger bekannte Spin-Offs: Viele Unternehmen bauen auf der Holacracy-Verfassung auf und modifizieren sie munter weiter. Das ging also schon seit der ersten Veröffentlichung der Verfassung.

Ob das immer eine gute Idee ist, sei mal dahingestellt. Aber es ist definitiv eine Option. Ich empfehle für eine weitere Diskussion an dieser Stelle meinen Artikel *»Zwei Arten, Holacracy anzupassen«*, der das Thema tiefer beleuchtet.[79]

2.10.2 Hyperstarre Steuerungssoftware?

Kühl argumentiert ferner, dass die Begrenzungen der Holacracy-Steuerungssoftware Veränderungen der Verfassung in der Praxis »unmöglich« machten.

> »Die Anpassung der holakratischen Steuerungssoftware findet immer nur dann statt, wenn das Beratungsunternehmen die Verfassung ändert. Deswegen ist es für die holakratischen Organisationen faktisch unmöglich, auch nur kleinere Anpassungen an den Grundprinzipien vorzunehmen, weil sie durch die Software nicht unterstützt wird.«[80]

Das mag in den frühen Jahren richtig gewesen sein, als *HolacracyOnes* Produkt *GlassFrog* das einzige Produkt am Markt war. Doch spätestens seitdem die zweite Plattform, *Holaspirit*, eine französische Firma, auf dem Markt auftauchte, stimmte das schon nicht mehr. Mittlerweile hat sich das Verhältnis der Features von *Holaspirit* dahingehend verändert, dass »Holacracy« eine App ist, die man aktivieren kann, um die Funktionalitäten der Plattform so einzuschränken, dass sie mit der Holacracy-Verfassung konform ist. Die Standard-Version der Software hingegen ist offener ausgelegt und auf vielfältige Weise anpassbar.

Auch bei *GlassFrog* selbst hat mittlerweile ein Umdenken stattgefunden. Das Produkt wurde als eigene Software-Firma aus *HolacracyOne* ausgekoppelt und wird neben den klassischen, auf die Holacracy-Verfassung ausgelegten Settings in Zukunft ebenfalls eine breitere Ausrichtung für verschiedene Spielarten der Selbstorganisation unterstützen. Wem das noch nicht genug Freiheit ist, der kann alternativ einige der Konkurrenzprodukte wie »Nestr.io«, »Peerdom oder »Maptio« ausprobieren. Also an der Begrenztheit der Software scheitert eine eigenmächtige Änderung der Verfassung zumindest schon mal nicht mehr zwangsläufig. Es ist ein dynamischer Markt, der auf Kundenanforderungen reagiert.

---

77 Me & Company, Bern, V. & Tißen, N. (2020). MeCracy: Agile Unternehmenskultur bei Me & Company. https://www.me-company.de/wp-content/uploads/2020/11/MeCracy-2019-New-Work-bei-Me-Company.pdf, abgerufen am 25.05.2023

78 Die Sparkasse Bremen AG. (2019). Verfassung über die Zusammenarbeit in der Die Sparkasse Bremen AG: (Auszug mit Kommentaren). Tim Nesemann (Hg.). https://www.sparkasse-bremen.de/content/dam/myif/sk-bremen/work/dokumente/pdf/Ihre-Sparkasse/Nachhaltigkeit/Verfassung%20Auszug%20Internet.pdf, abgerufen am 27.04.2023

79 Siehe Wittrock, D. (2022). Zwei Arten, Holacracy anzupassen. www.denniswittrock.com. Abgerufen am 20. Mai 2023, von https://denniswittrock.com/2022/12/15/zwei-arten-holacracy-anzupassen/

80 Kühl 2023a, S. 70-71

Zusätzlich zu all dem oben Gesagten kann man freilich auch solche Anpassungen der Regeln der Verfassung vornehmen, die nicht per se auf eine Unterstützung durch Software angewiesen sind. Das ist eigentlich eine triviale Feststellung, die aber Kühls Aussagen über die angebliche Unanpassbarkeit der Verfassung ebenfalls konterkariert.

2.11 »Die Ausbildung von Schattenstrukturen«

> »Das Versprechen der Holakraten ist, dass in ihrem Organisationsmodell durch die permanente Optimierung die formale und die informale Struktur weitgehend deckungsgleich gemacht werden können. […] Die Grundidee besteht darin, dass alle zentralen Erwartungen in einer Organisation für alle sichtbar so formalisiert werden sollen, dass sich keine Schattenstrukturen ausbilden können.«[81]

Kühl bezieht sich hier auf die Idee, dass Holacracy eine Annäherung zwischen der *formalen* Struktur, der *tatsächlichen* Struktur und der *erforderlichen* Struktur einer Organisation anstrebt.

Drei Strukturen in Holacracy

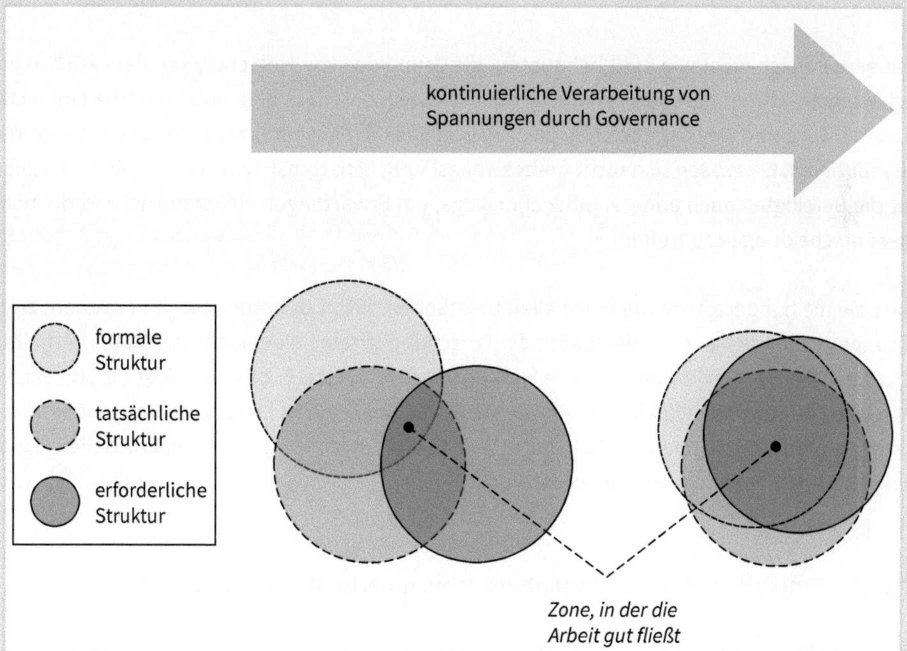

Abbildung 6 – Schnittmenge der formalen, tatsächlichen und erforderlichen Struktur in Holacracy über die Zeit

81 Kühl 2023a, S. 73

- Die **formale Struktur** bezeichnet die offizielle Struktur, die gewöhnlich im Organigramm festgehalten wird. In Holacracy wird sie in Form von tagesaktuellen Governance-Aufzeichnungen in der Support-Software erfasst und regelmäßig aktualisiert. In klassischen Organisationen wird sie vergleichsweise selten aktualisiert und ist daher meist veraltet oder irrelevant.
- Die **tatsächliche Struktur** bezeichnet die Struktur, die tatsächlich gerade wirksam ist – obwohl sie nicht formalisiert ist. Sie wird daher auch als informale Struktur bezeichnet.
- Mit der **erforderlichen Struktur** wird die Struktur bezeichnet, die »sein will«, d. h. eine Struktur, die die aktuelle Arbeit in Hinsicht auf den Sinn und Zweck der Organisation ideal abbilden würde. Sie wirkt als eine Art dynamischer Attraktor und ist nicht als statisches Ideal zu verstehen, sondern eher als die bestmögliche Struktur zu einem bestimmten Zeitpunkt.

Durch die kontinuierliche Verarbeitung von Spannungen durch den Governance-Prozess in allen Kreisen der Organisation kommt es mit der Zeit zu einer immer größeren Überlappung dieser drei Arten von Struktur. Je größer die Schnittmenge, desto weniger Reibungsverlust entsteht, wenn die Arbeit durch die Organisation fließt.

Eine absolute Identität dieser Strukturen ist in ein unrealisierbares Ideal, denn selbst mit der Möglichkeit, die Governance der Organisation sehr schnell zu verändern und den Erfordernissen der Situation anzupassen, wird es immer eine zeitliche Lücke zwischen Ist-Zustand und Soll-Zustand geben. Somit hinkt die formale Struktur notwendigerweise immer der erforderlichen Struktur hinterher, denn die Wirklichkeit steht nicht still. Zudem werden Menschen immer Menschen bleiben und formale Prozesse unterlaufen und Abkürzungen nehmen.

Daher würde ich nicht wie Kühl behaupten, die Grundidee von Holacracy sei, dass »sich keine Schattenstrukturen ausbilden *können*«, sondern vielmehr, dass eine holakratische Organisation sich auf einen Weg begeben hat, die *Notwendigkeit* der Ausbildung von Schattenstrukturen zu *reduzieren*. Es *müssen* sich nicht mehr zwangsläufig Schattenstrukturen ausbilden. Es gäbe für die Beteiligten auch andere, ›offizielle‹ Wege, um Erwartungen zu etablieren und die nötigen Entscheidungen zu treffen.

Dass sie nie hundertprozentig unter allen Umständen davon Gebrauch machen werden, zeigt die Empirie, die sich auch in den Daten der Forschungsgruppe niederschlägt. Dieses Verhalten ist zum Teil – aber nicht immer – eine Funktion der Holacracy-Praxisreife einer Person. Ist sie sich über die neuen Möglichkeiten, Pfade und Schalthebel von Holacracy im Klaren oder agiert sie noch automatisch innerhalb bekannter Verhaltensmuster, weil ihr die holakratischen Handlungsalternativen (noch) nicht bewusst sind?

2.11.1 Emulation einer Personenhierarchie innerhalb von Holacracy

> »Interessant ist jedoch, dass sich häufig im Schatten der holakratischen Formalstruktur eine personenbezogene Hierarchie ausbildet (siehe dazu auch Goyk/Grote 2018; Martela 2019; Schell/Bischof 2022; Brodda 2023; Sua-Ngam-Iam 2023c). In der einfachsten Variante findet sie — holakratisch korrekt — durch die Kombination von zentralen Rollen

bei einzelnen Personen statt. In dem Moment, in dem eine Person die Rollen des Unterschriftengebers für zentrale Aufträge, des internen Arbeitsverteilers, des Entscheiders über Gehaltserhöhungen und die des finalen Entlassers innehat, kommt es faktisch zu einer Art personaler Führung durch diesen Rollenträger.«[82]

Es kommt häufig vor, dass Menschen, die bereits vor dem Wechsel zu Holacracy zentrale Führungspositionen innehatten, dieselben Funktionen innerhalb der holakratischen Struktur abbilden. Bei der Einführung von Holacracy beginnt man in der Regel damit, die existierende Arbeit der Organisation zu dokumentieren und diesen Ist-Zustand in Form von Kreisen, Rollen und Verantwortlichkeiten holakratisch abzubilden. Wenn man dann diese Rollen mit denjenigen Menschen besetzt, die aktuell (zum Start) diese Funktionen innehaben, so hat man einen Schnappschuss der gegenwärtigen Machtkonzentration mit denselben Menschen in denselben zentralen Funktionen.

Das ist in der Tat »holakratisch korrekt« und wenn man Holacracy dafür nutzen möchte, um die alte Machtstruktur im neuen Betriebssystem zu ›emulieren‹, dann ist das eine reale Option, die auch nicht per se verkehrt sein muss – vorausgesetzt, dass diese Menschen in ihren Rollen einen guten Job machen, weil sie viel Erfahrung und die notwendigen Fähigkeiten haben. Man muss bedenken, dass es zu Anfang oft eine Art Skill-Differenz gibt zwischen den Menschen, die bereits in der Vergangenheit ihre Problemlösungsfähigkeiten trainiert haben, weil sie Führungsaufgaben übernommen haben, und solchen, die im alten System ihre Probleme bequem auf Führungskräfte abwälzen konnten und weniger Druck hatten, ihre Themen selbst zu lösen. Daher wählen viele Organisationen zu Anfang die erfahrenen Mitarbeiter für die verantwortungsvollen Rollen aus.

Nun kann eine Organisation in diesem Zustand verbleiben und wichtige Funktionen in wenigen Personen zentralisieren. Ich halte das für eine schlechte Idee, weil dadurch eine besondere Stärke von Holacracy, die Dezentralisierung von Entscheidungen, nicht optimal gelebt wird. Wer das Modell einführt, der hat in der Regel das Ziel, auch mal *anderen* Mitarbeitenden eine Chance zu geben und die Verantwortung in der Organisation breiter zu streuen. Andernfalls bleibt viel Potenzial liegen, das man ja eigentlich durch Holacracy heben wollte. Dann kann man im Prinzip auch einfach mit dem alten Modell weitermachen und braucht keine holakratische Fassadenpraxis zu betreiben.

Aber oft sind es ja die ehemaligen Führungskräfte, die durch Holacracy die Chance sehen, einige ihrer zahlreichen Verantwortlichkeiten abzugeben und dadurch weniger zum Flaschenhals zu werden und eigene Belastungen abzubauen. Sie trauen sich zu Anfang aber oft nicht, diese wichtigen Funktionen aus der Hand zu geben, bis sie das Gefühl haben, dass sie sie guten Gewissens jemandem überlassen können, der die nötige Kompetenz mitbringt, sie gut zu erfüllen. Solange kein guter Ersatz in Sicht ist, halten sie eben daran fest. Diese Situation verändert sich nur, wenn die Beteiligten sie aktiv verändern wollen.

82 Kühl 2023a, S. 77

Insgesamt würde ich dieses Muster der Emulation der alten Personenhierarchie als eine weitere Facette früher Holacracy-Praxis einordnen. Wenn die Ratifizierenden den »Power Shift«, der durch Holacracy möglich wird, wirklich als erstrebenswert betrachten, dann werden sie in Richtung einer stärkeren Dezentralisierung und Verteilung der Macht wirken. Doch ein solch tiefgreifender Wandel stellt sich nicht über Nacht und vor allem nicht von allein durch Bekenntnis zu Holacracy ein, sondern braucht fortgesetzte innere Arbeit in Form von Hinwendung und Loslassen von alten Identitäten, z.B. von einem nicht mehr nützlichen, heroischen Führungsverständnis oder auch von einer selbstverschuldeten Unmündigkeit auf Seiten der Angestellten.

2.11.2 Die Wirkung der Eigentumsverhältnisse auf die Arbeit mit Holacracy

> »In kleineren holakratischen Organisationen wirken die Schattenhierarchien häufig unmittelbar. Die zentralen Rollen werden von den Gründern eingenommen, die sich informal koordinieren. Wenn die Gründer die Mehrheit des Kapitals an der Firma halten, wissen alle Mitarbeiter, dass diese mit einem Federstrich die holakratischen Prinzipien wieder zurücknehmen können, und antizipieren das in ihren Entscheidungen. Die Mitarbeiter treffen die Entscheidungen so, wie diese vermutlich von den Gründern getroffen worden wären, oder sprechen diese mit den Gründern ab, sodass diese Entscheidungen am Ende nur noch holakratisch abgesegnet werden müssen.«[83]

Es ist tatsächlich so, dass es selbst mit Holacracy in den meisten Organisationen immer noch gewissermaßen ›zwei Klassen‹ von Menschen gibt – Arbeitgeber und Angestellte. In den allermeisten Gesellschaftsformen ruhen die rechtlichen Haftungspflichten und die rechtlichen Weisungspflichten bei einigen wenigen Personen. Diese Personen können nun im Binnenverhältnis der Organisation ihre Macht durch die Ratifizierung der Holacracy-Verfassung formal an das neue Regelwerk übertragen und sich dadurch daran binden. Im Außenverhältnis interessiert es jedoch niemanden in rechtlicher Hinsicht, ob die Organisation Holacracy praktiziert oder nicht. Auf dem Papier sind immer noch dieselben Personen handlungsbevollmächtigt und haften als Gesellschafter, die im offiziellen Handelsregistereintrag stehen.

Die sich aus der Begrenztheit der derzeit verfügbaren Rechtskonstrukte ergebende Asymmetrie zwischen Eigentümern und Angestellten hat, ob man will oder nicht, stets Auswirkungen auf den Diskurs innerhalb der Organisation. Man kann sich ein gespanntes Tuch vorstellen, auf dem sich 20 Tischtennisbälle bewegen. Dann wirft man eine Bleikugel in die Mitte. Die Bleikugel ist schwerer und bildet einen Trichter. Dieser Trichter ist eine Art Attraktor, der die anderen Tischtennisbälle von ihrem Kurs abbringt. Auf ähnliche Weise kann man sich die Matrix zwischenmenschlicher Interaktionen vorstellen, wenn die Gründer und Eigentümer der Organisation den Raum betreten. Ob gewollt oder ungewollt, sie werden die Dynamik der Kommunikation beeinflussen.

83 Kühl 2023a, S. 77

2.11.2.1 Experimente mit der Rechtsform und das »For-Purpose Enterprise«

Das Unternehmen *HolacracyOne* hat das Problem der rechtlichen Rahmenbedingungen relativ früh erkannt und seine eigene US-amerikanische LLC-Rechtsform[84] dahingehend modifiziert, dass alle Partner und Partnerinnen der Organisation gleichzeitig rechtlich gesehen »Manager« der Organisation sind. Die Verfassung wurde zudem in das Operating Agreement der Firma eingebacken, damit sie nicht mehr so einfach »mit einem Federstrich« abgeschafft werden kann.

Das Holacracy-Spin-off *encode.org*, von *HolacracyOne*-Mitbegründer Tom Thomison mit ins Leben gerufen, bei dem auch ich mehrere Jahre tätig war, hat es sich zur Aufgabe gemacht, einen passenden Rahmen für die Arbeit mit Holacracy zu schaffen – in rechtlicher, finanzieller und gemeinschaftlicher Hinsicht. Encode.org hat dafür eine modifizierte LLC-Rechtsform mit verschiedenen Agreements geschaffen: ein *For-Purpose Enterprise* (FPE). Das Modell wird in dem Buch *»For Purpose – Ein neues Betriebssystem für Unternehmen«* von meiner Kollegin Jo Aschenbrenner näher vorgestellt.[85]

For-Purpose Enterprise (FPE)

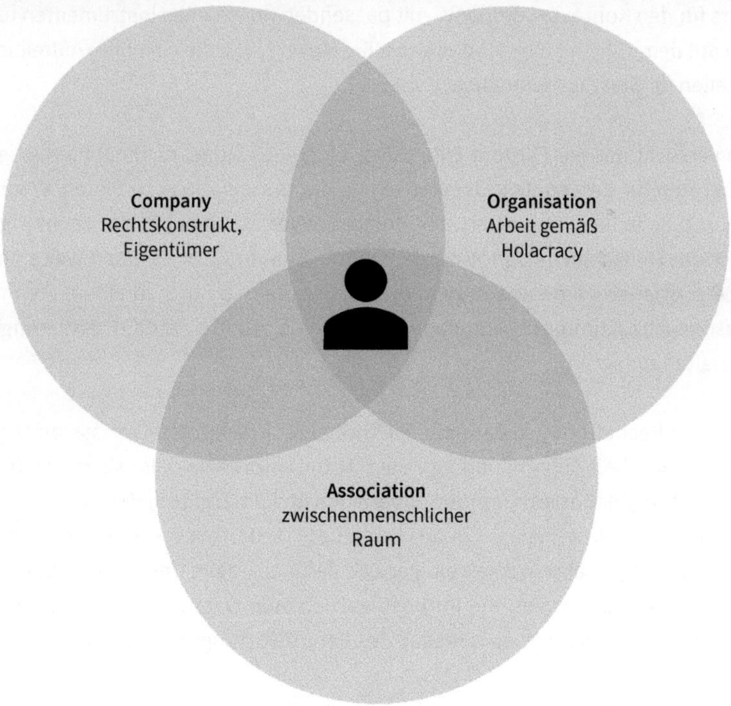

Abbildung 7 – Die drei Kontexte eines FPE mit dem »Purpose Agent« im Zentrum

84 Eine Limited Liability Company ist ein Unternehmen mit beschränkter Haftung, eine häufige Rechtsform für Unternehmen in den USA.

85 Aschenbrenner, J. (2019). For Purpose: Ein neues Betriebssystem für Unternehmen. München: Vahlen.

Ein *For-Purpose Enterprise* ist eine holakratisch arbeitende Organisation, die von *encode.org* entwickelt wurde. Sie unterscheidet drei Kontexte, deren Regeln darauf ausgerichtet sind, dem Sinn und Zweck (Purpose) des Unternehmens zu dienen. Jeder »Purpose-Agent« im Zentrum nimmt an allen drei Kontexten, *Company, Organisation* und *Association,* teil. Im *Company*-Kontext ist er zusammen mit den anderen Mitunternehmer, Mitinvestor und rechtlich gesehen »Manager«. Im *Organisation*-Kontext füllt er Rollen und spielt nach den Regeln der Holacracy-Verfassung. Im *Association*-Kontext taucht er auf als Mensch, der zugestimmt hat, sich in Bezug auf zwischenmenschliche Beziehungen an die Association-Vereinbarungen zu halten (z. B. bzgl. Konfliktlösung etc.). Alle drei Kontexte sind mit ihren gewählten Vertretern im Ankerkreis repräsentiert, der gemäß Operating-Agreement mithilfe des integrativen Entscheidungsfindungsprozesses die Interessen aller Bereiche ausbalanciert. Das FPE überwindet die Zweiklassengesellschaft zwischen Eigentümern und Angestellten der Organisation, die in den meisten holakratischen Organisationen die Norm ist. Sie verankert Holacracy direkt im Operating-Agreement des LLC-Rechtscontainers. Zudem liefert es Antworten auf die Frage »Was ist mit den Menschen?«, die als logisches Resultat der Differenzierung von Mensch und Rolle aufkommt, aber zu der man in der Holacracy-Verfassung nur wenige Antworten findet.[86]

Neben der Einbettung der holakratischen Regeln für den Kontext »Organisation« (für den Ausdruck der Arbeit entsprechend des Purpose), gibt es eigene rechtsverbindliche Vorlagen für Agreements für den Kontext »Company« mit passenden finanziellen Instrumenten für Gründer (basierend auf dem »Slicing Pie«-Modell von Mike Moyer[87], welche eine faire Aufteilung von Geschäftsanteilen für Startups ermöglicht).

Außerdem versucht das *For-Purpose Enterprise*, leichtgewichtige, minimal hinreichende, stützende Strukturen für den Kontext der Menschen, die »Association« zu bieten. Wenn Holacracy Mensch und Rolle ausdifferenziert, die Holacracy-Verfassung aber dazu schweigt, wie das Miteinander der Menschen gestaltet werden sollte, dann braucht es einen weiteren Baustein dafür. Ein »Association«-Agreement, dem die Partner beim Beitritt zu einem *For-Purpose Enterprise* gesondert zustimmen, kann dabei helfen, eine grundlegende Orientierung in diesen Angelegenheiten zu bieten.

Ein Wechsel der Rechtsform, so dass alle Partner einer holakratisch verfassten Organisation zugleich auch »Geschäftsführer« und ggf. auch Mitinvestoren sind, ist sicherlich überaus anspruchsvoll und auf der Basis aktuell verfügbarer Rechtskonstrukte in den meisten Jurisdiktionen nur mit einigen Mühen möglich (wenn überhaupt). Die Purpose-Stiftung von Achim Hensen und Armin Steuernagel setzt sich seit einiger Zeit dafür ein, beim Gesetzgeber Lobbyarbeit für neue Rechtsformen zu machen, die Purpose-getriebenen Organisationsmodellen mehr entgegenkommen, und sie hat mit dem Modell des Verantwortungseigentums auch schon einige Erfolge erzielt.[88]

86 Im Grunde hat encode.org hier mit den Association-Vereinbarungen schon früh den »Beziehungsvereinbarungen« vorgegriffen, die seit v5.0 der Holacracy-Verfassung hinzugefügt wurden, um dieselbe Leerstelle zu füllen – zumindest in rudimentärer Form.

87 Moyer, M. (2016). Slicing Pie Handbook EU Edition: Perfectly Fair Equity Splits for Bootstrapped EU Startups. Createspace Independent Publishing Platform.

88 Siehe https://purpose-economy.org/en/ – abgerufen am 30.04.2023

Dennoch sind für die meisten Unternehmen die Hürden aktuell noch zu hoch, so dass geschätzt mehr als 99% der holakratisch verfassten Unternehmen immer noch eine herkömmliche Gesellschaftsform haben. Diese führt in dem Maße zu den oben von Kühl beschriebenen Problemen der Verzerrung der Kommunikation, wie die Ratifizierenden von den (mit der Unterzeichnung der Verfassung bekundeten) Werten und Prinzipien abweichen, wenn sie die Regeln, zu denen sie sich öffentlich verpflichtet haben, im Alltag letztlich doch missachten.

2.11.3 Nachbau einer Führungshierarchie in Holacracy

Kühl beschreibt ferner, wie es in größeren holakratischen Organisationen dazu kommt, dass sich eine »auf Personen bezogene informale hierarchische Parallelstruktur«[89] ausbildet.

> »In dieser Schattenhierarchie werden weniger erfahrene Mitarbeiter jeweils einem erfahrenen Mitarbeiter zugeordnet. Diese erfahrenen Mitarbeiter – je nach Organisation ›Personnel Excellence Leads‹ oder ›Human Success Advisors‹ genannt – sind dann für das Fordern und Fördern der ihnen zugeordneten Mitarbeiter zuständig. Die ›Personnel Excellence Leads‹ oder ›Human Success Advisors‹ beraten aber die Mitarbeiter nicht nur bezüglich ihrer Entwicklung in der Organisation, sondern tragen auch zu Entscheidungen über Gehaltssenkungen oder -steigerungen bei und haben maßgeblich Einfluss darauf, ob einer ihnen zugeordneten Person gekündigt wird oder nicht.«[90]

Das kann ich aus meiner Erfahrung bei einem DAX-Konzern bestätigen und noch ein paar zusätzliche Bezeichnungen hinzufügen: »Employee-Coaches«, »Bedürfnisvermittler« oder ganz schnörkellos »disziplinarische Führungskraft«. Allerdings waren das in diesem Fall keine *informalen* Schatten-Strukturen, sondern Rollen, die holakratisch ganz offiziell die Art von Arbeit getan haben, die *jede* Organisation als Funktion braucht: die Vermittlung zwischen den Bedürfnissen der Organisation und denen der darin angestellten Menschen (daher der eigentümliche Name »Bedürfnisvermittler«).

Die Notwendigkeit einer solchen Struktur ergab sich für diese Unternehmen unmittelbar aus den gesetzlichen Anforderungen an einen Arbeitgeber, insbesondere die gesetzliche Fürsorgepflicht, bei der das Unternehmen in ein Haftungsrisiko geraten kann, wenn Arbeitnehmer nicht genügend Urlaub nehmen oder (in extremen Fällen) etwa ihre Suizidgedanken in die Tat umsetzen. Jeder Mensch braucht dementsprechend einen Ansprechpartner, der die Organisation vertritt, inklusive die Ansprechpartner selbst, die ja auch Menschen sind. Da nicht eine Person für hundert andere Menschen diese Rolle ausfüllen kann, ist es zweckmäßig, die Zuordnung von »Employee Coach« oder »Bedürfnisvermittler« zu Arbeitnehmer in der bekannten hierarchischen Staffelung herunterzubrechen. Siehe da, es kommt wieder eine pyramidale Struktur dabei heraus.

89 Kühl 2023a, S. 77
90 Kühl 2023a, S. 78

> »Die Mitarbeiter, die als informale Führungskräfte in der Organisation wirken, sind dabei in der Regel für acht bis zwölf Organisationsmitglieder verantwortlich und müssen aufgrund ihrer Führungsaufgaben geringere Anteile ihrer Arbeitszeit beim Kunden fakturieren. Auf den ersten Blick wird diese Schattenhierarchie durch die Darstellung in der holakratischen Software kaschiert. Auf den zweiten Blick ist die Ähnlichkeit zum klassischen Modell der Hierarchie mit disziplinaren Vorgesetzten, die sich neben einer Struktur fachlicher Vorgesetzter ausbildet, nicht zu übersehen.«[91]

Kühl charakterisiert die von seiner Forschungsgruppe gemachten Beobachtungen als »Schattenhierarchie«. Ich kann das aus der Ferne schlecht beurteilen, da ich die zugrundeliegenden Daten nicht begutachten kann und diese verständlicherweise auch anonymisiert sind.

In den Organisationen, die ich beobachten und begleiten konnte, war die Zuordnung von Mitarbeitenden zu ihren organisationalen Ansprechpartnern in Rollen, wie gesagt, kein Geheimnis, sondern ein bewusster Schritt. Gleichzeitig verstehe ich sehr gut, warum Kühl die Ähnlichkeit zum klassischen Modell der Hierarchie mit disziplinarischen Vorgesetzten ins Auge springt. Es ist in der Tat sehr ähnlich und damit auch ähnlich problematisch. Die Gefahr an dieser Vorgehensweise ist, dass eine Zentralisierung der Entscheidungen, sei es über Vergütung oder den Verbleib des Mitarbeiters in der Organisation, als Fortsetzung des alten Systems von personaler Führung interpretiert und gelebt wird.

> »Die Schattenstrukturen holakratischer Organisationen erfüllen eine wichtige Funktion. Sie führen in der Informalität mit der Ausdifferenzierung von abgeschlossenen Abteilungen und der Ausbildung personaler Hierarchien Prinzipien wieder ein, die zwar im holakratischen Managementdiskurs diskreditiert sind, aber trotzdem für die Organisation wichtige Funktionen haben. Die Ausdifferenzierung von Abteilungen mit klarer Zuordnung von Personen stellt sicher, dass sich Organisationsmitglieder auf ein Unterziel der Organisation konzentrieren können, ohne dass ihre Aufmerksamkeit durch andere Unterziele der Organisation abgelenkt wird. Die Ausbildung personaler Hierarchie ermöglicht, dass auch für die Organisation unangenehme Entscheidungen schnell getroffen und umgesetzt werden können.«[92]

Personalentscheidungen zu treffen und Gehaltsverhandlungen zu führen sind manchmal unangenehme Entscheidungen, die aber dennoch von der Organisation geklärt werden müssen. Wenn sich eine holakratische Organisation keine alternativen Mechanismen überlegt, um diese Funktionen abzubilden, ist die Gefahr in der Tat groß, dass eine Schatten-Macht-Struktur fortgeführt wird. Die gute Nachricht lautet, dass das kein notwendiges Schicksal ist, sondern, dass man via Governance alternative Prozesse dafür vorschlagen, an der Realität ausprobieren, daraus lernen und kontinuierlich weiterentwickeln kann.

91 Kühl 2023a, S. 78
92 Kühl 2023a, S. 82

Man kann diese Beobachtungen der Forschungsgruppe als *Kritik an Holacracy* auslegen. Aus meiner Sicht liegt die eigentliche Ursache der Ausbildung von Hierarchien mit Personenverantwortung in holakratisch strukturierten Unternehmen jedoch tiefer – nämlich in den gesetzlichen Vorgaben, die sich aus der gewählten Rechtsform ergeben. Diese implizieren oftmals eine Zweiklassengesellschaft von Eigentümern und Angestellten mit entsprechenden Rechten und Pflichten, die dann in der Organisation abgebildet wird – ob nun holakratisch oder klassisch strukturiert. Insofern haben die Forschenden eigentlich eine *Kritik an den zur Verfügung stehenden Rechtskonstrukten* zutage gefördert. Was mit Holacracy neu ist, ist, dass man die Abbildung dieser Prozesse per Governance anders gestalten und weiterentwickeln kann, z. B. mit spezifischen Rollen und Richtlinien, die einem möglichen Machtmissbrauch entgegenwirken. Zudem können die Eigentümer einer Organisation sich dazu entschließen, noch einen Schritt weiterzugehen und über eine alternative Rechtsform und Eigentümerstruktur nachdenken, welche die von Holacracy intendierte Arbeit auf Augenhöhe besser unterstützt und tiefer verankert (z. B. ein FPE oder ein ähnliches Konstrukt).

2.11.4 Macht von Menschen über Menschen in Holacracy

Die ganze Diskussion über Personalverantwortung wirft ein Schlaglicht auf die Frage, wie Holacracy sich in Bezug auf Macht von Menschen über andere Menschen verhält. Wer darf Befehle erteilen und wer muss spuren? Wie funktioniert Macht in einem System von Rollen und verteilter Befugnis?

Die Regeln der Holacracy-Verfassung bieten keine Grundlage dafür, dass Menschen anderen Menschen direkte Anweisungen geben. Man kann Projekte von Rollen anfragen und, wenn man z. B. Kreis-Lead (oder durch andere Regeln dazu befugt) ist, die Priorisierung des angefragten Projektes für die angefragte Rolle verändern, so dass es als erstes bearbeitet werden muss. Doch das ist schon das Höchste der Gefühle. Man kann in Holacracy standardmäßig keine Befehle erteilen. Das wird von den Regeln schlichtweg nicht unterstützt und es gibt keine Verpflichtung, Befehle oder direkte Anweisungen ernst zu nehmen.

Selbst bei Anfrage von hoch priorisierten Projekten durch einen Kreis-Lead gibt es immer noch einen untilgbaren Auslegungsspielraum auf Seiten des angefragten Rollen-Leads. Mit anderen Worten: wenn die Hütte brennt, darf ich selbst diese Art von Übersteuerungs-Priorisierung zugunsten einer Notfall-Priorisierung ignorieren – es ist sogar meine *Pflicht* als Rollen-Lead. Holacracy zieht im Zweifel also den gesunden Menschenverstand eines Einzelnen starren Regeln vor. Oder wie *HolacracyOne*-Mitgründer Tom Thomison es einmal griffig ausdrückte: »Lass der Arbeit nichts im Wege stehen – nicht mal Holacracy.«[93]

93 »Let nothing get in the way of work – not even Holacracy.« Persönliche Kommunikation, eigene Übersetzung.

Baut man nun jedoch das bekannte System der Führungsverantwortung von Menschen für Menschen in Holacracy nach, inklusive der alleinigen Entscheidungsmacht dieser Rollen über Gehalt und Mitgliedschaft in der Organisation, so handelt man sich dieselben negativen Effekte von potenziellem Machtmissbrauch und Verzerrung der Kommunikation wieder ein (siehe den Bleikugel-Vergleich in Kap. 2.11.2).

Falls das Ziel bei der Einführung von Holacracy war, zu mehr *Peer-to-peer*-Verantwortung und Arbeit auf Augenhöhe zu gelangen, so hat man sich hier offenbar ein Eigentor geschossen. Falls das *nicht* zu den Motivationen gehörte, kann man das natürlich so weiterspielen, aber – und hier stimme ich der Kritik von Kühl zu – man konterkariert durch diese Doppelspurigkeit den Holacracy implizit innewohnenden Anspruch, eine andere Art der Zusammenarbeit zu ermöglichen, welche Arbeit nicht auf der Basis von Zwangsmaßnahmen oder Drohung organisiert und motiviert. Holacracy als Framework ist so offen, dass man im Prinzip die alte Welt der Führungsverantwortung eins zu eins darin nachbauen kann, die in herkömmlichen Systemen der unhinterfragte und unhinterfragbare Standard ist. Doch dann folgt man jedoch lediglich seiner Gewohnheitsenergie und tritt auf der Stelle.

Auch auf die Gefahr hin, wie eine kaputte Schallplatte zu klingen: Ich halte das für einen Ausdruck früher Holacracy-Praxis – ähnlich wie die Zentralisierung von Macht einflussreicher Rollen in Personalunion bei einigen wenigen Menschen. Es ist vielleicht ein akzeptabler *Anfangszustand*, der die alte Welt in den Strukturen des neuen Betriebssystems initial abbildet. Doch wenn man wirklich das Meiste aus Holacracy herausholen will, so muss man dieses System der Personalverantwortung im Laufe der Zeit schrittweise durch andere Prozesse ersetzen und die Verantwortung für Gehaltsentscheidungen und Organisationsverbleib auf mehrere Schultern verteilen sowie Mechanismen einbauen, die das Potenzial für den Missbrauch dieser Macht *systematisch reduzieren*.

Immerhin erlaubt Holacracy schon mal die Differenzierung von fachlicher Führung (»Kreis-Leads«) und Personalverantwortung (»Personnel Excellence Leads« oder wie auch immer man sie nennen mag). Das ist für viele Organisationen schon ein beachtlicher Sprung, aber natürlich nur ein erster Schritt auf einer Reise der Differenzierung und Integration.

Dass es insgesamt ein langer Weg sein kann und dass es keine Patentrezepte für diese zentralen Organisationsfunktionen gibt, die allgemein für *jede* Organisation passen, liegt auf der Hand. Andernfalls wären sie vermutlich sogar als generalisierbares Muster direkt zu einem Bestandteil der Holacracy-Verfassung geworden. Doch die macht keinerlei Vorgaben darüber, *wie* man diese Dinge zu organisieren hat. Stattdessen gibt die Verfassung der Organisation einen evolutionären Governance-Algorithmus an die Hand, mit dessen Hilfe sie sich von relativ grobschlächtigen bis hin zu immer feiner austarierten, durch unzählige Spannungen informierten Antworten für diese Systeme entwickeln kann.

Wenn eine Organisation die unvermeidliche Unsicherheit des Experimentierens mit diesen Lösungen aushalten kann und nicht bloß reflexartig versucht, zum Bekannten zurückzukehren und bewährte Muster unter neuen Prämissen zu emulieren, ist es praktisch unausweichlich, dass sie irgendwann zu besseren Lösungen gelangen wird. Holacracy ist meines Erachtens nicht das Problem – *zu wenig Gebrauch der Mittel von Holacracy* ist das Problem.

Würde man diese Kritik, z. B. an einer Hierarchie von Rollen mit Personalverantwortung, ernst nehmen und konsequent als Spannung in das System zurückspeisen, so könnte man z. B. eine Richtlinie vorschlagen, die den Prozess der Gehaltsanpassung anders abbildet und ihn den Verantwortlichkeiten einer »Personnel-Excellence-Lead«-Rolle entzieht. Oder man könnte eine Richtlinie ausprobieren, die es Mitarbeitenden erlaubt, sich einen alternativen Ansprechpartner der Organisation in dieser Rolle für ihre Belange als Mitarbeiter auszuwählen, falls das Vertrauensverhältnis mit dem gegenwärtigen Rollen-Lead aus irgendeinem Grund gestört sein sollte. Oder, oder, oder…

Ich bin – wie Holacracy selbst – agnostisch in Bezug darauf, welche die beste Lösung für eine gegebene Organisation ist. Der Punkt ist, dass man die Spannung als solche erkennt und die Mittel der holakratischen Praxis nutzt, um schrittweise zu einer neuen Lösung zu gelangen. Zugegeben, das braucht manchmal den Mut der Beteiligten, nicht alles schon vorher zu wissen. Aber das macht – zumindest für mich – auch den Reiz dieses Modells aus. Als Organisationspraktiker müssen wir alle auch zu Organisationsforschern werden, die auf praktischem Weg die Gangbarkeit neuer Lösungen erforschen. Holacracy liefert uns nur die Bausteine – experimentieren müssen und dürfen wir selbst.

2.12 Praxisempfehlungen basierend auf den Forschungsergebnissen

Wenn ich auch aus der Sicht eines Praktikers einige Vorbehalte habe, was die Interpretation der Daten betrifft, so liefert die beschriebene Forschung dennoch einige potenziell wertvolle Erkenntnisse über Schwachstellen und häufige Fallen der Praxis, aus denen sich Lehren sowohl für die Weiterentwicklung von Holacracy als auch für notwendige Anpassungen in der Didaktik ziehen lassen. Im Folgenden versuche ich die Fallstricke zusammenzufassen und Handlungsempfehlungen für Holacracy-Praktiker daraus abzuleiten.

2.12.1 Zu Missverständnissen durch die inverse Befugnisstruktur

Wenn man seine berufliche Sozialisierung hauptsächlich durch die Mitarbeit in konventionellen Organisationen erfahren hat, dann ist einer der größten Stolpersteine bei der Umsetzung von Holacracy die dem Modell innewohnende *inverse Befugnisstruktur*. Nicht das proaktive

Handeln und Entscheiden aus einer Rolle heraus bedarf der Legitimierung und Absegnung, sondern umgekehrt: die *Einschränkung* dieser verfassungsmäßig gewährten Rechte bedarf der expliziten Legitimierung durch Governance. Jeder Rollen-Lead ist durch die Verfassung immer schon »empowert« und muss sich weder Zustimmung, Einwilligung noch Ratschläge einholen. Keine Führungskraft muss einen mehr »empowern« – was andernfalls eine gewisse Ironie hat, wie Brian Robertson bemerkt:

> »Eine Umgebung, in der Führungskräfte andere empowern müssen, ist im Grunde genommen eine entmächtigende Umgebung – eine Umgebung, die heroische Top-Down-Führung nutzt, um über die heroische Top-Down-Führung hinauszugehen, und sich somit auf fundamentale Weise auf genau dasjenige stützt, was sie doch überwinden will.«[94]

Weil Holacracys Befugnisumkehr so fremdartig ist, wirken alte Gewohnheiten der Rückversicherung noch weiter fort, lange nachdem die Verfassung ratifiziert worden ist. Als Symptome tauchen dann die von Kühl et al. beschriebenen Effekten von »Hyperformalisierung« und »Formalitätsruinen« auf.

Wie man damit umgehen sollte: Als die Ursache dieser unerwünschten Effekte sollte bei der Vermittlung von Holacracy insbesondere darauf geachtet werden, dass das Konzept der Befugnisumkehr, die »goldene Regel« (Art. 4), die befugnisstiftende Wirkung des Sinn und Zwecks einer Rolle und die Wirkweise aller die Befugnis einschränkenden Elemente (Domänen und Richtlinien) im Zusammenhang gut erklärt werden. Dies war bisher nicht Teil des ursprünglichen Holacracy-Praxistrainings von *HolacracyOne*, sollte aber aus meiner Sicht überall ein neuer Standard der Vermittlung von Holacracy werden.

2.12.2 Zur Gefahr der »Hyperformalisierung«

Der Umfang der Handlungsbefugnis, den der Sinn und Zweck einer Rolle gewährt, wird systematisch unterschätzt. Als Überkompensation versucht man, sich selbst Befugnis zu geben, indem man mehr Verantwortlichkeiten explizit macht, als nötig wäre. Dieses Missverständnis taucht in der Praxis auch in Bezug auf Domänen auf, welche manchmal als »Zuständigkeitsbereiche« missverstanden werden (statt als zugriffsgeschützte Bereiche), die dann ebenso anlasslos und ohne zugehörige Spannung erschaffen werden – ein Effekt, der manchmal in eine Art »Domänen-Grabbing« ausartet und das implizite Missverständnis dadurch in der Organisation »viral« weiterverbreitet.

94 Robertson, B. (2013, 1. Mai). Die Ironie des Empowerments (D. Wittrock, Übers.). Xpreneurs Blog. Abgerufen am 10. Juni 2023, von https://www.xpreneurs.co/blog/holacracy-8/die-ironie-des-empowerments-948

Wie man damit umgehen sollte: Holacracy-Coaches und -Trainer sollten ein stärkeres Bewusstsein für dieses typische Fallenverhalten schaffen und angehende Prozessmoderatoren besser hinsichtlich der Testung von Vorschlägen[95] ausbilden. Dies kann verhindern, dass anlasslos unnötige Formalisierungen vorgenommen werden für Dinge, für die der Vorschlagende mit Sicherheit an den drei Anforderungen an Vorschläge scheitern würde, die in Artikel 5.3.1. definiert sind.[96] Nicht jeder Vorschlag ist dazu geeignet, via Governance verarbeitet zu werden.

2.12.3 Zur Anhäufung von »Formalitätsruinen«

Wie zuvor geschildert, kann es über die Zeit zu dem Effekt einer Ansammlung von nicht mehr benötigten Governance-Elementen wie Rollen, Zuständigkeiten oder Richtlinien kommen, wenn diese nicht in regelmäßigen Abständen auf Aktualität geprüft, wieder zurechtgestutzt und vereinfacht werden. Sich kollektiv darum zu kümmern, muss erst erlernt werden – genau wie die Möglichkeit, die Strukturen der Organisation mitzugestalten. Früher haben sich die Chefs und Manager um die Rollen und Stellenbeschreibungen gekümmert. Jetzt dürfen und müssen alle genau hinschauen – insbesondere, da es nun durch Governance für alle leichter geworden ist, neue Elemente hinzuzufügen.

Wie man damit umgehen sollte: Auch hier sollten Holacracy-Coaches und -Trainer wieder ein stärkeres Bewusstsein für dieses typische Fallenverhalten schaffen und insbesondere Kreis-Leads mehr in die Pflicht nehmen, darauf zu achten, ob sich in ihrem Kreis solche Elemente ansammeln. Monatliche Checklistenpunkte wie *»Ich habe die Governance-Aufzeichnungen des Kreises auf überflüssige und veraltete Elemente geprüft«* für die Kreis-Lead-Rolle können in Tactical Meetings dabei unterstützen, die Aufmerksamkeit regelmäßig auf diesen Aspekt zu lenken und Fehlentwicklungen entgegenzuwirken. Natürlich sollten sich auch andere Rollen-Leads durch diese Abfrage zu einer kritischen Überprüfung eingeladen fühlen, doch der Kreis-Lead hat eine besondere Verantwortung, weil es seine Aufgabe ist, auf das Ganze seines Kreises zu achten. Er kann in Bezug auf jede überflüssige Rolle in seinem Kreis eine Spannung anmelden und vorschlagen, sie zu vereinfachen oder zu löschen.

2.12.4 Zur Möglichkeit des Missbrauchs der größeren Freiheit

Kühl weist auf die Möglichkeit des Missbrauchs der Freiheit der Rollen-Leads durch Verstecken hinter vielen Rollen hin (vgl. Kap. 2.5). Ebenso warnen er und andere vor »Dienst nach holakratischer Vorschrift« (vgl. Kap. 2.7) – den minimalistischen Rückzug auf die expliziten Verantwortlichkeiten einer Rolle.

---

95 Wittrock, D. (2020, 23. September). Vorschläge testen – das Immunsystem der Organisation. hola::be Blog (Hypoport). Abgerufen am 10. Juni 2023, von https://holabe.hypoport.de/2020/09/23/vorschlaege-testen-das-immunsystem-der-organisation/

96 Xpreneurs (2021b). Holacracy Verfassung, v5.0.

Wie man damit umgehen sollte: Man sollte nicht in die Falle tappen, derselben Hermeneutik des Argwohns zu folgen, die diese Befürchtungen überhaupt erst manifestiert. Stattdessen sollte man darauf vertrauen, dass die erhöhte Transparenz, allgemeine Auskunftspflichten und Peer-Feedback in Holacracy dafür sorgen werden, dass schnell deutlich werden würde, falls jemand die Organisation systematisch zu übervorteilen versucht. Wenn die Tactical Meetings regelmäßig durchgeführt werden, dann wird die Tatsache, dass jemand kontinuierlich kaum Projektfortschritte berichtet oder seine Checklistenpunkte nicht erledigt, vermutlich irgendwann Spannungen bei anderen Rollen-Leads aufwerfen, die wissen wollen, was mit ihren angefragten Projekten passiert und wann diese fertig sind. Dann kann man immer noch reagieren, falls sich diese Art von Befürchtung tatsächlich manifestiert. Und falls ein Rollen-Lead immer darauf verweist, dass im *anderen* Kreis gerade alle anderen Projekte wichtiger sind, kann man die Priorisierung der Arbeit *zwischen* Kreisen im sie umschließenden Super-Kreis klären. Die Kreis-Leads können miteinander darüber sprechen.

Wer ferner im Kontext von Selbstorganisation immer nur das Allernötigste in seinen Rollen tut (»Dienst nach holakratischer Vorschrift«) und bei jeglichen Arbeitsanfragen den Sinn und Zweck seiner Rollen niemals liberal, sondern stets defensiv auslegt, der fällt irgendwann auf. Das kann dazu führen, dass die Person nach und nach ihre Rollen verliert – bis irgendwann sehr offensichtlich wird, dass das Arbeitsverhältnis keinen Sinn mehr ergibt, weil die entsprechende Motivation nicht erkennbar ist und kein Kreis-Lead die Person mehr einlädt, Rollen zu füllen.

Doch selbst ungeachtet dieser möglichen Korrekturmechanismen ist *globales Vertrauen* unterm Strich mit Sicherheit kostengünstiger und angenehmer als die nicht intendierten Effekte und Maßnahmen, die *globales Misstrauen* und eine latente Betrugsunterstellung gegenüber jedem Mitarbeiter nach sich zöge.

2.12.5 Zur Überbetonung der Bedeutung von Meetings

Holacracy wird zunächst und zumeist über die von der Verfassung definierten Meeting-Praktiken (Tactical und Governance Meetings) erlernt. Dies überbetont ihre Bedeutung im Bewusstsein der Anfänger.

Wie man damit umgehen sollte: Holacracy-Coaches und -Trainer sollten klarstellen, dass jedes andere Meetingformat, das nützlich erscheint, weiterhin erlaubt ist. (Allerdings bedarf es zur Festlegung formaler Erwartungen weiterhin des Governance-Prozesses.) Zudem sollte klargestellt werden, dass man zur Verarbeitung seiner Spannungen nicht auf Tactical Meetings warten, sondern wenn möglich direkt zu den betreffenden Rollen gehen sollte – außerhalb von Meetings. Das verhindert Verstopfung der Agenda und beschleunigt das Meeting.

2.12.6 Zur Meeting-Erosion

Die von Kühl beschriebene Erosion der holakratischen Meetings kann vielfältige Ursachen haben, die alle einer unterschiedlichen Intervention bedürfen.

Wie man damit umgehen sollte: Die Unternehmen sollten auf jeden Fall in eine gründliche Ausbildung ihrer Prozessmoderatoren investieren. Idealerweise sollten zwei Personen pro Kreis ein Holacracy-Praxistraining oder ein Äquivalent davon durchlaufen haben, so dass sie sich gegenseitig unterstützen und korrigieren können. Doch das mag nicht reichen, wie Bernstein et al. anmerken:

> »Aber Schulungen allein beseitigen nicht problematisches Verhalten, wie z. B. das Mikromanagement anderer oder die Verletzung der Autonomie ehemaliger Untergebener. Alte Machtregeln können tief in Kultur und Institutionen verankert sein und erfordern möglicherweise ständige Aufmerksamkeit, um sie zu entwirren.«[97]

Holacracy-Coaches und -Trainer sollten daher zudem ein Bewusstsein über die Anzeichen und die Ursachen von Meeting-Erosion erzeugen, welche von diesen alten Machtregeln beeinflusst werden. Darunter fallen eine unausgesprochene Kultur der Einwandsvermeidung, »Governance-Theater« mit extensiv vorabgestimmten Vorschlägen, die nur noch durchgewunken werden, eine unpassende Strukturierung der Kreise (so dass sich die Meetings nicht nützlich anfühlen), als auch das beschriebene Phänomen der »Spannungstaubheit«. Die Coaches sollten dafür sensibilisieren und die Menschen zur Verarbeitung ihrer Spannungen mithilfe der Prozesse von Holacracy ermutigen, bis sie erste Erfolgserlebnisse haben. Manchmal braucht es Geduld, bis die Menschen »auftauen« und die neuen Möglichkeiten nutzen.

2.12.7 Zu Schattenstrukturen in Holacracy

Hierbei sind für mich drei Aspekte interessant, die jeweils einer eigenen Betrachtung bedürfen:

- Emulation einer Personenhierarchie innerhalb von Holacracy (zuerst in Kap. 2.11.1)
- die Wirkung der Eigentumsverhältnisse auf die Arbeit mit Holacracy (in Kap. 2.11.2)
- Nachbau einer Führungshierarchie in Holacracy in größeren Organisationen (in Kap. 2.11.3)

2.12.7.1 Zur Emulation einer Personenhierarchie innerhalb von Holacracy

Eine entscheidende Idee von Holacracy ist die Verteilung von Befugnissen an verschiedene Rollen. Dies hat den Zweck, der typischen Zentralisierung von Macht und Befugnissen ent-

97 Bernstein, E., Bunch, J. B., Canner, N. & Lee, M. D. (2016). Beyond the Holacracy Hype: The over-wrought claims—and actual promise—of the next generation of self-managed teams. Harvard Business Review, 94(7), 13. Abgerufen am 22. Okt. 2023, von https://hbr.org/2016/07/beyond-the-holacracy-hype , eigene Übersetzung.

gegenzuwirken, kurz: Es dient der Dezentralisierung. Wenn man nun entscheidende Rollen, insbesondere solche, die für Fragen der Vergütung, der Einstellung und Entlassung von Mitarbeitenden verantwortlich sind, sowie Kreis-Lead-Rollen dann *doch* wieder mit denselben Personen besetzt, so kann das zwar im Einzelfall sinnvoll sein. Es besteht jedoch die Gefahr, dass es der Grundintention von Holacracy als Modell zuwiderläuft und die alte Personenhierarchie emuliert, in der Menschen Macht über Menschen ausüben.

Wie man damit umgehen sollte: Die Ratifizierenden sollten sich darüber vergewissern, was ihre Gründe waren, um Holacracy einzuführen. Wenn das Ziel war, Entscheidungsbefugnis stärker über die Organisation zu verteilen, so sollten sie sich ihre Kontrolltendenzen bewusst machen und schrittweise reduzieren, indem sie anderen Mitarbeitenden erlauben, nach und nach Teile ihrer alten Tätigkeiten zu übernehmen. Kurz: sie müssen lernen, Rollen abzugeben. Das kann persönliches Coaching umfassen, um alte Identitäten aufzugeben und neue Identitäten zu entwickeln. Holacracy-Coaches können sie dabei unterstützen, sich über ihre Motivation in Bezug auf Holacracy klar zu werden und diese gegenüber der Belegschaft deutlich zu kommunizieren und vor allem zu *demonstrieren* – durch eine stärkere Dezentralisierung der einflussreichen Rollen über mehr Personen.

Wenn nicht ein unbewusstes Kontrollbedürfnis, sondern schlichtweg Mangel an hinreichend kompetenten Rollen-Leads das zugrundeliegende Problem ist, dann sollte die Organisation solche rekrutieren oder intern ausbilden, so dass eine Rollendezentralisierung gefahrlos möglich wird. So kann z. B. durch Doppelbesetzung dieser Rollen mit klaren und über die Zeit wechselnden Fokusbereichen (z. B. zunächst »unterstützend«) eine Art fachliches Mentoring erzeugt werden, welches neuen Rollen-Leads erlaubt, schrittweise in die Aufgaben hineinzuwachsen.

2.12.7.2 Zur Wirkung der Eigentumsverhältnisse auf die Arbeit mit Holacracy

Trotz aller besten Absichten in Bezug auf Gleichheit und Augenhöhe gibt es ein Substrat *unterhalb* der Regeln der Verfassung, welches die zwischenmenschliche Matrix mal mehr, mal weniger subtil verzerrt. Es geht um die Frage der rechtlichen Konstrukte und der Eigentumsverhältnisse der Organisation. In konventionellen Rechtsformen erschafft das automatisch unterschiedliche »Klassen« von Mitarbeitenden, die sich realistisch gesehen nicht auf Augenhöhe miteinander befinden (Arbeitgeber und Arbeitnehmer). Wohl und Wehe von Holacracy ist zudem abhängig davon, dass es von den Mächtigen gewollt ist. Sie können jederzeit den Stecker ziehen oder die Regeln von Holacracy brechen, die sie sich selbst auferlegt haben.

Wie man damit umgehen sollte: Holacracy-Coaches sollten sicherstellen, dass die Eigentümer so bald wie möglich die Holacracy-Verfassung ratifizieren und sich auf diese Weise öffentlich dazu bekennen, dass sie sich an diese Regeln binden wollen und dass man sie daran messen darf und soll – zumindest so lange, bis sie es sich wieder anders überlegen.

Falls es sinnvoll und verhältnismäßig erscheint, kann die betreffende Organisation in Erwägung ziehen, sich in ein *»For-Purpose Enterprise« (FPE)*[98] oder ein ähnliches Konstrukt umzuwandeln, in dem alle Mitarbeitenden rechtlich gesehen Miteigentümer und »Geschäftsführer« der Organisation sind, was die rechtliche Zweiklassengesellschaft eliminiert. Das ist allerdings ein relativ radikaler Schritt, der aktuell für die meisten holakratisch operierenden Organisationen mit vielerlei Hürden verbunden ist. Zudem möchte nicht jeder Mitarbeiter gleich auch zum Mitunternehmer werden – mit allen Chancen, aber eben auch allen Risiken, die das mit sich bringt.

Gleichzeitig ist abzusehen, dass die Legislative in der Zukunft neue, innovative Rechtsformen auf den Weg bringen wird, die dem Anliegen entgegenkommen werden, nicht nur die Arbeit, sondern auch das Eigentum auf den Sinn und Zweck auszurichten. Dies würde die Rahmenbedingungen der Holacracy-Praxis wesentlich verbessern.[99]

2.12.7.3 Zum Nachbau einer Führungshierarchie in Holacracy in größeren Organisationen

Große Arbeitgeber, z. B. Konzerne, stehen vor der Herausforderung, bei mehreren hunderten oder tausenden Mitarbeitenden ihren gesetzlichen Fürsorgepflichten nachzukommen und klassische HR-Funktionen sauber abzubilden. Sinnigerweise baut man dann eine Pyramide von personalverantwortlichen Rollen auf, so dass sichergestellt ist, dass jeder Mitarbeiter mindestens einem Ansprechpartner der Organisation zugeordnet werden kann. Das Problem ist, dass es hierbei zu einer Machtkonzentration und einem Machtmissbrauch kommen kann und eine Beziehungsdynamik aufrechterhalten wird, die zwar auf guten Absichten beruht, aber schlussendlich häufig gelernte Hilflosigkeit fördert.

Wie man damit umgehen sollte: Die Mitarbeitenden sollten ermutigt werden, ihre Spannungen in Bezug auf die Art und Weise, wie diese Prozesse in ihrer Firma abgebildet sind, zu verarbeiten, indem sie Vorschläge machen, um schrittweise mehr Kontrollmechanismen und Verteilung der entsprechenden Verantwortlichkeiten auf mehr Personen zu erwirken und/oder wirkungsvolle *Peer-to-peer*-Prozesse zu entwickeln, die den negativen Folgen einer Machtkonzentration entgegenwirken. Vorlagen für funktionierende Alternativen in Form von »Governance-Apps« sollten in der Gemeinschaft der Praktizierenden ausgetauscht, kritisch diskutiert und den Organisationen, die gerade erst mit Holacracy begonnen haben, von Holacracy-Coaches als Beispiele zur Verfügung gestellt werden.

---

98 Siehe Aschenbrenner 2019

99 Siehe z. B. Brors, P. (2021, 25. November). Im Koalitionsvertrag findet sich die Rechtsform der Zukunft: Die künftige Bundesregierung will die Unternehmenskultur in Deutschland um eine neue Gesellschaftsform bereichern. Das Anliegen ist richtig und wichtig. Handelsblatt. Abgerufen am 26. Juli 2023, von https://www.handelsblatt.com/meinung/kommentare/kommentar-im-koalitionsvertrag-findet-sich-die-rechtsform-der-zukunft/27833666.html

Governance-Apps

Governance-»Apps« sind Lösungen für Standardprobleme von Organisationen (z. B. Einstellungs- und Gehaltsprozesse, Entlohnung etc.). Sie codieren in Form der Bausteine von Governance (z. B. bestimmten Rollen, Domänen oder Prozessen, die in Richtlinien beschrieben sind) notwendige Strukturen und Vorgehensweisen, um diese Themen zu lösen. Weil Holacracy durch die Verfassung eine einheitliche Formensprache ermöglicht, können diese Anwendungen als nützliche Muster aus anderen holakratischen Organisationen importiert und lokal auf die eigenen Bedürfnisse angepasst werden. Durch diese Apps kann organisationsübergreifendes Lernen in der Holacracy-Praxisgemeinschaft gefördert werden.

2.12.8 Zur mangelnden Holacracy-Praxisreife

Durch die Forschung zeigt sich implizit, dass das Niveau der Holacracy-Praxisreife einen entscheidenden Einfluss darauf hat, ob und in welchem Maße die Kernkonzepte von Holacracy verstanden, beachtet und zweckmäßig angewendet werden. Das gilt insbesondere für Aspekte wie

- die inverse Befugnisstruktur,
- die Wirkweise des Sinn und Zwecks einer Rolle in Zusammenhang mit der Befugnis zur Auslegung durch den Rollen-Lead,
- die Vermeidung anlassloser Formalisierung,
- Nuancen im Verständnis der Moderation der Meeting-Prozesse etc.

Alle diese Dinge zu erlernen ist relativ aufwendig und geschieht nur mithilfe konsistenter Hinwendung und unterstützender Systeme.

Wie man damit umgehen sollte: Die Organisation als Ganzes sollte den Grad ihrer Holacracy-Praxisreife in verschiedenen Dimensionen regelmäßig reflektieren oder ggf. durch kompetente Beobachter von außen erheben lassen. Die Analyse des Ist-Zustandes sollte dann mit den konkreten Zielen abgeglichen und vergemeinschaftet werden. Die Mitarbeitenden sollten diesbezügliche Ziele definieren und die daraus resultierenden nächsten Schritte und Projekte für sich ableiten und sich stützende Strukturen aufbauen, so dass Verbesserungen in dieser Hinsicht keine frommen Wünsche bleiben, sondern zu einem kontinuierlichen Teil der Arbeit der Organisation werden, der die dafür nötigen Rollen, Ressourcenallokation und Priorität bekommt.

Ebenso sollten Erfolge sichtbar gemacht werden. Wo funktioniert es leichter? Wo arbeitet man effizienter als vorher? Wo geht es schneller, weil man selbst entscheiden und handeln darf? Über diese Aspekte zu reflektieren kann Motivation für weitere Beteiligung und Reifung der Praxis schaffen. Wenn alle Mitarbeitenden die Vorteile der Praxis verstehen, so schafft das größere Akzeptanz für den Aufwand, den die Umstellung auf Holacracy nach sich zieht.

Stützende Strukturen können z. B. intern geschaffene »Holacracy-Coach«-Rollen sein, deren Sinn und Zweck es ist, das Niveau der internen Holacracy-Praxis hoch zu halten, indem z. B.

regelmäßig Lernbedarfe ermittelt, Schulungen organisiert werden etc. Es kann zudem hilfreich sein, gewisse Ausbildungsstandards für Prozessmoderatoren festzuschreiben, da diese Rolle einen entscheidenden Einfluss auf die Qualität der Praxis in den Kreisen hat. Anbei ein Vorschlag für eine entsprechende Governance-App, die diese Aspekte abbildet.

Governance App: »Holacracy-Coach«-Rolle + Richtlinie für Prozessmoderatoren

Neue Rolle: Holacracy-Coach

Sinn und Zweck: Eine exzellente Holacracy-Praxis für [Name der Organisation]

Verantwortlichkeiten:

- Mitarbeitende bei Aufbau und Pflege einer wirkungsvollen Praxis unterstützen
- Fragen zur Holacracy-Praxis beantworten
- Lernbedarfe der Mitarbeitenden ermitteln
- Holacracy-Schulungen organisieren
- jährlich einen Holacracy-Praxis-Check durchführen

Neue Richtlinie: Ausbildungsstandards für die Rolle Prozessmoderator*in

Beschreibung:

Keine Person darf dauerhaft die Rolle Prozessmoderator*in ausfüllen, die zuvor nicht ein Holacracy-Praxis-Training absolviert hat. Wer in die Rolle gewählt wird, ohne ein solches Training erhalten zu haben, der muss sich bereit erklären, ein solches Training innerhalb von drei Monaten nach der Wahl nachzuholen. Andernfalls muss eine andere Person gewählt werden. Ist das Training bis dahin nicht erfolgt, muss eine Neuwahl angestoßen werden.

2.12.9 Zu Ausweichmustern und Unterlaufen der Regeln

Stefan Kühl hebt zurecht die relative Funktionalität der von ihm beobachteten Schattenstrukturen hervor – mit Luhmann gesprochen »brauchbare Illegalität«.[100] Man möchte auf inoffiziellem Wege etwas bewirken, was man (vermeintlich) nicht auf dem offiziellen Wege unter Beachtung der Spielregeln der Verfassung bewirken kann. Also geht man in den Untergrund und nutzt die aus konventionellen Organisationen bekannten Schleichwege und zwischenmenschlichen Seilschaften, um seine Ziele zu erreichen. (Ja, tatsächlich, es gibt sie überraschenderweise auch *dort*, nicht nur in Holacracy!) Man wird in klassischen Hierarchien geradezu dazu erzogen, Politik zu machen, um Einfluss zu nehmen und Karriere zu machen. Doch nur weil Holacracy alternative Mittel und Wege anbietet, um die Organisation zu beeinflussen, heißt das natürlich noch nicht, dass diese Optionen unter den Akteuren bereits bekannt oder sogar schon eingeübt wären. Neue Pfade müssen gelernt und alte Muster müssen aktiv verlernt werden.

Wie man damit umgehen sollte: Ihrer Natur nach finden Schattenmuster im Verborgenen statt. Auf Dinge, von denen man nichts weiß, kann man natürlich auch nicht angemessen antwor-

100 Siehe Luhmann, N. (1995). Funktionen und Folgen formaler Organisation: mit einem Epilog 1994. (Ursprünglich veröffentlicht 1962), S. 304 ff.

ten.[101] Falls man sie aber doch bemerkt, dann wäre es aus meiner Sicht wichtig, die Regelabweichungen zu de-kriminalisieren und die Motive dafür im jeweiligen Team offen zu diskutieren.

Wenn nun eine Person »schattenpolitisches« Verhalten zeigt, dann sollte man entsprechend des allgemein vorherrschenden Goodwill-Ethos des Selbstmanagements zunächst einmal grundsätzlich eine gute Intention bzw. schlichtweg eine Unkenntnis der in Holacracy zur Verfügung stehenden Möglichkeiten voraussetzen. Oftmals kann man in Holacracy wesentlich mehr auf offiziellem Wege bewegen, als man gemeinhin denkt. Die Person sollte die Gelegenheit erhalten, ihre Absichten zu erklären.

Hier ein Beispiel zur Illustration: Vielleicht hat eine Person eine Richtlinie gebrochen, die besagt, dass nur die Rolle »Key Account« bestimmte Dinge für Großkunden tun darf. Doch als der Kunde sich mit einem Notfall-Thema meldete, war es Freitagnachmittag und die zuständige Kollegin war bereits im Wochenende und nicht mehr erreichbar. Solche unvorhersehbaren Dinge geschehen nun mal. Die Person vertraute ihrem eigenen Urteil und hat die angefragte Aktion selbst veranlasst und somit eine explizite Regel der Organisation gebrochen, was sie daher normalerweise verheimlicht.[102]

In so einem Fall treffen z.B. die Bedingungen für die Regel der »individuellen Initiative« (Holacracy-Verfassung v5.0, Art. 4.3) auf die Situation zu, d.h. die Person hat nur *fälschlicherweise* angenommen, dass ihre Aktion außerhalb des Erlaubten in Holacracy liegt. Dabei zeigt sich bei genauerem Hinsehen manchmal, dass es eigentlich doch »legal« war, weil die Verletzung bestimmter Regeln mit der Absicht erfolgte, die Organisation vor größerem Schaden zu bewahren. Die Heimlichtuerei war also überflüssig. Für genau diese Fälle gibt es in Holacracy eben diese Regel in der Verfassung, die erklärt, unter welchen Umständen Handeln *außerhalb* der Befugnisse der Rolle bzw. das Brechen der Regeln der Verfassung *zulässig ist.* Die Organisation vor größerem Schaden bewahren zu wollen, ist ein Teil dieser Kriterien. Nur ist die Regel leider oft in holakratischen Organisationen relativ unbekannt, da sie Ausnahmesituationen regelt, die naturgemäß selten vorkommen, und daher im Arbeitsalltag wenig Aufmerksamkeit bekommt.

Falls die Ursache des Verhaltens hingegen einfach nur die *Unkenntnis* der offiziellen Mittel und Wege war, wie man Spannungen in Holacracy lösen kann, so sollte die Person darüber aufgeklärt werden, welche verschiedenen Pfade zur Lösung ihrer Spannung ihr generell zur Verfügung stehen. Das Erlernen dieser neuen Wege ist eine Entwicklungsaufgabe, die alle im Team

101 Ansammlung von vielen einflussreichen Rollen bei wenigen Personen zählen daher also per definitionem nicht dazu, denn sie sind für alle öffentlich einsehbar.

102 Eine Kriminalisierung des Regelbruchs (der ja aus Sicht der Person eigentlich mit der besten Absicht erfolgte, die Organisation vor noch größerem Schaden zu bewahren) und eine damit einhergehende Verheimlichung einer individuellen Initiative hat den Effekt, dass die Organisation keine »lernende« Organisation werden kann, sondern eine »dumme« Organisation bleiben muss. Die Holacracy-Verfassung anerkennt daher im Voraus, dass Menschen situativ ihren gesunden Menschenverstand anwenden werden, wenn Regeln in Ausnahmesituationen hinderlich werden. Die Entkriminalisierung des Regelbruchs fördert somit die Transparenz und das Lernen.

gemeinsam gehen müssen. Im oben erwähnten Modell der vier Räume (Kap. 2.3) betrifft das sowohl den *individuellen* Raum als auch den *zwischenmenschlichen* Raum. Es ist entscheidend, kollektive Räume zu schaffen, in denen Individuen ihre Holacracy-Lernreise miteinander reflektieren und sich gegenseitig dabei unterstützen können. Denn vielfach geht es dabei nicht nur um das Erlernen einer neuen Arbeitsweise, sondern um die Ausbildung einer neuen *Identität*. Wer bin ich, wenn ich keine Führungskraft mehr bin? Wie löse ich meine Herausforderungen, wenn ich mich nicht mehr bei meinem Chef rückversichern kann? Wenn Menschen keine Unterstützung bei der Transformation erhalten, so ist die Chance natürlich wesentlich größer, dass sie auf altbewährte Muster und Taktiken zurückgreifen.

Nur falls sich *wiederholt* zeigen sollte, dass das politische Verhalten eigenen Interessen und einer persönlichen Agenda diente, anstatt den Interessen der Organisation, sollte man (nach Ausschluss der o.g. Optionen) ganz unromantisch zu den klassischen Eskalationsmethoden von Ermahnung, Abmahnung und ultimativ Kündigung greifen. Das mag den einen oder die andere überraschen. Gleichzeitig ist es wichtig zu verstehen, dass, wenn sich die Organisation für Holacracy als Spielregeln entschieden hat, dass das wiederholte, willentliche Unterlaufen dieses Standards auf Dauer Konsequenzen für die Mitgliedschaft in der Organisation haben muss (wie in klassischen Organisationen auch). Andernfalls signalisiert man, dass man es nicht sonderlich ernst damit meint, und ermuntert Nachahmer. Die Eigentümer der Organisation sollten somit ein ureigenes Interesse daran haben, den Raum, den sie mit der Einführung von Holacracy geschaffen haben, gegen Verletzung zu schützen. Daher ist es absolut verheerend, wenn sie *selbst* diejenigen sind, die willentlich die Regeln brechen, weil es doppelte Botschaften darüber sendet, was letztlich gelten soll.

Abgesehen von diesen Punkten sollte die Gemeinschaft der Holacracy-Praktizierenden versuchen, den Wert von typischen Ausweichmustern und Regelbrüchen für die Organisation zu identifizieren (sofern möglich), die dahinterstehenden Bedürfnisse zu verstehen (sofern legitim) und als Spannungen in die Überarbeitung der nächsten Version der Holacracy-Verfassung mit einzubeziehen. Wenn sich z.B. zeigen sollte, dass die »Ausdifferenzierung von Abteilungen mit klarer Zuordnung von Personen« total zweckmäßig ist, weil es sicherstellt, »dass sich Organisationsmitglieder auf ein Unterziel der Organisation konzentrieren können, ohne dass ihre Aufmerksamkeit durch andere Unterziele der Organisation abgelenkt wird«, wie Kühl konstatiert[103], so könnte man überlegen, wie die Spannung dahinter sinnvoll *innerhalb* der Regeln der Holacracy-Verfassung gelöst werden kann bzw. wie diese modifiziert werden müssten, so dass es nicht im Schatten erfolgen muss. Der Punkt ist: Wenn in der Praxis dauernd Trampelpfade *neben* der Straße entstehen, dann sollte man vielleicht einige davon gleich asphaltieren und integrieren. So manche »brauchbare Illegalität« kann dann vielleicht zu »brauchbarer Legalität« werden.

103 Kühl 2023a, S. 82

2.12.10 Zu Hype und Weltrettungsfantasien

Eine distanzierte Außensicht auf den Management-Diskurs, wie Kühl sie bietet, offenbart die teilweise überzogenen Heilserwartungen, die an Holacracy, »Teal-Organisationen« und ähnliche Managementpraktiken gerichtet werden. Er hebt dabei die Ähnlichkeiten von Managementmoden mit Religionen hervor, was insbesondere die Aspekte von Sinnhaftigkeit, persönlicher Entwicklung, Katastrophen- und Erlösungsszenarien und ihren geradezu »kulthaften« Charakter betrifft.[104] Sie geraten für ihre Anhänger leicht zur positiven Projektionsfläche, wodurch ihre Wirksamkeit innerhalb der jeweiligen Diskursblase generell *überschätzt* wird. Freilich werden sie dafür im Gegenzug von einigen Forschenden auch systematisch *unterschätzt* – ausgleichende Gerechtigkeit, wenn man so will. Doch leider ergeben zwei Falschheiten zusammengenommen noch keine Wahrheit.

Wie man damit umgehen sollte: Aus meiner Sicht sollten holakratische Organisationen bei der Einführung unbedingt darauf achten, dass sie gegenüber den Mitarbeitenden nicht nur die erhofften Vorteile betonen, sondern auch darauf hinweisen, dass der Lernweg anspruchsvoll sein kann und dass es vermutlich einige Aufs und Abs geben wird, dass es sich aber unterm Strich lohnt, diese in Kauf zu nehmen. Mit anderen Worten: Sie sollten ein realistisches Erwartungsmanagement betreiben und neben Vorteilen auch früh auf typische Fallstricke hinweisen und ein Bewusstsein über mögliche Fehlentwicklungen schaffen. Jede echte Praxis braucht Übung, damit sie gelingt.

Die Begeisterung für eine neue Managementmethode ist natürlich nicht nur negativ zu bewerten. Sie kann dabei helfen, den notwendigen Veränderungsschub zu erzeugen, um die Gravitationskräfte des konventionellen Managements zu überwinden und sich *überhaupt* auf die Lernreise zu begeben. Wir alle wollen das Gefühl haben, dass wir in einer großartigen Organisation arbeiten, die einen echten Unterschied in der Welt macht. Es ist also nicht *per se* verwerflich, wenn Organisationen die Einführung von Holacracy zu einem Teil dieser Narration machen.

Allerdings ist gleichzeitig auch ein angemessenes Maß an Demut zu empfehlen, denn bevor man die Welt im Ganzen in Ordnung bringen will, sollte man erst mal lernen, vor der eigenen Tür zu kehren. Optimismus und Begeisterungsfähigkeit in allen Ehren, aber auch sie befinden sich auf einem Spektrum, das gut austariert werden will. »Mal eben schnell die Welt retten« zu wollen, verfehlt diesen Anspruch mit Sicherheit.

104 Kühl 2023a, S. 98

2.12.11 Zur größeren Komplexität aufgrund von mehr Rollen

Ein weiterer Aspekt, der bei Kühl nicht näher genannt wird, der größeren Vollständigkeit halber aber ergänzt werden sollte, betrifft die Probleme, die aus der erhöhten Anzahl von Rollen entstehen. Dazu schreiben Bernstein et al.:

> »Obwohl Studien zu den Auswirkungen selbstverwalteter Teams auf das Mitarbeiterengagement gemischte Ergebnisse gezeigt haben, sind selbstverwaltete Organisationen ausdrücklich darauf ausgelegt, Hindernisse für den täglichen Fortschritt bei der Arbeit aller zu beseitigen und Kollegen als positive ›Katalysatoren‹ füreinander einzusetzen. Unter der Annahme, dass der Zusammenhang bestätigt ist, stellt sich die Frage, ob die Verlagerung von traditionellen Jobs zu einer größeren Anzahl von Mikrorollen ein Nettovorteil ist. Möglicherweise ja – aber die Ausweitung der Rollen hat auch Kosten. Es entstehen drei Arten von Komplexität, die alle mit dem Humankapital zusammenhängen: Erstens erschwert es die tatsächliche Erledigung der Arbeit, da die Mitarbeiter mit der Fragmentierung zu kämpfen haben. [...] Zweitens erschweren so viele Rollen die Vergütung. Wenn Menschen ihre persönlichen Rollenportfolios zusammenstellen, wird es schwierig, klare Benchmarks oder Marktpreise zu finden. [...] Drittens erschwert die Rollenvielfalt die Einstellung von Mitarbeitern sowohl im Unternehmen als auch für bestimmte Rollen.«[105]

Auf der einen Seite bietet Holacracy den Mitarbeitenden die spannende Möglichkeit, ihre verschiedenen Talente und Fähigkeiten über ein Spektrum von Rollen zu verteilen und sich dadurch weiterzuentwickeln. Es ist allerdings nicht von der Hand zu weisen, dass mit der Zahl der Rollen auch die Komplexität beträchtlich ansteigt.

Wie man damit umgehen sollte: Um das Problem der *Rollen-Fragmentierung* einzudämmen, muss in der Organisation überhaupt erst mal ein kollektives Bewusstsein über diesen möglichen Fallstrick geschaffen werden. Man kann ja nur auf etwas antworten, dessen man sich überhaupt gewahr ist. Hier empfiehlt es sich, regelmäßig über die folgenden Fragen zu reflektieren: *Welche meiner Rollen energetisiere ich momentan hauptsächlich? Welche meiner Rollen sind gerade eher Nebenrollen? Habe ich zu viele Rollen angenommen? Welche Rollen vernachlässige ich und sollte ich daher besser abgeben? Welche meiner Rollen sind mittlerweile überflüssig geworden und sollten vielleicht gelöscht werden? Welche anderen Rollen reizen mich?* Jede Rollenkonstellation, jeder Mitarbeiter und jede Rolle sind einzigartig. Es gibt hierbei entsprechend keine pauschal »richtigen Antworten« – oder in Beratersprech ausgedrückt: »Es kommt darauf an«.

Zudem sollte die Organisation sicherstellen, dass alle Mitarbeitenden das notwendige Knowhow haben, um die Arbeit ihrer Rollen in Form von Projekten und nächsten Schritten in einem verlässlichen System nachzuhalten, wie es in Artikel 2, Regeln der Zusammenarbeit, gefordert

105 Bernstein et al. 2016, eigene Übersetzung

wird. Mit anderen Worten: jeder sollte in der Lage sein, seine Arbeit selbst zu organisieren, z. B. mit einem System wie *Getting Things Done* (GTD) von David Allen, dessen Prinzipien in die Verfassung eingeflossen sind.[106] Je mehr Rollen die Mitarbeitenden gleichzeitig jonglieren, desto unwahrscheinlicher wird es, dass sie ohne ein »externes Gehirn« einen guten Überblick über die verschiedenen Projekte behalten und sie sinnvoll gegeneinander priorisieren können. Ohne ein verlässliches System ist es kein Wunder, dass man den Überblick verliert und dass es zu Stress und (Selbst-)Überforderung kommt.[107]

Was das Problem der *Vergütung* in rollenbasierten Kontexten betrifft, so können sich holakratische Organisationen an Organisationen orientieren, die ihre Vergütungsmodelle in Form von »Governance Apps« mit der *Holacracy Community of Practice* teilen, z. B. *encode.org*, *Spindle*, *Voys*, *rising systems AG*, oder *Xpreneurs*. Man sollte vor allem den Fehler vermeiden, das Gehalt an spezifische Rollen knüpfen zu wollen, um unausgewogene Anreize zu vermeiden, die der Organisation als Ganzes schaden. Die meisten dieser Systeme basieren daher auf Stufenmodellen, wie dem Baarda-Modell[108], die mit Beschreibungen von verschiedenen Stufen beobachtbarer Fähigkeiten und Qualifikationen arbeiten, welche für die betreffende Organisation relevant sind. Hieraus ergeben sich verschiedene Karrierestufen, z. B. von »unterstützend«, »kompetent« bis hin zu »erfahren«, welche in Kombination mit Kernfähigkeiten verschiedene Entwicklungspfade und Gehaltsabstufungen abbilden.

Was schließlich das Thema *Recruiting* für eine rollenbasierte Organisationsform betrifft, können sich holakratische Organisationen auch hier wieder von der *Holacracy Community of Practice* inspirieren lassen und entsprechende Governance Apps ausprobieren und weiterentwickeln. Insgesamt stellen die aus der Rollenvielfalt resultierenden Schwierigkeiten letztlich kein unüberwindbares Hindernis für holakratische Organisationen dar, die sich dieser Themen bewusst sind, aktiv nach Lösungen dafür suchen und mit verschiedenen Ansätzen experimentieren.

2.13 Zusammenfassung

Ich habe jetzt die folgenden vierzehn Kritiken an Holacracy erörtert, diskutiert, sowie alternative Sichtweisen und Tipps für den Umgang in der Praxis darauf aufgezeigt:

- »Hyperformalisierung«
- »Role over Soul«
- »Formalitätsruinen«

106 Allen, D. (2015). Getting Things Done: The Art of Stress-Free Productivity. Penguin.

107 Ich kann mich noch gut daran erinnern, wie ich mich als Jugendlicher lange dagegen verwehrt habe, einen simplen Terminkalender zu pflegen. Doch sobald ich irgendwann meinen Widerstand dagegen aufgegeben und alle meine Termine in einem verlässlichen System außerhalb meines Geistes geparkt hatte, fiel ein großer Teil meines Stresses weg, mich an wichtige Termine zu erinnern. Dasselbe Prinzip wird in GTD auf Projekte und nächste Schritte ausgedehnt. Es ist eine merkliche Entlastung zu wissen, wo man Dinge wiederfinden kann.

108 Siehe https://bureaubaarda.nl/en/modelbaarda/ und Koetze, W. & Strenge-Duursma, A. (2022, 11. Juli). 5 Jahre Holokratie: Diese 5 Lektionen haben wir gelernt. Voys Blog. Abgerufen am 27. Juni 2023, von https://www.voys.co/de/blog/5-jahre-holokratie-diese-5-lektionen-haben-wir-gelernt/

- Mitarbeitende, die sich hinter vielen Rollen verstecken
- die Erstickung von Initiativen
- »Dienst nach holakratischer Vorschrift«
- der alles verzehrende Sinn und Zweck und »Teal-Washing«
- Überbetonung der Bedeutung von Meetings
- »Erosion der holakratischen Meetings«
- »Starrheit der holakratischen Organisationsprinzipien«
- »die Ausbildung von Schattenstrukturen« (Personenhierarchien, Eigentumsverhältnisse, Rechtskonstrukte, Nachbau von Führungshierarchien und Machtmissbrauch)
- Ausweichmuster und Unterlaufen der Regeln
- Hype und Weltrettungsfantasien
- eine größere Komplexität aufgrund von mehr Rollen

Die Forschungsergebnisse haben einen wertvollen Anlass geschaffen, um sich diese Themen im Detail anzuschauen und sich aus der Praxissicht auf konstruktive Weise mit ihnen auseinanderzusetzen. Wenn man sich die Ursachen für den potenziell problematischen Charakter der beschriebenen Phänomene genauer ansieht, dann kann man daraus grob fünf verschiedene Kategorien bilden:

- Probleme, die aus mangelnder Praxisreife entstehen
- Probleme, die aus Missverständnissen der Grundkonzepte von Holacracy entstehen
- Scheinprobleme, die nur aus der Entfernung problematisch erscheinen, aber in der Praxis keine Rolle spielen
- Probleme, die aus der gewohnheitsmäßigen Fortführung alter Muster entstehen
- Probleme, die zwangsläufig als nicht intendierte Nebenfolgen der Holacracy-Praxis entstehen

In der folgenden Tabelle habe ich versucht, die diskutierten Phänomene den fünf Kategorien zuzuordnen. Teilweise fallen die Phänomene in mehrere Kategorien gleichzeitig.

Phänomen	Ursache für den problematischen Charakter des Phänomens				
	mangelnde Praxisreife	Missverständnis	Scheinproblem	gewohnheitsmäßige Fortführung alter Muster	zwangsläufige, unintendierte Nebenfolge von Holacracy
»Hyperformalisierung«	X	X			
»Role over Soul«			X		
»Formalitätsruinen«	X	X			
Mitarbeitende, die sich hinter vielen Rollen verstecken				X	
Erstickung von Initiativen			X	X	

Phänomen	Ursache für den problematischen Charakter des Phänomens				
	mangelnde Praxisreife	Missverständnis	Scheinproblem	gewohnheitsmäßige Fortführung alter Muster	zwangsläufige, unintendierte Nebenfolge von Holacracy
»Dienst nach holakratischer Vorschrift«			X	X	
der alles verzehrende Sinn und Zweck und »Teal-Washing«			X		
Überbetonung der Bedeutung von Meetings	X	X			
»Ausbildung von Schattenstrukturen«	X			X	
Ausweichmuster und Unterlaufen der Regeln	X	X		X	
Hype und Weltrettungsfantasien		X			
größere Komplexität aufgrund von mehr Rollen					X

Tabelle 1 – Typen von Ursachen für potenzielle Probleme der Holacracy-Praxis

Dabei fällt auf, dass der Großteil der potenziellen Probleme aus einem Mangel an Praxisreife (5) oder aus einer gewohnheitsmäßigen Fortführung der Muster der alten Managementhierarchie (5) herrührt. Der Rest basiert auf Missverständnissen (5) oder es handelt sich um reine Scheinprobleme (4), die die Praxis nicht wirklich behindern. In meiner Analyse habe ich nur eine einzige zwangsläufige, nicht intendierte Nebenfolge der Holacracy-Praxis identifizieren können – interessanterweise eine, die die Forschungsgruppe um Stefan Kühl *nicht* beschrieben hat: größere Komplexität aufgrund von mehr Rollen.

Alle der ernstzunehmenden, problematischen Phänomene sind meiner Erfahrung nach in der Praxis gut adressierbar, vorausgesetzt, dass die Organisation bereit ist, ausreichend Zeit und Geld in eine gründliche Ausbildung und professionelle Begleitung des Transformationsprozesses zu investieren. »There's no free lunch«, wie es so schön heißt, und ein tiefgreifender Paradigmenwechsel hin zu einer komplett anderen Befugnisstruktur, wie Holacracy ihn erfordert, ist nicht nebenbei zu haben.

Es ist daher auch nicht besonders ratsam, zu versuchen, Holacracy in der »Do-it-yourself«-Variante einzuführen[109] oder wenn es gerade besonders heiß hergeht. In jeder durchschnittlichen

109 Es gibt jedoch auch seltene Gegenbeispiele, in denen eine solche DIY-Transformation geglückt ist, z. B. die Düsseldorfer Firma rising systems, deren Gründer sich selbst ausbilden haben lassen und ihr Wissen dann intern weitergegeben haben.

Organisation gibt es normalerweise ohnehin potenziell mehr zu tun, als sie in der gegebenen Zeit bewältigen kann. Doch in Zeiten extremer operativer Überlastung, ist es nicht zu empfehlen, Holacracy einzuführen, da ansonsten der dafür notwendige Lernaufwand – den besten Absichten zum Trotz – zwangsläufig gegenüber kurzfristigen Anforderungen des Tagesgeschäfts geopfert wird. Holacracy ist generell gesprochen kein Rettungsring, den man einer Organisation zuwerfen kann, die sich gerade so eben über Wasser hält. Wenn man in der Metapher bleiben möchte, dann ist es eher wie ein gründliches Schwimmtraining, das genügend Vorlauf braucht, dafür aber mit der Zeit die typischen Rettungsringe überflüssig macht.

2.14 Holacracy als Allheilmittel?

Holacracy ist angetreten als Ersatz und Alternative für die klassische Managementhierarchie. Zu fragen, ob es für diese oder jene spezifische Organisation geeignet ist, ist also eine ähnlich gelagerte Frage, wie zu fragen, ob die klassische Managementhierarchie für dieselbe Organisation ein sinnvolles Betriebssystem darstellt oder nicht. Es gibt immer Trade-offs. Daher wäre es Unsinn zu behaupten, dass Holacracy ein Allheilmittel für jede Art von Organisation sei. Es kommt wie immer auf den Kontext an.

Letztlich ist auch Holacracy nur ein Mittel zum Zweck und kein Selbstzweck.

- *Was möchte die Organisation mit der Einführung erreichen?*
- *Was soll anders werden?*
- *Was ist die Definition von Erfolg in dieser Hinsicht?*

Die Größe und Art der Organisation ist ein nicht zu vernachlässigender Faktor. Reden wir von 3, 30, 300, 3.000 oder gar 30.000 Mitarbeitern, einem kleinen Startup, einem KMU oder einem Konzern? Und dann kommt es auch noch auf das spezifische Umfeld der Organisation an, wie Bernstein et al. beobachten:

> »Der Einsatz von Selbstmanagementprinzipien zur Gestaltung einer gesamten Organisation ist dann sinnvoll, wenn das optimale Maß an Anpassungsfähigkeit hoch ist – das heißt, wenn die Organisation in einem sich schnell verändernden Umfeld agiert, in dem die Vorteile schneller Anpassungen die Kosten bei weitem überwiegen, wo die falschen Anpassungen nicht katastrophal wären und die Notwendigkeit expliziter Kontrollen nicht bedeutend ist. Deshalb sind viele Start-ups Early Adopters. [...] Aber in zuverlässigkeitsorientierten Branchen wie dem Bank-Privatkundengeschäft und der Rüstungsindustrie herrschen hierarchische Strukturen vor, selbst wenn es Raum für Nischen-Wettbewerber gibt [...].«[110]

110 Bernstein et al. 2016, eigene Übersetzung

Die Fragen nach dem nötigen Maß der Anpassungsfähigkeit der Organisation und den Kosten für Fehler erscheinen mir in der Tat relevante Faktoren dafür zu sein, ob und wie sehr Holacracy dort in Zukunft zum Einsatz kommen wird. Natürlich kann man auch in Holacracy strikte Sicherheitsmechanismen und Prozessstandards definieren und in Form von Domänen und Richtlinien formalisieren. Doch wahrscheinlich wird allein schon die Tatsache, dass die Struktur weiterhin potenziell veränderlich bleibt, einige Organisationen aus einem eher konservativ bzw. defensiv agierenden Umfeld vor der Anwendung zurückschrecken lassen.

Aber es muss keine binäre Entscheidung *für* oder *gegen* Holacracy sein. Es geht vielmehr darum, nützliche Elemente zu übernehmen, die sich als hilfreich im eigenen Kontext erweisen. Wieder Bernstein et al.:

> **»Das richtige Maß an Selbstmanagement finden**
> Wie wir von selbstgemanagten Teams gelernt haben, verfehlen pauschale Argumente für oder gegen eine umfassende Anwendung der Prinzipien des Selbstmanagements einen wichtigen Punkt: Die meisten Organisationen, insbesondere große Konzerne, sollten diese Techniken teilweise und nicht vollständig übernehmen. Wir wären überrascht, wenn im Jahr 2030 mehr als 20% der Global 1000 ›teal‹ aussehen würden, um den Begriff von Frederic Laloux für ›ganzheitliche‹, evolutionäre, selbstgemanagte Organisationen zu verwenden. Aber wir wären auch überrascht, wenn mehr als 20% einige der Techniken in ihren Unternehmensrahmen nicht in erheblichem Maße nutzen würden.«[111]

2.14.1 Modularität: nicht »ob« Holacracy, sondern »wie viel?«

Ich teile die ausgewogene Einschätzung der Autoren dieses Harvard-Business-Review-Artikels. Mit den Neuerungen, die die Holacracy-Verfassung in ihrer Version 5.0 ausgerollt hat, ist es nunmehr auch möglich, nützliche Bausteine aus Holacracy, z.B. die Definition von Rollen und Kreisen, die Regeln der Zusammenarbeit oder Tactical Meetings etc. Stück für Stück, Artikel für Artikel zu begutachten und modular in der Organisation zum Einsatz zu bringen.

Diese Veränderung hat bei Brian Robertson interessanterweise auch zu einer Veränderung der Rhetorik gegenüber dem klassischen Management geführt. Betonte er in den frühen Jahren von Holacracy noch stark die *Abgrenzung* dazu, so treten mit größerer Reifung der Methode, mittlerweile verstanden als eine Spielart »konstitutionellen Managements« (gemäß B. M. Chiquet), die *Gemeinsamkeiten* bzw. die gemeinsamen Interessen mehr in den Vordergrund. Beide Systeme wollen letztlich auf gute, effiziente Weise die Arbeit organisieren und sie gut »managen«. Die Herausforderungen sind dieselben, sie werden nur auf unterschiedliche Weisen angegangen.

111 Bernstein et al. 2016, eigene Übersetzung

Gutes Management im klassischen Sinne bedeutet demnach für Robertson, dass man die Arbeitsbereiche, Aufgaben, Rollen und Zuständigkeiten für seine Untergebenen klärt – in Holacracy realisiert durch Artikel 1, »Organisationsstruktur«. Ferner hieße gutes Management, klare Spielregeln und generelle Erwartungen darüber aufzustellen, worauf man sich bei den Mitarbeitenden verlassen kann – realisiert in Holacracy durch Artikel 2, »Regeln der Zusammenarbeit«. Und wäre es nicht in jeder Organisation schöner, wenn die Meetings effizienter und schneller liefen? Artikel 3, »Tactical Meetings« liefert eine mögliche Antwort auf dieses Problem. Gute Manager klären in Robertsons Augen zudem für ihre Mitarbeitenden, wo die Befugnisse beginnen und wo sie enden, damit sie möglichst unabhängig von der Führungskraft arbeiten können und die Delegation von Arbeit effizient gelingen kann. In Holacracy werden diese Themen in Artikel 4, »Verteilte Befugnis« adressiert. Die Frage, wie man die bestehenden Strukturen und Erwartungen über das »Wie« der Zusammenarbeit verändern kann, stellt sich im klassischen Management zumeist nur an der Spitze der Organisation. Holacracy löst es durch Artikel 5 – »Governance-Prozess« anders, indem jedes Team einen klaren Prozess bekommt, mithilfe dessen es diese Änderungen schnell und zuverlässig *dezentral* erledigen kann, ohne von einem Manager abhängig zu sein.[112]

Manage*ment* ist weiterhin essenziell – Manage*r* sind es aus Sicht von Holacracy jedoch nicht mehr – oder eben weiterhin notwendig in dem Maße, wie man sich traut, andere Lösungsmuster für die verschiedenen Anwendungsfälle von Management auszuprobieren.

Ein entscheidender Teil dessen, was Holacracy managen hilft, sind fundamentale Polaritäten. Das ist das Thema des folgenden Kapitels.

112 Quelle: persönliche Kommunikation/interne Präsentation für Holacracy-Coaches, Mai 2022

3 Polaritätsmanagement und Holacracy

»Zwei Gefahren bedrohen die Welt:
die Unordnung und die Ordnung.«
Paul Valery

Um die Kritiken an Holacracy besser einordnen zu können, möchte ich eine übergreifende Perspektive auf Organisationen einführen, die ich als sehr aufschlussreich und hilfreich für die Praxis der Organisationsentwicklung erlebt habe – unabhängig davon, ob man nun mit Holacracy arbeitet oder nicht. Es handelt sich um **Polaritätsmanagement** von Barry Johnson, beschrieben in seinem Buch *»Polarity Management. Identifying and Managing Unsolvable Problems«*[113]. Diese Sichtweise auf Dynamiken in Organisationen kann meiner Meinung nach dabei helfen, sowohl die Ergebnisse der Forschungsgruppe um Kühl als auch Holacracy selbst umfassender zu verstehen und einzuordnen. Warum, das wird hoffentlich am Ende deutlich werden.

Johnson unterscheidet grundsätzlich zwischen *lösbaren* und *unlösbaren* Problemen. Was vielfach als potenziell lösbares »Problem« wahrgenommen wird, entpuppt sich in Wirklichkeit manchmal als eine zugrundeliegende *Polarität*, die prinzipiell *unlösbar* ist. Man kann Polaritäten zwar nicht *lösen*, man kann sie jedoch besser oder schlechter *managen*. Er nennt die folgenden Beispiele für typische Polaritäten in Organisationen[114]:

- Individuum – Team
- Zentralisierung – Dezentralisierung
- Wettbewerb – Kollaboration
- autokratisches Management – partizipatives Management
- individuelle Verantwortung – Verantwortung der Organisation

Johnson erklärt die Natur von Polaritäten wie folgt:

> »Zu managende Polaritäten sind Sets von Gegensätzen, die unabhängig voneinander nicht gut funktionieren können. Weil die beiden Seiten einer Polarität interdependent sind, kann man nicht eine als ›Lösung‹ auswählen und die andere vernachlässigen. Das Ziel der Polaritätsmanagement-Perspektive besteht darin, das Beste der beiden Seiten zu bekommen, während man die Begrenzungen jeder Seite vermeidet.«[115]

113 Johnson, B. (2014). Polarity Management: Identifying and Managing Unsolvable Problems. Amherst, Mass.: HRD Press. (Ursprünglich veröffentlicht 1992)

114 Johnson 2014, S. xvii

115 Johnson 2014, S. xviii, eigene Übersetzung

Polaritäten werden typischerweise mithilfe von Polaritätsdiagrammen illustriert, im Folgenden anhand des einfachen Beispiels der *Atempolarität*, die Johnson heranzieht, um grundlegende Überlegungen über Polaritäten zu verdeutlichen.[116]

Polaritätsdiagramme sind so aufgebaut, dass man die beiden Pole einer Polarität jeweils links (L) und rechts (R) gegenüberstellt. Die oberen Quadranten beschreiben jeweils die Vorteile bzw. Vorzüge eines jeden Pols (+), während die Nachteile eines jeden Pols in den unteren Quadranten aufgeführt werden (-). Die liegende 8, das Unendlichkeitssymbol in der Mitte, erinnert zum einen daran, dass die Bewegung zwischen den Polen unendlich fortführbar ist, zum anderen illustriert sie die konkrete Abfolge der Bewegungen zwischen den einzelnen Quadraten.

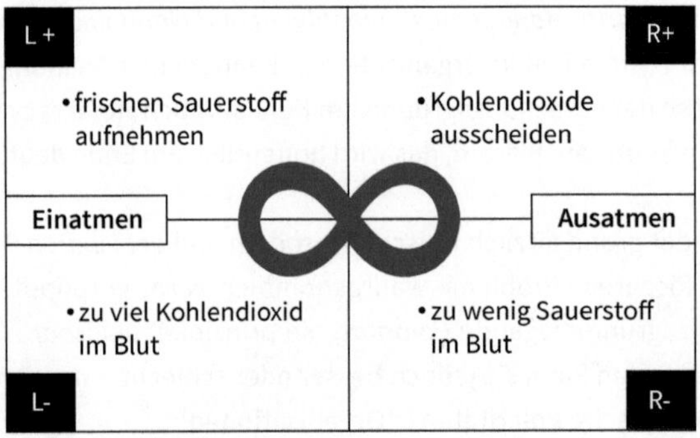

Abbildung 8 – Polaritätsdiagramm der Atempolarität

Der Kreislauf beginnt in der Regel in einem der beiden unteren Quadranten mit einem wahrgenommenen »Problem«, z. B. hier, dass zu wenig Sauerstoff im Blut ist. Die »Lösung« besteht dann in der Bewegung zum diagonal gegenüberliegenden, oberen Quadranten (L+). Aber natürlich ist das vermeintliche »Problem« damit nicht dauerhaft »gelöst«, denn es handelt sich nicht um ein *Problem*, sondern um eine *Polarität*, und man kann nicht für immer bei einem Pol bleiben, ohne dass sich dessen Nachteile einstellen. In diesem Fall sammelt sich nach dem Einatmen langsam Kohlendioxid im Blut an (L-). Das Verweilen auf der linken Seite wird immer unangenehmer, und irgendwann verspürt man das dringende Bedürfnis auszuatmen.

Die »Lösung« scheint nun im Pol »Ausatmen« zu liegen. Also bewegt man sich wieder zurück zum Ausgangspol. Doch wie man sich denken kann, stellen sich nach dem beherzten Ausatmen ziemlich bald die Nachteile dieses Pols ein, sobald sich der sinkende Sauerstoffgehalt im Blut (R-) bemerkbar macht. Man strebt wieder nach den Vorteilen des Einatmen-Pols (L+). Der Kreislauf hat sich geschlossen und man ist wieder da gelandet, wo dieses Beispiel begonnen hat. Weder Einatmen noch Ausatmen sind eine »Lösung«. Atmen ist ein natürlicher Prozess des kontinuierlichen Managements einer Polarität.

116 Vgl. Johnson 2014, S. 23, eigene Darstellung, dem Original nachempfunden. Polarity Map® ist eine eingetragene Marke von Barry Johnson & Polarity Partnerships, LLC. Kommerzielle Nutzung mit Genehmigung gestattet.

3.1 Polaritäten in Unternehmen: die atmende Organisation

Johnson weitet dieses Beispiel aus, indem er es auf eine fiktive Organisation überträgt, die sich entscheiden will, ob sie eine »einatmende oder eine ausatmende Organisation« sein sollte:

> »Nach schweren Verhandlungen und einigen geschickten politischen Manövern entscheiden sie sich, dass Einatmen definitiv die Welle der Zukunft ist. Eine lautstarke Ausatmen-Minderheit sagt, dass es ein großer Fehler ist, doch schließt sich am Ende einer uniformen Anstrengung des Einatmens an.
>
> Als die Leute anfangen blau anzulaufen, sagt die Ausatmen-Minderheit, ›Wir haben's euch doch gesagt!‹ Ein Umsturz an der Spitze erfolgt und ein Ausatmer wird eingesetzt, um die Operation zu retten. Einatmen war offensichtlich ein Fehler, und so wird Ausatmen zur offensichtlichen Lösung. So wird Ausatmen als die neue Ausrichtung für die kommende Dekade verkündet. […]
>
> Die Schwierigkeit besteht nicht im Einatmen oder Ausatmen. Beide sind essenziell. Die Schwierigkeit ist die Wahrnehmung, dass sie mit einem Problem zu tun haben, das gelöst werden kann, indem man entweder das eine oder das andere wählt. […]
>
> Genauso, wie es albern ist, Einatmen und Ausatmen als Problem zu sehen, das gelöst werden muss, ist es albern, persönliche, organisationale und internationale Polaritäten zu behandeln, als könnten sie gelöst werden statt gemanagt.«[117]

Dieses Beispiel illustriert auf amüsante Weise, wie offensichtlich falsch es ist, eine Polarität mit der herkömmlichen Problemlösungslogik anzugehen. Gleichzeitig macht es deutlich, wie viele der in Organisationen leidenschaftlich geführten Kreuzzüge für den einen oder anderen Pol einer Polarität als letztgültige »Lösung« eines Problems, von vorneherein zum Scheitern verurteilt sind, weil der größere systemische Kontext und der langfristige Zeithorizont nicht mitberücksichtigt werden:

- Soll sich die Organisation auf die Gewinnung von Neukunden konzentrieren oder lieber die Bestandskunden glücklich machen?
- Soll sie neue Produkte entwickeln oder die Energien lieber auf die Optimierung der aktuellen Produktionsprozesse richten?
- Soll sie neu benötigte Funktionen intern aufbauen oder doch lieber outsourcen?

Was uns beim Prozess der Atmung glasklar auffällt, das entgeht uns in Change-Prozessen in Organisationen nur allzu leicht – insbesondere, wenn sich die Nachteile einer bestimmten Intervention nicht so unmittelbar wie beim Atmen, sondern erst zeitverzögert nach Monaten oder Jahren einstellen. Was hier offensichtlich fehlt, ist das Bewusstsein für das *komplette Bild* – ein Blick auf *alle* vier Quadranten eines Polaritätsdiagramms, die Vor- und Nachteile beider Pole und die unvermeidliche Bewegung zwischen ihnen.

---

117 Johnson 2014, S. 21–22, eigene Übersetzung

3.1.1 Schlecht und gut gemanagte Polaritäten

Eine *schlecht* gemanagte Polarität erkennt man gut daran, dass die Organisation einen Großteil der Zeit in den Nachteilen eines jeweiligen Pols verbringt, dann relativ kurz zu den Vorteilen des anderen Pols wechselt, nur um danach schnell wieder bei den Nachteilen dieses Pols zu landen und dort wieder einen Großteil der Zeit zu verbringen. Wenn es dann wieder zur anderen Seite geht, ist der Aufenthalt in den Vorteilen wieder kurz, bis die Organisation schnell wieder in die Nachteile wechselt. Johnson erklärt die Dynamik dahinter wie folgt[118]:

> »Wenn die Polarität schlecht gemanagt würde, würde das System unnötig viel Zeit in einem oder beiden der beiden unteren Quadranten verbringen.
>
> Wenn die Kräfte, die (L) betonen wollen, alle Macht haben, ist es weniger wahrscheinlich, dass sie denen zuhören, die (R) befürworten. Das Ergebnis wird sein, dass zu viel Zeit in (L-) verbracht wird. Wenn das System sehr lange in (L) bleibt, wird es am Ende sowohl (L-) als auch (R-) erleben.
>
> Gelingt ein Kreuzzug von (L-) nach (R+) ohne angemessene Berücksichtigung von (L+) und (R-), findet sich das System schnell in (R-) wieder. Je länger und intensiver die Erfahrung des Systems von (L-) ist, desto größer ist die Unfähigkeit, (L+) und (R-) zu sehen. Und desto wahrscheinlicher ist es, dass das System wenig Zeit in (R+) verbringt und schnell zu (R-) übergeht. Je länger und intensiver die Erfahrung des Systems mit (L-) ist, desto eher wird es bereit sein, (R-) zu ertragen, weil die schmerzhaften Erinnerungen an (L-) großen Widerstand gegen alles hervorrufen, was nach (L) riecht.«

Wenn man sich schlecht und gut gemanagte Polaritäten visualisieren möchte, so könnte das ungefähr so aussehen:

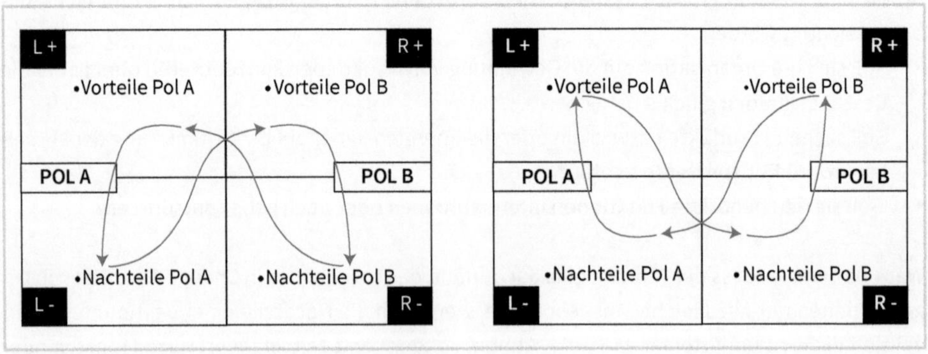

Abbildung 9 – Schlecht und gut gemanagte Polaritäten

Bei einer *gut* gemanagten Polarität verbringt die Organisation hingegen die meiste Zeit innerhalb der oberen Quadranten des Diagramms, d. h. in den Vorteilen der beiden Pole. Sobald sie

118 Johnson 2014, S. 248-249, eigene Übersetzung

einen »Dip« in die Nachteile eines Pols macht, wird dies schnell erkannt und es wird in Richtung des gegenüberliegenden Pols korrigiert, usw. Die Unendlichkeitsschleife verschiebt sich relativ zur Mitte *nach unten* in schlecht gemanagten Polaritäten und *nach oben* in gut gemanagten Polaritäten.

3.2 Progressive und konservative Dynamiken in Organisationen

Eine universal verbreitete Polarität, die Johnson immer wieder in Organisationen beobachtet, ist die Polarität zwischen Kräften, die er als »crusading« und »tradition-bearing« bezeichnet[119], oder in meinen eigenen Worten: »progressive« und »konservative« Ausrichtungen.

Veränderungsvorhaben werden von *progressiven* Stimmen angestiftet, die die Nachteile des aktuell von der Organisation betonten Pols sehr gut wahrnehmen können und für die die Vorteile des gegenüberliegenden Pols sehr attraktiv erscheinen. Also starten sie eine »crusade«, d. h. einen »Kreuzzug« in Richtung des gelobten Lands bzw. Pols.

Dem gegenüber stehen natürlicherweise die *konservativen* Kräfte, die Sorge haben, dass die Vorzüge des aktuell betonten Pols verloren gehen könnten, wenn man in die Nachteile desjenigen Poles rutscht, auf den die progressiven Kräfte drängen. Sie zeigen daher Widerstand gegen die Veränderung, weil sie die Vorteile des aktuellen Pols schützen und bewahren wollen.

Über die Zeit kann die Identität von progressiven und konservativen Stimmen wechseln, z. B. wenn die progressiven Stimmen in der Vergangenheit einen erfolgreichen Kreuzzug geführt haben. Dann werden sie selbst zu konservativen Kräften, die die erreichte Veränderung bewahren wollen. Die ehemals konservativen Kräfte hingegen werden zu progressiven Verfechtern eines erneuten Wechsels hin zu ihrem ursprünglich bevorzugten Pol. Darin steckt eine gewisse Ironie.

Diese Dynamik der Wechselbewegungen zwischen den Polaritäten wird allen offenbar, die eine Langzeitperspektive auf Organisationen einnehmen. Stefan Kühl beschreibt die zyklische Natur von Managementmoden wie folgt:

> »Wenn man sich die Diskussion über ›neue‹ Organisationsformen anschaut, dann kann man sich schwer des Eindrucks [Original: dem Eindruck] erwehren, dass alle Überlegungen schon einmal dagewesen sind. […]
>
> Weil im Managementdiskurs die immer gleichen Ideen von Selbststeuerung, Hierarchieabbau und Abteilungsdurchlässigkeit verlässlich in Zyklen von ungefähr zehn Jahren propagiert werden, ist es für Organisationswissenschaftler möglich, die gewollten und ungewollten Effekte der aktuell favorisierten Konzepte im Detail zu bestimmen. […]

119 Johnson 2014, S. 53

> Bei mir hat sich deswegen in den letzten Jahrzehnten ein pragmatischer Umgang ausgebildet, wenn Berater wieder eine vermeintlich neue Sau durch das Dorf der Manager treiben: Ich hole meine teilweise jahrzehntealten Texte über postbürokratische Organisationen heraus, ersetze lediglich die alten Begriffe durch die neuen und kann mir sicher sein, dass die Analysen nach wie vor zutreffen.«[120]

Man kann diesen Schilderungen entnehmen, dass Kühl eine gute Übersicht der Folgeerscheinungen der meisten typischen Polaritäten in Organisationen und der verschiedenen vermeintlich neuen »Lösungen«[121] und ihrer unvorhergesehenen Nachteile hat. Oder, einmal biblisch ausgedrückt: »Es gibt nichts Neues unter der Sonne.«

Eine solche Sichtweise hat Vor- und Nachteile. Sie kann in den oben beschriebenen Fällen zwar effizient sein, aber wenn *wirklich* mal etwas Neues um die Ecke kommt, dann ist man betriebsblind und steckt es in vorgefertigte Schubladen oder übersieht es einfach. Zudem ist mit dieser Einstellung unklar, wie *überhaupt jemals* Neuigkeit in die Welt gekommen sein könnte und warum unsere bevorzugte Organisationsform schon seit geraumer Zeit nicht mehr »Einzeller« lautet. Kühl reflektiert diese Problematik selbstkritisch:

> »Die große Gefahr dieser Vorgehensweise ist jedoch, dass man als Organisationswissenschaftler nur noch reflexartig auf Managementdiskurse reagiert. Im Kontakt mit Praktikern ist die eigene Lernbereitschaft stark eingeschränkt, weil jede Idee, jede Äußerung im Managementdiskurs sofort in bereits Gedachtes eingeordnet wird. In letzter Konsequenz ist man als Organisationswissenschaftler kognitiv gar nicht mehr in der Lage, neue Entwicklungen wahrzunehmen, weil man davon ausgeht, dass alles, was in Bezug auf Organisationen vorstellbar ist, schon mehrfach ausprobiert und wissenschaftlich untersucht worden ist. Ein ›abergläubischer Lernprozess‹, den wir mit gewisser Regelmäßigkeit bei Praktikern beobachten, verführt uns Organisationswissenschaftler selbst dazu, in Richtung eines einmal eingeschlagenen, erfolgreichen Lernprozesses weiterzudenken, diesen Gedanken immer weiter zu verfeinern und dadurch unsere Offenheit für Neues zu verlieren.«[122]

Man darf Kühl also zugutehalten, dass er sich trotz der verführerischen Tendenz eines »solchen selbst produzierten, abergläubischen Lernprozesses« zu einem »schmerzhaften« Eingeständnis durchgerungen hat, dass Holacracy durchaus einen zweiten Blick wert ist.[123]

> »Es schien mir daher geboten, einen neuen Blick auf Organisationen zu werfen, die ich bisher unter dem Label der Postbürokratie abgelegt hatte.«[124]

120 Kühl 2023a, S. 7
121 Einen einzelnen Pol zu betonen, »löst« natürlich nichts, wie Johnson gut herausgearbeitet hat.
122 Kühl 2023a, S. 8
123 Kühl 2023a, S. 8
124 Kühl 2023a, S. 9

Kühl ersetzt am Ende jedoch lediglich sein ursprüngliches Vorurteil, dass postbürokratische Organisationen hauptsächlich auf die Mittel der *Informalität* setzen, durch die Überzeugung, er habe mit Holacracy ausnahmsweise eine postbürokratische Organisationsform beschrieben, die dagegen eigentümlicherweise auf das Mittel der »Hyperformalisierung« setzt. Ich halte diese Charakterisierung zum einen für inhaltlich falsch (Holacracy setzt nicht allein auf Formalisierung) und zum anderen wirkt sie auf mich wie eine Überdehnung der Bezeichnung »postbürokratisch«. Der Begriff mag in anderen Zusammenhängen nützlich sein, aber bei Holacracy stößt er an seine Grenzen.

Ähnlich wie einst in der Astronomie mit der Theorie der Epizykel[125] (Aufkreise) das geozentrische Weltbild bewahrt werden sollte, indem man der Theorie noch ein paar komplizierte Extraschleifen hinzufügte, soll bei Kühl das »postbürokratische« Weltbild bewahrt werden, indem man eigens für Holacracy noch eine komplizierte Ausnahme vorsieht. Und ähnlich wie die Epizykel von Ptolemäus letztlich durch eine elegantere, heliozentrische Theorie ersetzt wurde, die ohne Epizykel auskam, denke ich, dass eine alternative Theorie, basierend auf Polaritäten, viel besser und eleganter erklären kann, was Holacracy ist und was es tut. Aber dafür müssen wir im Falle von Holacracy den überdehnten Begriff der »postbürokratischen« Organisation überwinden und durch einen neuen Typus von Organisation ersetzen, sei es nun »*post*-postbürokratische Organisation«, »konstitutionelles Management« oder etwas anderes, das dem eigentlichen Kern der Sache näherkommt.

3.3 Holacracy negiert und umarmt einseitige Polaritäten

Wie viele Publikationen zeigen, wirkt Holacracy für außenstehende Beobachter und Organisationswissenschaftler oft auf den ersten Blick verwirrend (und auch manchmal auf den zweiten) – obwohl manche Autoren betonen, wie wichtig es ist, genau hinzusehen, was hinter den Begriffen steckt. So betonen Bernstein et al. in ihrem Artikel »Beyond the Holacracy Hype«, dass es wichtig ist, bei der Beschreibung von neuen Organisationsformen wie Holacracy über die gängigen Schlagworte wie »postbürokratisch« hinauszugehen und tiefer hinzuschauen:

> »Die meisten Beobachter, die über Holakratie und andere Arten von selbstverwalteten Organisationen geschrieben haben – der neueste Trend in selbstverwalteten Teams – nehmen eine extreme Position ein, indem sie entweder diese ›cheflosen‹, ›flachen‹ Umgebungen zur Förderung von Flexibilität und Engagement feiern oder sie als naive soziale Experimente anprangern, die ignorieren, wie die Dinge wirklich erledigt werden. Um eine genauere, ausgewogenere Perspektive zu erhalten, ist es wichtig, über die Schlagworte hinauszublicken, die diese Strukturen beschreiben – ›postbürokratisch‹, ›poststrukturalistisch‹, ›informationsbasiert‹, ›organisch‹ usw. – und zu untersuchen,

125 Epizykeltheorie. (o. D.). In Wikipedia. Abgerufen am 27. Juli 2023, von https://de.wikipedia.org/wiki/Epizykeltheorie

warum sich die Formen entwickelt haben und wie sie funktionieren, sowohl an den Frontlinien als auch auf der Ebene der Unternehmensstrategie und -politik.«[126]

Ich habe eine These darüber, was der Grund für diese Verwirrung sein könnte. Betrachten wir jedoch zunächst eine relativ typische Polarität, die immer wieder in Organisationen auftaucht und zu der sie sich in irgendeiner Form verhalten muss.

Ich habe sie in der folgenden Abbildung mal als das Wechselspiel der Pole von **Formalität** und **Informalität** dargestellt. Die Vorzüge des linken Pols (L+), **Formalität**, bestehen darin, dass es eine gewisse Klarheit und Ordnung über Prozesse und Abläufe gibt, die gut dokumentiert sind in Form von Organisationsdiagrammen, Regeln und Richtlinien. Das bringt gewisse erstrebenswerte Synergien mit sich. Wird dieser Pol jedoch zu stark betont, so kann er sich in sein Gegenteil verkehren (L-). Dann werden die Strukturen hinderlich, rigide und verlangsamen die Abläufe unnötig. Es kommt zu Flaschenhälsen und Entscheidungsstau. Beteiligte klagen über »zu viel Bürokratie«.

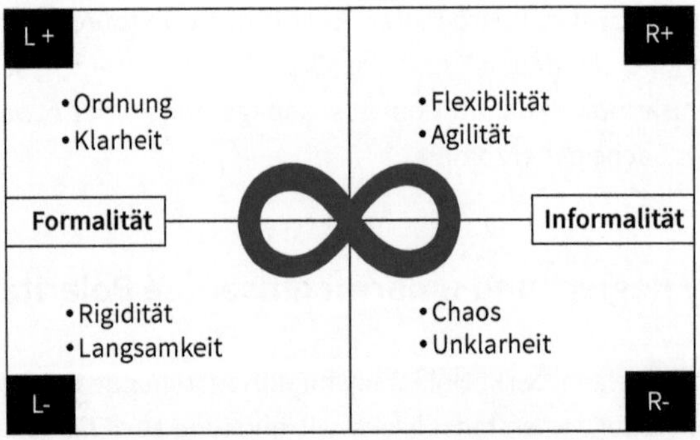

Abbildung 10 – Formalität/Informalität als Polarität

Als »Lösung« dieses »Problems« wird dann das Heil in den Vorteilen des gegenüberliegenden Pols, der **Informalität**, gesucht (R+). Strukturen werden abgebaut, es wird verstärkt auf Personenvertrauen und Kulturbildung gesetzt statt auf feste Kästchen im Organisationsdiagramm. Man ist eher per Du und irgendwie wird erwartet, dass jeder sich ein Stück weit um alles mitkümmert. Das geht so lange gut, bis eine Überbetonung dieses Pols zu Unstrukturiertheit, Chaos und Unklarheit führt (R-). Es ist einfach zu ineffizient. Laissez-faire-Verhalten nimmt zu. Man sehnt sich zunehmend nach der Ordnung, Klarheit und Verbindlichkeit, die durch einen Wechsel zurück auf den oberen linken Quadranten des Diagramms winkt (L+).

So weit, so holzschnittartig. Sicherlich kann man die Szenarien noch mit leicht anderen Begriffen ausschmücken, aber im Grunde kann man in diesem Bild viele der von Kühl beschriebenen

126 Bernstein et al. 2016, eigene Übersetzung

Hype-Zyklen und Managementmoden mehr oder weniger wiederfinden. Gehen wir noch einen Schritt weiter, so können wir die Namen der *Pole* modifizieren, wie in folgender Darstellung:

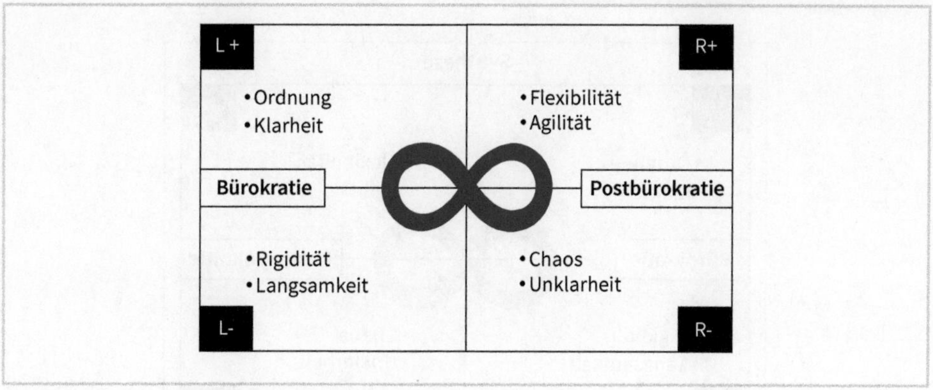

Abbildung 11 – Bürokratie/Postbürokratie als Polarität

Man muss aufpassen, dass man die Worte für die zu beschreibenden Pole der Polarität so neutral wie möglich wählt. »Bürokratie« wird ja heutzutage geradezu reflexartig als negativ gesehen, doch es ist hier wirklich neutral beschreibend gemeint.

Auch Kühl hebt in seinem Buch die Vorzüge von Bürokratie hervor und charakterisiert »Formalisierung als Generalisierungsleistung«[127]. Formalisierung stabilisiert demnach (im Sinne von Niklas Luhmann) Erwartungen in Organisationen auf *zeitliche*, *sachliche* und *soziale* Weise. Die aufgeschriebenen Regeln gelten zu jedem Zeitpunkt, klären sachlich die Funktionen und Kompetenzen der verschiedenen Rollen der Organisation zueinander und etablieren sozial die Erwartung ihrer Geltung für alle Personen, »die Mitglied der Organisation werden oder bleiben wollen«.[128]

Verwirrend wird es nun, wenn Holacracy nicht, wie vom Organisationswissenschaftler erwartet, allein in die *informale, postbürokratische* Kerbe haut, sondern paradoxerweise *Formalität und Bürokratie* im Overdrive zu verkörpern scheint. Holacracy setzt nicht rein auf die Vorteile der Informalität und Abschaffung von Bürokratie (R+), sondern beansprucht im Gegenteil, die Nachteile der Informalität (R-), die ›Tyrannei des Konsenses‹, das Chaos, Unklarheit und die daraus resultierenden, informalen Machtspiele zu reduzieren bzw. überflüssig zu machen.

Gleichzeitig ist von den Befürwortern von Holacracy zu vernehmen, dass es sich ebenso von den Nachteilen des linken Pols der *Formalität* (L-), Rigidität und Langsamkeit, Entscheidungsstau und Statusdenken abzusetzen versucht. Es beansprucht nicht bloß jeweils nur *einen* der beiden Pole der Polarität aufzuheben, sondern *beide auf einmal*.

---

127 Kühl 2023a, S. 40
128 Kühl 2023a, S. 40-41

»Aufhebung« kann man hier (wenn man mag) durchaus gemäß Hegel im dreifachen, dialektischen Sinne[129] verstehen: 1. *negieren*, 2. *bewahren* und 3. *auf eine höhere Ebene heben.*

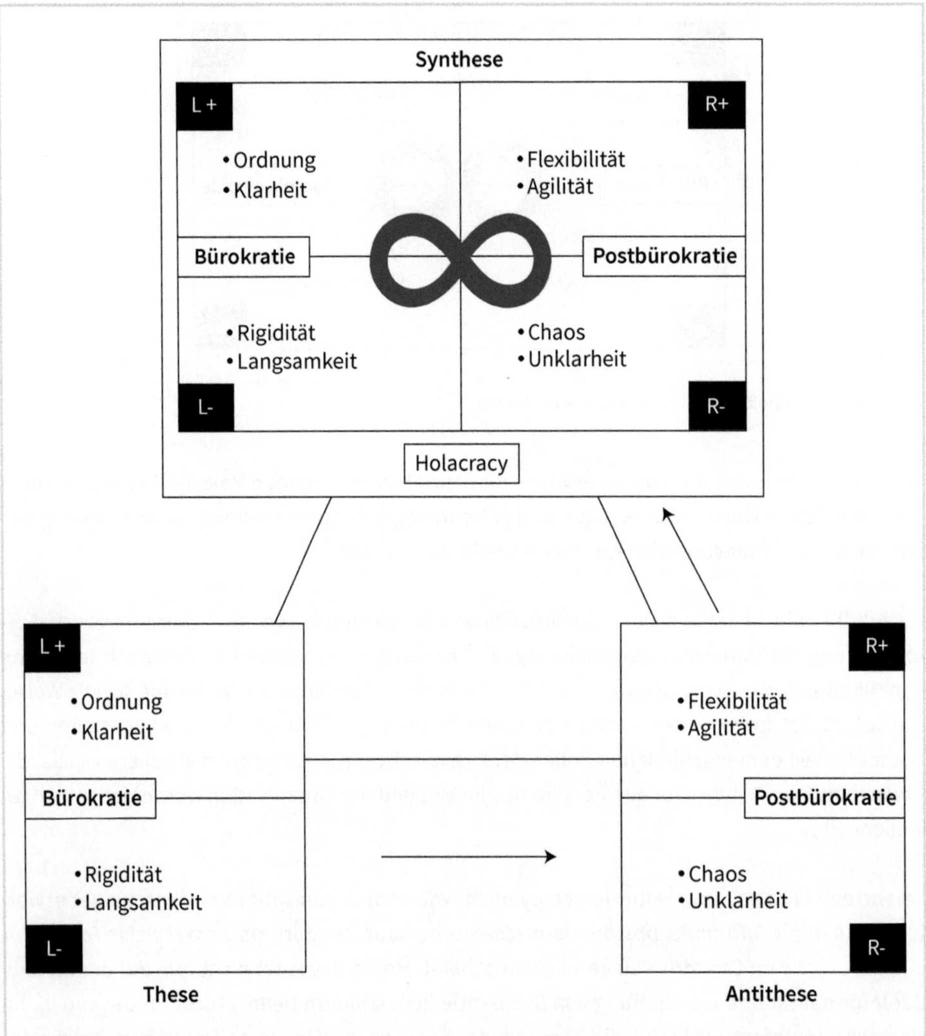

Abbildung 12 – Dialektik von Organisationsformen – Holacracy als doppelte Negation von Bürokratie

These: Die Praxis von Holakratie versucht, qua Design beide Pole der Polarität zu wahren, zu umarmen und zu managen.

Dadurch ließe sich zumindest die *doppelte Abstoßbewegung* von Holacracy gegenüber bekannten »Lösungen« erklären, seien sie nun formaler oder informaler, bürokratischer oder postbü-

129 Siehe Dialektische Aufhebung. (o. D.). In Wikipedia. Abgerufen am 27. Juli 2023, von https://de.wikipedia.org/wiki/Dialektische_Aufhebung

rokratischer Natur. Holacracy stößt sich von Bürokratie ab und negiert dadurch ihre Nachteile (Rigidität, Langsamkeit). Doch es stößt sich zugleich auch von »Postbürokratie« ab und negiert ihre Nachteile (Chaos, Unklarheit), indem es auf eine dynamische Balance der zugrundeliegenden Polaritäten auf einer höheren Ebene abzielt, welche sowohl die Vorteile der *Formalität* als auch die Vorteile der *Informalität* realisiert.

Diese *doppelte Negation* signalisiert in meiner Auffassung eine dialektische Bewegung von einer *These* (»Bürokratie«) zur *Antithese* (»Postbürokratie«) hin zu einer neuen *Synthese* (Holakratie). Vielleicht repräsentiert Holacracy ja *tatsächlich* einen neuen evolutionären Schritt der Entwicklung von Organisationen – jenseits bekannter Formen: »Post-Postbürokratie« oder »konstitutionelles Management«?

3.4 Polaritätsmanagement durch Holacracy

Holakratie ist besonders geeignet, um *zentrale Polaritäten* zu managen, mit der jede Organisation umgehen muss. Im Folgenden werden die Ausprägungen verschiedener Polaritäten innerhalb von Holacracy und der Umgang damit beispielhaft beschrieben. Am Ende gebe ich noch Tipps für die praktische Umsetzung. Ich habe exemplarisch die folgenden Polaritäten ausgewählt:

1. Disziplin/Freiheit
2. Agenz/Kollaboration
3. Transparenz/Vertraulichkeit
4. Formalität/Informalität
5. Zuverlässigkeit/Anpassungsfähigkeit
6. Zentralisierung/Dezentralisierung

In einem Gespräch mit Brian Robertson beschreibt Beena Sharma, Präsidentin der *Vertical Development Academy* und Beraterin gemäß der *Polarity-Management*-Methode, ihre Sichtweise auf Holacracy und Polaritäten wie folgt:

> »**Brian:** […] Nachdem du das [Holacracy] Training durchlaufen und all diese Dinge gehört hast, auf welche Weise siehst du Holacracy als Unterstützung für Entwicklung bzw. auf welche Weise nimmt es Fähigkeiten, die Merkmale von fortgeschrittener Entwicklung sind, und baut sie ein? Was sind einige der Dinge, die dir am meisten ins Auge gefallen sind, von dem, was du gesehen hast?
>
> **Beena:** Weil ich so viel mit Polaritäten gearbeitet habe, war das tatsächlich die erste große Erkenntnis. Ich war so begeistert von Holacracy – der Struktur, dem Prozess, der Intention, der Formulierung, der Philosophie – und es ergab einfach Sinn. Alles war sinnvoll. Es ergab die ganze Zeit Sinn und aufgrund meiner Ausbildung in Polaritäten und meines Verständnisses der Dynamik von Polaritäten, die mich gelehrt haben, dass wenn etwas funktional ist, dass es bedeutet, dass einige Polaritäten gut gemanagt wer-

den. Ich habe also am Ende wirklich versucht zu verstehen, welche die Polaritäten sind, die Holacracy gut managt.

Um für einen Augenblick Polaritäten zu definieren: Polaritäten sind eine Art interdependente Werte, Stärken oder Charakteristika, die normalerweise als Gegensätze gesehen werden, doch in Wirklichkeit voneinander abhängige Qualitäten sind, die beide benötigt werden, damit ein System langfristig funktional ist. Das gilt sowohl für Individuen als auch für Organisationen.

Wir könnten z. B. über etwas sprechen, über das wir unglücklich sind und über das wir uns beschweren. In Verbindung mit Führung könnten wir uns darüber beschweren, dass diese Führungskraft sehr kontrollierend ist, oder wir könnten jemandes Verhalten als sehr kurzsichtig oder taktischer Natur definieren, und jede dieser Verhaltensweisen verweist eigentlich auf die Überfokussierung auf einen Wert, hinter dem in Wirklichkeit eine Weisheit steht, und verweist auf seinen interdependenten Wert, der tatsächlich übersehen wird und als eine Beschwerde an jemanden gerichtet wird.

Wenn jemand sehr kontrollierend ist, bedeutet das, dass die Person ihre eigene Führung ausübt, aber nicht bereit ist, zuzuhören, was der andere Teil ist. Was wir also wollen, ist, dass die Führungskraft nicht so kontrollierend, nicht so bestimmend ist, sondern anderen tatsächlich zuhört, sie einbindet und anderen hilft, zu partizipieren. Wenn wir eine Führungskraft bitten, sehr partizipativ zu sein, realisieren wir nicht, dass, falls sie den kontrollierenden und bestimmenden Teil vernachlässigt, dann übermäßig ›partizipativ‹ wird, und das führt dann zu der gegenteiligen Beschwerde, dass diese Führungskraft nicht bestimmend ist – dass diese Führungskraft kein Rückgrat hat. Diese Führungskraft interessiert sich nur für die Sichtweisen anderer und hat keine eigene Sichtweise.

Wir realisieren nicht, dass wir von Tag zu Tag kontinuierlich sehen, was fehlt. Wir nennen kontinuierlich unsere Vorlieben und realisieren nicht, dass wir alle in diesem Feld der interdependenten, gegensätzlichen Werte operieren und lernen müssen, beide wertzuschätzen. […] Nicht alle Gegensätze sind Polaritäten, aber alle Polaritäten können als Gegensätze betrachtet werden. Sie müssen integriert werden, damit sie einem System oder einem Individuum helfen, komplett funktional, erfolgreich und effektiv zu sein.«[130]

3.4.1 Disziplin/Freiheit

Beena Sharma beschreibt ferner, wie Holakratie die Polarität zwischen Disziplin und Freiheit hält:

»Was Holacracy mit seiner Struktur und seinen Prozessen tut, ist eine Disziplin bereitzustellen. Sie ist rigoros hinsichtlich Disziplin. Das ist andererseits komplett befreiend, denn du bist nicht daran gebunden, vorauszusagen oder daran zu kleben, was vorher

130 Beena Sharma on Holacracy & Human Ego. Conversation with Brian Robertson & Tom Thomison (HolacracyOne) (2011, March 10). *Holacracy Community of Practice*. Transkription eines Audio-Clips auf Englisch (eigene Übersetzung).

passiert ist; du bist komplett frei, auf das zu antworten, was Realität ist und was im Moment auftaucht. Ich denke, Disziplin und Freiheit ist eine großartige Polarität, die Holacracy in ihrer DNA hat.«[131]

Sharma bezieht sich hier darauf, dass Holacracy sich von klassischen Managementweisheiten lossagt, z. B. die in konventionellen Organisationen gängige Praxis des »Was-bis-wann« bei der Verteilung von Arbeit. Man verteilt Arbeitspakete oftmals mit einer künstlichen Deadline, selbst wenn es von außen keinen guten Grund für die Deadline gibt. Das ist eine unnötige Form des Voraussagens, mit der man versucht, die Lieferung von Ergebnissen kontrollierbar zu machen. Das ist besser als keinerlei Verbindlichkeit, aber meistens vermittelt diese Praxis nur die *Illusion* von Kontrolle.

Brian Robertson spricht in diesem Zusammenhang auch von einem »Predict-and-control«-Ansatz, voraussagen und kontrollieren, bzw. von »Hope-and-blame-Management«: Man wirft jemandem Arbeit über den Zaun, nötigt der empfangenden Person ein willkürliches Lieferdatum ab und hofft dann, dass nichts dazwischenkommt. Da die Realität aber nicht in dieser Weise kontrollierbar, sondern vielmehr unberechenbar ist, reagiert man dann mit Schuldzuweisungen, wenn die Deadline gerissen wird. Brian Robertson nennt das in einem gleichlautenden Blogartikel den »was-bis-wann«-Irrsinn.[132]

Holacracy versucht das – wo immer es möglich ist – durch einen dynamischen »Sense-and-respond«-Ansatz, also »wahrnehmen und antworten« zu ersetzen. Er basiert auf den Prinzipien, die auch im *Getting-Things-Done*-Ansatz verkörpert sind, welche in Artikel 2 der Verfassung (»Regeln der Zusammenarbeit«) eingeflossen sind. Jeder hat die Freiheit, seinen individuellen Arbeitsfluss selbst dynamisch zu priorisieren. Das ist aber im Zusammenspiel mit anderen nur deswegen möglich, weil es neben dieser größeren *Freiheit* als Gegengewicht auch die entsprechenden operativen *Pflichten* gibt (z. B. die Transparenzpflicht, die Pflicht, auf Anfrage alle Projekte schriftlich in einem verlässlichen System zu erfassen, oder die Pflicht, eine tagesaktuelle Einschätzung über das voraussichtliche Lieferdatum einer angefragten Arbeit zu liefern). Das ist der Pol der Disziplin, den Beena Sharma anspricht. Weil man disziplinierter arbeiten muss, ist in Holacracy mehr Freiheit möglich. Weil mehr Freiheit möglich ist, muss man in Holacracy disziplinierter arbeiten.

3.4.2 Agenz/Kollaboration

Eine weitere Polarität ist die von Agenz und Kollaboration. Im Kontext von Organisationen meint »Agenz« die Macht des Individuums, Entscheidungen herbeizuführen und basierend auf der individuellen Perspektive Initiative zu ergreifen und die Organisation voranzubringen. Der

131 Beena Sharma on Holacracy & Human Ego (eigene Übersetzung).

132 Robertson, B. (2011, 2. Mai). Der «was-bis-wann« Irrsinn. Xpreneurs Blog. Abgerufen am 27. Juli 2023, von https://www.xpreneurs.co/blog/holacracy-8/der-was-bis-wann-irrsinn-468

Pol der »Kollaboration« hingegen koordiniert und integriert die individuellen Perspektiven miteinander, um mögliche Widersprüche zwischen den Perspektiven zu vermitteln, Schäden zu vermeiden und Synergien herzustellen.

> »**Beena**: Agenz bedeutet, dass man seine eigene Autonomie hat, seine Wahrheit mitteilt, Verantwortung dafür übernimmt, was man sieht; also in diesem Fall drückt der Sensor, der die Spannung ans Licht bringt, Agenz aus. Die Antwort auf diese Spannung kommt allerdings aus der Gruppe. Es ist eine kollektive Antwort auf eine Spannung im Auftrag der Organisation. Das ganze System arbeitet zusammen, um die Spannung zu adressieren und den Vorschlag zu verfeinern, damit er gangbar wird. Es ist also eine fantastische Harmonisierung von Agenz und Kollaboration.
>
> **Brian:** Ein anderes großartiges Beispiel dafür ist aus meiner Sicht der Prozess der integrativen Entscheidungsfindung, der für Governance benutzt wird. Es ist ein kollaborativer, integrativer Prozess, wo jeder eine Stimme hat, wo jeder eine Spannung fühlen kann und sie verarbeitet bekommt, und wo wir einen kollaborativen Prozess haben, um autokratische Macht zu definieren, die wir dann innerhalb unserer Rollen mit Agenz ausüben können. Es ist eine schöne Mischung dieser beiden Pole. Wir überprivilegieren weder Autokratie noch überprivilegieren wir einen kollaborativeren Gruppenprozess. Wir stellen einen kollaborativen Prozess bereit, um Agenz zu definieren, und erlauben dieser Agenz dann, sich auf agentische Weise auszudrücken.
>
> Das liebe ich an der Harmonisierung von Polaritäten – es ist nicht der kleinste gemeinsame Nenner. Wir finden nicht irgendeinen Kompromiss zwischen Kollaboration und Agenz. Wir nutzen tatsächlich jeden Pol, um den anderen zu verbessern. Es ist sicherer, mehr Agenz zu haben, wenn wir einen unglaublich kollaborativen Prozess haben, um zu definieren, was diese Agenz sein wird. Es ist sicherer, einen hochgradig kollaborativen Prozess zu haben, wenn wir wissen, dass wir die Agenz anschließend nutzen können, um Sachen schnell zu erledigen.«[133]

3.4.3 Transparenz/Vertraulichkeit

Wenn nicht mehr nur wenige Führungskräfte die Arbeit koordinieren, wie in der klassisch hierarchischen Organisation, sondern die Entscheidungsbefugnis auf alle Rollen-Leads der Organisation ausgeweitet wird, wie in Holacracy, braucht es viel mehr Transparenz und Zugang zu den verfügbaren Daten der Organisation, so dass diese Entscheidungen möglichst gut informiert sind. Wenn Wissen Macht ist, dann erfordert eine Dezentralisierung von Macht entsprechend eine Dezentralisierung von Wissen. Oder wie Tom Thomison, *HolacracyOne*-Mitbegründer, es ausdrückt: »So viel Transparenz, wie wir (v)ertragen können.«[134]

---

133 Beena Sharma on Holacracy & Human Ego (eigene Übersetzung).

134 »As much transparency as we can stomach.«, persönliche Kommunikation, eigene Übersetzung

Daher gibt es verschiedene Aspekte in der holakratischen Praxis, die relativ zur klassisch hierarchischen Organisation für mehr Transparenz sorgen. Zum einen gibt es die Auskunftspflicht über den Stand der Projekte und die nächsten Schritte sowie die Pflicht, auf Anfrage eine Vorhersage über die voraussichtliche Fertigstellung nach aktuellem Wissensstand zu geben. Zum anderen sind die Governance-Aufzeichnungen sowie teilweise auch die operativen Meeting-Ergebnisse aller Kreise per Softwaretool sichtbar.

Es ist aber keinesfalls Ziel von Holacracy, *jegliche* Information *allzeit* für *jeden* sichtbar zu machen. Es braucht sicherlich verhältnismäßig *mehr* Transparenz, aber nicht *extreme* Transparenz ohne jegliche Vertraulichkeit. Man stelle sich ein börsennotiertes Unternehmen vor, das alle Kennzahlen ungefiltert intern und extern zirkulieren lässt. Oder eine große Firma, die die Personaldaten jedes Mitarbeiters ungefragt für jeden anderen Mitarbeiter transparent macht, DSGVO-Bestimmungen zum Trotz. Holacracy hin oder her – das würde *immer* zu Problemen führen. Es geht also bei Holacracy nicht um eine übermäßige Art Transparenz ohne Rücksicht auf Verluste.[135]

3.4.3.1 »Paradox« oder doch eher Polarität?

Auch Kühl betrachtet die Polarität von Transparenz und Vertraulichkeit und merkt an:

> »Wir wissen aus der Organisationsforschung, dass durch starke Transparenzansprüche geprägte Organisationen ausgeprägte Kulturen informaler Abstimmung ausbilden [...]. In der Organisationsforschung wird der Effekt als Transparenzparadox bezeichnet. Je stärker Transparenz in der Organisation eingefordert wird desto stärker sind die Bemühungen des Versteckens.«[136]

Es stimmt, dass Holacracy gegenüber der klassischen Hierarchie für relativ mehr Transparenz und Informationsfreiheit einsteht. Transparenz ist aber nur eine Seite einer Polarität von Transparenz und Vertraulichkeit. Ich würde es daher nicht als *Paradox* bezeichnen, sondern als eine weitere *Polarität*, deren Dynamik als Wechselspiel zwischen diesen Polen nachvollziehbar wird. Ich habe versucht, einige mir wichtig erscheinende Aspekte dieser Polarität in folgendem Schaubild darzustellen.

Holacracy ist eine Antwort auf die negativen Aspekte des Pols »Vertraulichkeit« (R-), der in klassischen Organisationen die Norm ist. Um diese zu vermeiden, betont Holacracy zu Anfang notwendigerweise den Pol der Transparenz. Es ist nicht verwunderlich oder »paradox«, dass eine einseitige, übermäßige Fokussierung auf den linken Pol irgendwann zu den negativen Konsequenzen von Transparenz führt (L-). Manche Informationen, die folgenreiche Entscheidungen

135 Siehe dazu auch Wittrock, D. (2019, 27. August). Hose runter? Was »Transparenz« in Holakratie bedeutet. hola::be. Abgerufen am 21. Oktober 2023, von https://holabe.hypoport.de/2019/08/27/hose-runter-was-transparenz-in-holakratie-bedeutet/

136 Kühl 2023a, S. 79-80

nach sich ziehen würden, brauchen oft Vertraulichkeit, damit diese Entscheidungen sorgfältig vorbereitet und gut kontextualisiert werden können. Auch eine übermäßige Transparenz, die fraglos bis in den Privatbereich der Mitarbeitenden eindringt, ist eine Form von Übergriffigkeit, die den Wechsel zu den positiven Aspekten der Vertraulichkeit (R+) provoziert.

Abbildung 13 – Die Polarität von Transparenz und Vertraulichkeit

Wird es mit der Vertraulichkeit jedoch übertrieben, indem den Kollegen systematisch unangenehme Fakten vorenthalten werden, so führt das zu den negativen Aspekten: ein Mangel an Sichtbarkeit, der zu einer schlechteren Steuerbarkeit der Organisation führt (wir können nur auf das reagieren, über das wir Bescheid wissen), ein Mangel an Agilität sowie obskure Motivationen und Gründe der Beteiligten, die das Vertrauen in der Organisation beschädigen (R-). Man sehnt sich wieder nach den Vorteilen des linken Pols, Transparenz (L+).

Letztlich müssen auch holakratische Organisation eine gute Balance zwischen diesen Polen finden, so dass sie nicht von extremer Transparenz zu Verheimlichung und zurück pendeln, sondern die positiven Aspekte der Sichtbarkeit mit den positiven Aspekten der Vertraulichkeit verbinden, wo es angemessen ist. Die Balance muss dynamisch bleiben.

3.4.3.2 »Gotcha!«- Forschung

So wertvoll manche der Beobachtungen von Kühl auch sind – andere Teile seiner Beschreibungen wirken merkwürdig befangen und unprofessionell. So beschreibt er nicht ohne süffisanten Unterton, dass sich eine Firma von Beraterkollegen aufgeteilt hat und dass es – gewissermaßen *trotz* Holacracy – im Hintergrund zu einer Ausgründung einer eigenen Firma gekommen ist. Er nimmt das dann als Beweis, dass Transparenzregelungen nicht funktionieren:

> »Diese informalen Kommunikationswege können eine solche Dynamik entwickeln, dass im Schatten weitgehender Transparenz ganze Unternehmensteile ihren Ausstieg aus der Organisation vorbereiten. So kam es schon einmal passieren, dass in einer Beratungsfirma, die sich den holakratischen Transparenzkriterien verschreibt, Berater ohne Wissen des Rests der Organisation ihre eigene holakratische Beratungsorganisation planen, über Nacht alle anderen mit ihrem Ausscheiden überraschen und die Verbliebenen sich wundern, wie in einem holakratischen System das Spannungen für alle transparent machen soll, eine solche Abspaltung möglich ist.«[137]

Ich weiß zwar nichts Näheres über die Hintergründe und Beweggründe der Aufspaltung, doch eines weiß ich ganz sicher: So zu tun, als ob eine solche Entscheidung in holakratischen Unternehmen unmöglich oder undenkbar wäre, ist ziemlich lächerlich.

Natürlich kann es auch in holakratischen Organisationen Menschen geben, die merken, dass der Fokus, den sie sich für ihr Unternehmen wünschen, aus verschiedenen Gründen in der aktuellen Firma mit den aktuellen Menschen nicht zu realisieren ist und die sich mit ähnlich denkenden Kollegen zusammentun, um ihre eigene Vision zu verwirklichen. Wenn man einen anderen Sinn und Zweck in die Welt bringen möchte und die Organisation dabei nicht mitgeht, dann ist ein solcher Schritt nur konsequent. Zudem waren sicherlich auch menschliche Dynamiken im Spiel. Das passiert in anderen Kontexten alle Nase lang, warum nicht also auch in holakratisch verfassten Organisationen?

Ein solcher Vorgang verwundert allenfalls diejenigen, die extreme Transparenzansprüche auf Holacracy projizieren – ohne jedoch die andere Seite der Polarität, Vertraulichkeit, mitzudenken. Die implizit mitschwingende Häme offenbart, dass Kühl hier zweierlei Maß anlegt. Er hat ohne Zweifel eine besondere Fähigkeit, das Haar in der Suppe zu suchen und zu finden. »Gotcha!«

3.4.4 Formalität/Informalität

Wenn es eine Leerstelle in der Holacracy-Verfassung gibt, dann ist es der Bereich der individuellen Innerlichkeit und der Kultur. Die Verfassung hilft uns zwar, Mensch und Rolle bzw. Mensch und Organisation voneinander zu differenzieren, indem sie klare Prozessregeln für die Formalisierung organisationaler Strukturen detailliert, schweigt sich dann jedoch darüber aus, wie Menschen jenseits ihrer Arbeit in Rollen miteinander umgehen sollten. Das ist kein Zufall.

137 Kühl 2023a, S. 80

»Was ist mit den Menschen?« wollen die Kritiker wissen. »Das ist so unmenschlich!« Ironischerweise dient Holacracy den Menschen durch diese *Nichteinmischung* in ihren Bereich am meisten. Es ist vielmehr die *Übergriffigkeit* von Organisationen, die unheilvolle Fusion von Mensch und Organisation, die ein Problem darstellt. Dadurch, dass Holacracy Mensch und Organisation voll differenziert, erlaubt sie erst deren volle Integration. Aus einer naiven Verschmolzenheit beider heraus wird das nicht gelingen.

3.4.4.1 Arbeit für Erwachsene

Die Gründe für die Nichteinmischung sind zum einen die Überzeugung, dass es unmöglich ist, die passenden kulturellen Muster vorzuschreiben, die für eine Vielzahl von Firmen unterschiedlicher Größe, Nationalität, Branche, Kulturraum, etc. stimmig sind. Zum anderen liegt dieser Design-Entscheidung die Annahme zugrunde, dass man Menschen zutrauen kann, dass sie als Erwachsene ihre zwischenmenschlichen Spannungen eigenständig lösen und sich eigenständig um die dafür nützlichen Praktiken kümmern können. Holacracy ist in dieser Sicht »Arbeit für Erwachsene«, wenn man so will. Es braucht keine disziplinarische Führungskraft, um ihre Mitarbeiter wie ein Elternteil zu einem besseren Verhalten zu ermahnen oder dazu zu zwingen, sich zu vertragen.

3.4.4.2 »Ignorierung der Organisationskultur« oder Nichteinmischung?

Kultur wird als ein emergentes, autopoietisches Phänomen betrachtet, auf das man seitens der Organisation ohnehin nur begrenzt direkt Einfluss nehmen kann. Holacracy versucht daher nicht, die Kultur direkt zu beeinflussen, sondern schafft stattdessen, durch die klare Ausdifferenzierung der Organisation und ihrer Strukturen, die Bedingung der Möglichkeit, dass sie sich möglichst ungestört von selbst entfalten kann – ohne Übergriffigkeit seitens der Organisation. Man könnte sagen, dass die Art und Weise, wie Holacracy Kultur und individuelle Innerlichkeit des Menschen respektiert, vor allem darin besteht, dass sie sich konsequent aus diesem Raum heraushält.[138] Holacracy wirkt somit allenfalls *indirekt* auf die Kultur.

Kühl hingegen hat eine ganz andere Interpretation davon. Statt Nichteinmischung spricht er über »Die Ignorierung der Organisationskultur« und unterstellt Hyperformalisierungsfantasien auf Seiten der »Holakraten«, die – so zumindest die sprachliche Anmutung – in seiner Vorstellung mutmaßlich eine Art komplett homogene Gruppe von Menschen mit gleichen Ansichten sind:

> »Der ursprüngliche Grundgedanke bei der Verwendung des Konzeptes der Organisationskultur war, dass der Erfolg von Organisationen nicht von ihren formalen, sondern auch von ihren informalen — organisationskulturellen — Strukturen abhinge. Von dieser lange Zeit auch in der Diskussion über postbürokratische Organisationsmodelle

138 Vergleiche Abb. 2 – Die vier Räume in Holacracy. Holacracy bespielt konsequent nur die rechte Seite des Diagramms, die der Organisation gehört. Eine Ausnahme bildet allenfalls das Konstrukt der »Beziehungsvereinbarungen« (siehe Art. 2.4 der Holacracy-Verfassung v5.0), welches aber nur ein Container bleibt, der nicht weiter inhaltlich bestimmt wird.

> dominierenden Vorstellung lösen sich die Holakraten **mit ihrem Anspruch, auch alle informalen Ziele, Rollen und Aufgaben in der organisationalen Steuerungssoftware formal abzubilden.** [meine Hervorhebung]
>
> Ergebnis dieser Einstellung zur Organisationskultur im holakratischen Ansatz ist die beschriebene Hyperformalisierung der Organisation. Statt dem informalen Spiel der Organisationskultur einen Raum zu geben, wird jede Entscheidung in der für alle einsehbaren holakratischen Software erfasst, jegliche Verantwortungsübernahme in einer Rolle fixiert, alle Aufgaben schriftlich niedergelegt und sämtliche Diskussionsprozesse in elektronischen Akten festgehalten.«[139]

Das ist eine irreführende Verdrehung der Tatsachen. Kühl scheint sagen zu wollen, dass, weil es das erklärte Ziel von Holakratie sei, die *tatsächliche*, die *formelle* und die *erforderliche* Struktur der Organisation einander kontinuierlich anzunähern, es deswegen keinen Bereich in Holacracy geben könne oder dürfe, der *nicht* expliziert und formalisiert sei. Wie ich oben versucht habe zu erklären, gibt es sehr wohl einen solchen Bereich, nämlich den Bereich der Kultur und der individuellen Innerlichkeit. Dieser wird eben konsequent in Ruhe gelassen und geht die Organisation schlichtweg nichts an. Doch es gibt einen weiteren ›informalen‹ Bereich.

3.4.4.3 Purpose als Informalität innerhalb der Formalität

Alle Dinge, die ein Rollen-Lead als unter den Sinn und Zweck seiner Rolle fallend interpretiert, werden nicht eigens expliziert – es sei denn, es gibt einen konkreten Anlass dafür, nämlich eine Spannung, die das erforderlich machen würde. Liegt eine solche nicht vor, so gibt es auch keinen Grund, eigens eine Verantwortlichkeit zu formalisieren, siehe Kap. 2.2. Die an anderer Stelle kritisierte Unterbestimmtheit des *Sinn und Zwecks (Purpose)*[140] in Holacracy ist, so könnte man sagen, eine Art *Informalität innerhalb der Formalität*, die einen großen Raum für Implizitheit, Interpretation und Freiheit lässt.

Holacracy setzt stark auf den gesunden Menschenverstand und das kategorisch nicht explizierbare und nicht formalisierbare Urteilsvermögen der Rollen-Leads – genau deswegen, weil sich Komplexität eben *nicht* in regelhaften Zweckprogrammen und Handlungsabläufen im Voraus planen lässt. Genau deswegen setzt Holacracy dem *Vorhersagen-und-kontrollieren*-Paradigma einen *Wahrnehmen-und-antworten*-Ansatz entgegen.

3.4.4.4 Was Holacracy mit Bad Harzburg zu tun hat

Woher kommt also diese fixe Idee der »Vorstellung einer zweckrationalen Durchplanung der Organisation«?[141] Offenbar aus Bad Harzburg. Zum Kontext hier ein Auszug aus Wikipedia über

139 Kühl 2023a, S. 54-55

140 »Konsequenterweise dominierten bei den Formulierungen des Purposes von holakratischen Organisationen unterbestimmte Superlative […]«, Kühl 2023a, S. 49

141 Kühl 2023a, S. 48

das 1954 durch den Staats- und Verwaltungsrechtler sowie ehemaligen SS-Oberführer Reinhard Höhn ins Leben gerufene Managementsystem, das »Harzburger Modell«[142]:

> »Das Harzburger Modell ist ein Führungsmodell, dessen Kern aus der Delegation von Verantwortung auf die Hierarchieebene besteht, auf die die Entscheidungsbefugnis von ihrem Wesen nach gehört. Die Devise des Harzburger Modells war Führung durch Delegation. [...]
>
> Das Harzburger Modell betrachtet die Mitarbeiter als selbstständig denkende, handelnde und entscheidende Individuen. Es handelt sich um ein leistungs- und zufriedenheitsorientiertes Modell, das Zielorientierung statt Verfahrensorientierung propagiert und Unternehmensziele und Mitarbeiterziele zu integrieren versucht. Dabei bestimmt es durch das Kaskadenverfahren (Zielsystem mit Ober- und Unterzielen) individuelle oder gruppenbezogene Ziele, die regelmäßig zu überprüfen und anzupassen sind (Management by Objectives). Im Regelfall wird delegiert, der Vorgesetzte greift lediglich im Ausnahmefall ein (Management by Exception), ansonsten beobachtet und kontrolliert er seine Mitarbeiter. Die Mitarbeiter übernehmen die Selbstkontrolle ihres in Stellenbeschreibungen fest umrissenen Aufgabenbereichs und führen mit ihren Vorgesetzten eine gemeinsame Abweichungsanalyse durch. Die Verantwortung wird im Modell durch Aufteilung in Handlungs- und Führungsverantwortung getrennt. Letztere beruht auf der Allgemeinen Führungsanweisung, die über die Festlegung der Führungsgrundsätze das Verhältnis zwischen Vorgesetztem und seinen Mitarbeitern regelt. Insbesondere ist der Dienstweg einzuhalten, Stabsstellen ist keine Weisungsbefugnis zugeordnet. Der Stellvertreter und dessen Aufgabe der Stellvertretung sind wichtige Kriterien zur Aufrechterhaltung der Handlungsfähigkeit.
>
> **Kritik**
>
> Seit 1972 kam in der Fachliteratur zunehmend Kritik auf. Das 350 Organisationsregeln umfassende Modell besitzt eine hohe Regelungsdichte, die einen autoritär-bürokratischen Führungsstil präferiert und deshalb von der propagierten »Führung im Mitarbeiterverhältnis« weit entfernt ist, weil der Mitarbeiter lediglich Routineentscheidungen treffen darf, während der Vorgesetzte in außergewöhnlichen Situationen regelmäßig einzugreifen hat. Dem Mitarbeiter fehlt es an der präzisen Vorgabe des Ermessens- und Ausnahmebereichs. Durch die Regelungsdichte neigt das Modell zur Überorganisation und lässt weitgehend Aussagen zur Zielbildung und Planung vermissen.«

Kühl ist nun (in einer Fußnote) der Ansicht, dass es große Ähnlichkeiten zwischen dem »Harzburger Modell« und Holacracy gibt, die eine Analyse wert sind:

> »In dieser Variante ähnelt das holakratische Organisationsmodell stark dem 50 Jahre im deutschsprachigen Raum dominierenden Harzburger Modell [...]. Was im Harzburger Modell die ›Allgemeine Führungsanweisung‹ war, ist im holakratischen Konzept

142 Harzburger Modell. (o. D.). In Wikipedia. Abgerufen am 27. Juli 2023, von https://de.wikipedia.org/wiki/Harzburger_Modell

> die ›Verfassung‹ (Constitution). In der Länge der Stellenbeschreibungen für einzelne Mitarbeiter unterscheidet sich das holakratische Modell kaum vom Harzburger Modell. Die auffälligen Strukturähnlichkeiten zwischen Harzburg und Holacracy sind bisher nicht näher analysiert worden und werden in einem Großteil der Texte über Holacracy nicht einmal erkannt.«[143]

Kühl nennt in seiner Fußnote ganze zwei Ähnlichkeiten. Vielleicht gibt es derer noch mehr, aber es überzeugt mich bisher nicht. Ich habe mich sicherlich nicht in derselben Tiefe wie Kühl mit dem Harzburger Modell beschäftigt, doch dafür kenne ich mich gründlich mit Holacracy aus und sehe allein aus der knappen Wikipedia-Zusammenfassung – trotz etwaiger oberflächlicher Gemeinsamkeiten – sehr entscheidende Struktur*unterschiede* zwischen den beiden Modellen, die mir eine pauschale Ineinssetzung der Modelle als sehr gewagt und voreilig erscheinen lassen. Im Folgenden eine vergleichende Analyse der beiden Modelle:

Dimension	Harzburger Modell	Holacracy
Sicht auf Mitarbeiter	selbstständig denkende, handelnde und entscheidende Individuen	selbstständig denkende, handelnde und entscheidende Individuen
Regeln	allgemeine Führungsanweisung	Holacracy-Verfassung
Befugnis	delegierte Befugnis	verteilte Befugnis
Ermessens- und Ausnahmebereich	vage definiert	klar definierte inverse Befugnis: alles ist erlaubt, was nicht explizit verboten ist
Beschreibung wiederkehrender Aufgaben	Stellenbeschreibung	Rollenbeschreibung
Zuordnung von Arbeit	ein Mensch pro Stelle	ein Mensch, mehrere Rollen + dieselbe Rolle, mehrere Menschen
Führung	autoritär bürokratisch mit Vorgesetzten	rollenbasierte, verteilte Führung
Übersteuerung	der Vorgesetzte greift lediglich im Ausnahmefall ein	es gibt keinen Vorgesetzten und keine Übersteuerung
kollektiver Governance-Mechanismus	nicht vorhanden	verteilte Governance in jedem Kreis
vorherrschendes Paradigma	»voraussagen-und-kontrollieren«	»wahrnehmen-und-antworten«
woher Arbeitsaufträge kommen	gemäß Dienstweg von oben nach unten	potenziell von jedem Rollen-Lead der Organisation
Mittel zur Zielerreichung und gemeinsamer Ausrichtung	Kaskadenverfahren (Zielsystem mit Ober- und Unterzielen)	ggf. Strategievorgaben pro Kreis, Projekte

Tabelle 2 – Gemeinsamkeiten und Unterschiede von Harzburger Modell und Holacracy

143 Kühl 2023a, S. 116

Gemeinsamkeiten: Die Sicht auf Mitarbeiter erscheint identisch und beide Modelle haben ein explizit aufgeschriebenes, zentrales Regelset (der konkrete Inhalt der »Allgemeinen Führungsanweisung« ist mir jedoch nicht näher bekannt) sowie Beschreibungen der zu erledigenden Aufgaben[144]. Da hören die offensichtlichen Ähnlichkeiten aber auch schon auf.

Unterschiede: Auf Seiten der Unterschiede kann man folgende Aspekte festhalten. In Holacracy ist die Befugnis zum Handeln nicht bloß *delegiert*, sondern *verteilt* (Delegation vs. Distribution). Das zeigt sich darin, dass es in Holacracy keinen Mechanismus der Übersteuerung durch Führungskräfte gibt – weil es schlichtweg keine Manager gibt, die andere herumkommandieren dürfen. (Man kann Personen zwar ihre Rolle entziehen, doch solange sie ihre Rolle innehaben, genießen sie die Entscheidungsautonomie ihrer Rolle, die ihnen die Verfassung gewährt, insbesondere via Artikel 4.) Der Ermessens- und Ausnahmebereich ist im Harzburger Modell konturlos und unpräzise definiert, während dank der inversen Befugnisstruktur in Holacracy glasklar definiert ist, dass alles erlaubt ist, was nicht explizit durch die Verfassung oder die Governance-Aufzeichnungen verboten ist.

Führung ist nicht wie im Harzburger Modell an Vorgesetzte geknüpft, sondern verteilt und geschieht rollenbasiert. Jeder *führt* seine Rollen und *folgt* anderen in der Führung ihrer Rollen. Ein Mensch kann in Holacracy mehrere Rollen gleichzeitig ausüben und dieselbe Rolle kann von mehreren Menschen gefüllt werden, während im Harzburger Modell die klassische Zuordnung von 1 Mensch = 1 Stelle vorherrscht. Holacracy hat einen einzigartigen, kollektiven Governance-Mechanismus in jedem Kreis, der jedem Rollen-Lead erlaubt, die formalen Erwartungen anzupassen – das Harzburger Modell hat nichts ansatzweise Vergleichbares zu bieten. Das vorherrschende Paradigma des Harzburger Modells ist verhaftet im klassischen »Voraussagen-und-kontrollieren«-Modus, wohingegen Holacracy durch sein »Wahrnehmen-und-antworten«-Paradigma wesentlich mehr Flexibilität ermöglicht. Arbeitsaufträge fließen im Harzburger Modell klassisch von oben nach unten, in Holacracy darf jede Rolle von jeder anderen Rolle zum Sinn und Zweck passende Projekte anfragen – ob sie von »oben« oder »unten« kommen, ist somit unerheblich.

Als Mittel zur Zielerreichung und gemeinsamer Ausrichtung nutzt das Harzburger Modell ein Zielsystem mit Ober- und Unterzielen, während Holacracy Strategieformulierungen als Orientierung für Priorisierungen im Tagesgeschäft nutzt, die zwar ebenfalls abwärts kaskadieren können (Sub-Kreis-Strategien dürfen der Super-Kreis-Strategie nicht zuwiderlaufen), doch in jedem Kreis individuell angepasst werden können.[145] Ich komme somit auf insgesamt drei Gemeinsamkeiten gegenüber neun Unterschieden. Da finde ich wesentlich mehr Ähnlichkeiten zwischen dem Harzburger Modell und dem Modell der klassischen Top-down-Führung, das

144 Was die Länge dieser Beschreibungen im Harzburger Modell betrifft, kann ich aus der Ferne nicht beurteilen. Meine Vermutung ist aber, dass es einen erheblichen Unterschied in der Länge der Rollenbeschreibungen in Holacracy gibt – je nachdem, welches Niveau der Praxis vorherrscht.

145 Manche holakratische Firmen nutzen dafür Objectives and Key Results (OKRs), doch das wird nicht von Holacracy vorgegeben.

heute mehrheitlich praktiziert wird. Mein Punkt: Holacracy ist in wesentlichen Aspekten entscheidend anders als das Harzburger Modell. Der Vergleich hinkt mächtig.

Mir scheint, dass Kühls Forschungsprogramm darin besteht, die Fakten über Holacracy in genau diejenige hyperformalisierte Richtung zu biegen, die das Harzburger Modell scheinbar zu verkörpern versucht hat. Doch hier läuft er wieder Gefahr, *doch* wieder dem immergleichen »Es-gibt-nichts-Neues-unter-der-Sonne-Mythos« und dem »abergläubischen Lernprozess […]«[146] aufzusitzen, den er doch eigentlich mit dieser Forschung überwinden wollte. Holacracy? Alles im Prinzip schon mal dagewesen. Kühl schreibt im Sinne dieser zyklischen Wiederkehr des ewig selben:

> »Überspitzt ausgedrückt: Man kann die Geschichte von Managementkonzepten als ein Hin- und Herwechseln nicht nur zwischen Abbau und Reduzierung von Hierarchien oder zwischen der Ausdifferenzierung oder Auflösung von Abteilungsgrenzen, sondern auch zwischen Formalität und Informalität beschreiben.«[147]

Meine eigene Erklärung dieser Geschichte von Wechselbewegungen lautet, dass es sich dabei im Prinzip um zentrale Polaritäten von Organisationen handelt, bei der eine Managementmode temporär jeweils einen bestimmten Pol, der lange nicht im Fokus der Aufmerksamkeit gestanden hat, »entdeckt« und als ultimative »Lösung« präsentiert – ohne jedoch das größere *System* dahinter zu erkennen – die vier Quadranten der jeweils zugrundeliegenden Polarität und ihre Dynamiken, die es zu managen gilt.

In dem Buch »Schattenorganisation« erzeugt Kühl das Bild, dass Holacracy sich (wie beliebige andere Managementmoden auch) doch nur wieder auf *einen* Pol der zugrundeliegenden Polarität konzentriere, nämlich auf eine extreme Variante von Formalisierung. Er baut dadurch argumentativ eine hyperformalisierte **»Strohmann«-Variante**[148] **von Holacracy** auf, die er dann siegreich niederboxt. Ich hingegen denke, dass in Holacracy sehr wohl alle Elemente angelegt sind, um die Polarität von Formalität/Informalität gut navigieren zu können (und andere zentrale Polaritäten), und dass es sich daher um eine *qualitativ neue Art* von Organisationsform handelt, die als solche gewürdigt werden sollte, statt sie wieder in die alte »postbürokratische« Schublade zu stopfen.

---

146 Kühl 2023a, S. 8

147 Kühl 2023a, S. 23

148 »Mit einem Strohmann-Argument wird ein Streitgespräch mit der Gegenposition fingiert, indem den eigenen Argumenten angebliche Argumente der Gegenseite gegenübergestellt werden. Statt auf die tatsächliche Position des Gegners und seine Argumente einzugehen, wird gegen einen nicht anwesenden, fiktiven Gegner – den ›Strohmann‹ – argumentiert; dabei werden diesem oft verzerrte und undifferenzierte Versionen der gegnerischen Argumentation in den Mund gelegt. Es wird dann behauptet, die Widerlegung der Strohmann-Position wäre eine Widerlegung der tatsächlichen Position des Diskussionsgegners.« https://de.wikipedia.org/wiki/Strohmann-Argument, abgerufen am 06.05.2023

Das weckt die Neugier, wie sich Kühl eigentlich jenseits seiner Dekonstruktion verschiedener Managementmoden *selbst* vorstellt, wie Organisationen optimal funktionieren sollten. Das ist natürlich ein normativer Aspekt, über den ein rein »neutral« beschreibender Wissenschaftler nicht auskunftspflichtig ist. Holacracy zu dekonstruieren ist leicht – insbesondere, wenn man nicht sagen muss, wie man es auf der praktischen Ebene selbst *besser* machen würde. Doch ich glaube, dass er (etwas verklausuliert) in dieser Passage seine normative Haltung dazu doch hat durchblicken lassen:

> »Organisationen können nicht als ein ›vollständig formalisiertes System‹ existieren.[149] Das liegt nicht an einem ›Mangel an Perfektion‹, sondern daran, dass eine Organisation, in der alle Erwartungen formal abgebildet werden würden, ›gar nicht lebensfähig‹ wäre (Luhmann 1964: 27). Die Ausbildung informaler Strukturen, die den formalen Strukturen häufig entgegenlaufen, sind notwendige Ausgleichsbewegungen in der Organisation, um die Lebensfähigkeit bei allen Formalisierungsbestrebungen aufrechtzuerhalten.
> Die Leistungsfähigkeit von Organisationen entsteht nicht vorrangig dadurch, dass alle an einer immer weiteren Perfektionierung ihrer Formalstruktur feilen, sondern dass eine hohe Sensibilität für das Spannungsverhältnis zwischen formalen und informalen Erwartungen in Organisationen herrscht. Statt in immer aufwendigeren, immer partizipativeren Verfahren die formalen Strukturen zu verändern, **scheint die organisationale Geschicklichkeit vieler Mitglieder darin zu liegen, so zwischen formalen und informalen Erwartungen hin- und herzuwechseln, dass die Organisation vorangebracht wird.**«[150]

Da kann ich Kühl sogar wohlwollend zustimmen. Diese Fähigkeit, zwischen den erforderlichen Polen zu wechseln, klingt nach der Art von Polaritätsmanagement von Formalität und Informalität, die Holacracy ermöglicht. Schade, dass Kühl das scheinbar nicht erkennt und der Öffentlichkeit stattdessen nur ein stark verzerrtes Bild von Holacracy präsentiert, in denen Mitgliedern von holakratischen Organisationen eine solche Geschicklichkeit pauschal abgesprochen wird.

3.4.4.5 Vor- und Nachteile der Informalität/Formalität-Polarität

Wenn man sich die **Vor- und Nachteile dieser Polarität** mit den entsprechenden Mustern in Holacracy genauer anschaut, so kann man dort die folgenden Aspekte erkennen.

Unter den **positiven Aspekten der (formal legitimierten) Informalität in Holacracy (L+)** würde ich einen großen Grad der Autonomie in der Rolle zählen, welcher durch die in der Praxis so genannte »Goldene Regel«[151] ermöglicht wird und dem Rollen-Lead zusammen mit der »Befugnis

149 Er scheint damit implizieren zu wollen, dass dies der Anspruch von Holacracy sei. Er ist es nicht.
150 Kühl 2023a, S. 84-85, eigene Hervorhebung
151 Siehe den ersten Satz des Artikels 4 der Holacracy-Verfassung, v5.0.

zur Auslegung«[152] ermächtigt, sein eigenes Urteilsvermögen anzuwenden – insbesondere bei der pragmatischen Interpretation des Sinn und Zwecks der Rolle, der zwar formal festgehalten, aber meist vage (oder »unterbestimmt«) genug für eine Menge informaler Interpretation ist. Artikel 4.3 der Verfassung, »individuelle Initiative«, erlaubt es Rollen-Leads unter gewissen Umständen, die Regeln zu brechen, wenn sie einem sinnvollen Handeln der Rolle im Weg stehen sollten. Oder mit Tom Thomison gesprochen: »Lass der Arbeit nichts im Wege stehen – nicht mal Holacracy.« Ferner definiert Holacracy auf keine Weise, wie die Kultur oder die Werte der Organisation sein sollten. Positiv gesprochen lässt Holacracy dadurch genügend Freiraum für die informale Ausgestaltung dieser Dimension durch die Menschen.

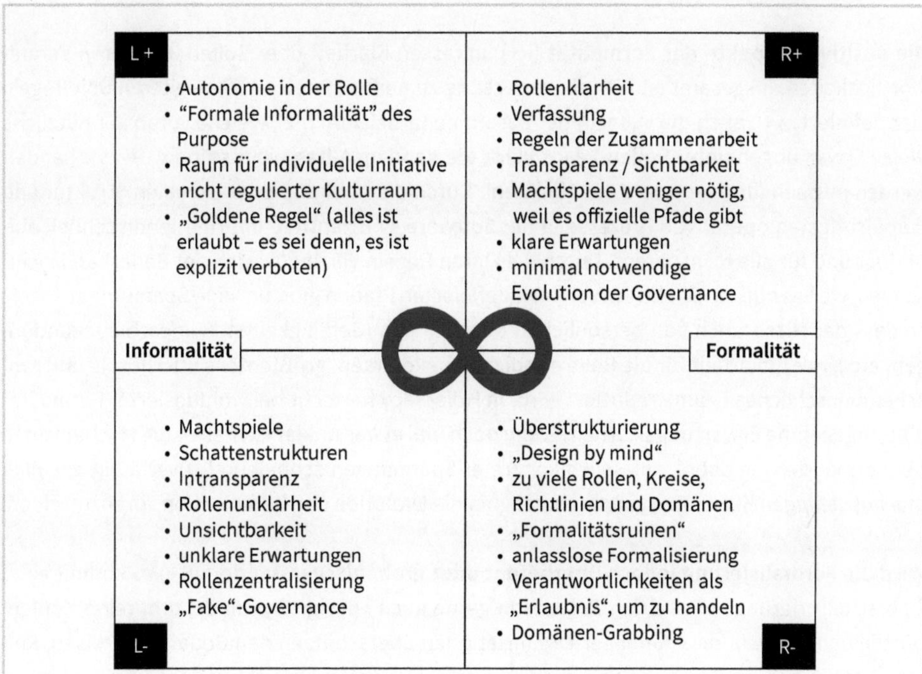

Abbildung 14 – Aspekte der Formalität/Informalität-Polarität in Holacracy

Negative Aspekte der Überbetonung der Informalität in Holacracy (L-) sind – wie übrigens in allen anderen Organisationsformen auch – Machtspiele und Schattenstrukturen, die sich im Hintergrund bilden können. Dies bedingt eine absichtliche Intransparenz über die Dinge, die im Hintergrund entschieden werden – sie bleiben für die Mehrheit unsichtbar. Ein anderer negativer Aspekt der Informalität ist, wenn implizite Erwartungen nicht formalisiert werden und dadurch unklar bleiben. Mit »Rollenzentralisierung« ist gemeint, dass man in Holacracy »ganz

152 Siehe Artikel 4.2 der Holacracy-Verfassung, v5.0.

legal« viele einflussreiche Rollen in wenigen Menschen bündeln und dadurch eine Machtkonzentration anhäufen kann – manchmal *ungewollt* und nur weil es gerade niemand Kompetenteren in der Organisation gibt – manchmal *gewollt*, um im Hintergrund die Strippen ziehen zu können. Wenn diese Rollen dann auch noch klassische HR-Funktionen (Einstellung, Entlassung und Entlohnung) ausüben, kann dadurch zu einer unverhältnismäßigen Machtansammlung kommen. »Fake Governance« beschreibt das Phänomen, dass informal Entscheidungen vorbereitet werden, die faktisch im Governance Meeting nur noch durchgewunken und formalisiert werden, weil es sozial gesehen »tabu« ist, Einwände einzubringen – vielleicht sogar mit impliziter Androhung negativer Konsequenzen aus besagten HR-Funktionen heraus. Die Regeln werden hier als Waffe missbraucht.

Die positiven Aspekte der Formalität (R+) umfassen Klarheit über Rollen und deren Verantwortlichkeiten. Insgesamt ist hier die Verfassung zu nennen, welche alle weiteren Spielregeln klar definiert, z.B. auch die »Regeln der Zusammenarbeit« (Art. 2), welche vorab auf nützliche Weise Erwartungen unter Rollen-Leads klärt, die dann im Alltag nicht ständig neu verhandelt werden müssen (insbesondere die Pflichten). Durch die Abbildung der formalen Struktur und der wichtigsten operativen Prozesse in der Software sind zentrale Informationen schnell auffindbar und für alle transparent. Durch die klaren Regeln verringert sich der Bedarf an Machtspielen, weil es nun ein Spektrum von wohldefinierten Pfaden gibt, um eine Spannung zu lösen, so dass der Missbrauch von persönlichen Beziehungen (Gefälligkeiten, Sympathiebekundungen, etc.), nur um Arbeit für die Rolle erledigt zu bekommen, größtenteils überflüssig und zwischenmenschliches Drama reduziert wird. In Holacracy herrscht bei wohldosierter Formalität eine angenehme Erwartungsklarheit. Wenn doch mal etwas unklar ist, helfen die Mechanismen der Formalisierung dabei, anlässlich konkreter Spannungen schnell und zuverlässig die *minimal notwendigen* Klärungen vorzunehmen, um die Evolution der Organisation voranzutreiben.

Wird die Formalisierung jedoch überbetont oder grob missverstanden (R-), so kommt es zu Überstrukturierung – was Brian Robertson gerne auch »design by mind«, d.h. reine Kopfgeburten nennt. Besonders Anfänger-Organisationen überschätzen den Bedarf an Kreisen, Rollen, Richtlinien und Domänen und erden deren Erschaffung oft nicht in konkreten Anlässen, d.h. in den von Rollen erlebten Spannungen, sondern versuchen (quasi in vorauseilendem Gehorsam) alle *möglichen* Spannungen zu antizipieren und zu lösen – ein Beispiel für *anlasslose Formalisierung*.[153] Durch natürliche Prozesse der Entropie, die in jedem System vorkommen, sofern man ihnen nicht mit Gewahrsein entgegensteuert, folgen darüber hinaus die von Kühl beschriebenen »Formalitätsruinen« – eine Anhäufung von formalen Strukturen, die von der gelebten Realität überholt, aber nicht korrigiert, d.h. entfernt werden. Hier spielen oft auch soziale Befindlichkeiten eine Rolle – man will einander (noch) nicht auf die Füße treten, indem man die Löschung einer Struktur vorschlägt, die ein Kollege einst mit seinem Vorschlag erschaffen

153 Um anlasslose Formalisierungen zu verhindern, existieren in der Verfassung Anforderungen an Vorschläge (Art. 5.3.1), die Prozessmoderatoren aber oft aus Unkenntnis nicht anwenden. Hier zeigt sich aus Coach-Sicht wieder die entscheidende Notwendigkeit für gründliche Holacracy-Praxis-Schulungen.

hat. Aufgrund Holacracys inverser Befugnisstruktur entsteht zudem häufig das Missverständnis, dass eine Rolle *alle* ihre Verantwortlichkeiten ausbuchstabieren und formalisieren müsste, um die Befugnis zum Handeln zu erhalten – ungeachtet der Tatsache, dass ein simpler Sinn und Zweck der Rolle bereits *implizit* alle für diese Tätigkeiten erforderliche Befugnis gewährt (aufgrund der »Goldenen Regel«). Ein ähnliches Missverständnis führt zu »Domänen-Grabbing« – als ob man in seinem Bereich nicht wirken dürfte, wenn man keinen Zaun drumherum zieht – Domänen als der irrige Versuch, Befugnis zum Handeln zu bekommen (die man bereits qua Sinn und Zweck hat).

3.4.5 Zuverlässigkeit/Anpassungsfähigkeit

In dem Artikel *»Beyond the Holacracy Hype«* identifizieren Bernstein et al. (2016) die Polarität von Zuverlässigkeit und Anpassungsfähigkeit, die Organisationen managen lernen müssen.

> »Alle Organisationen müssen bis zu einem gewissen Grad sowohl Zuverlässigkeit als auch Anpassungsfähigkeit erreichen, aber in der Regel stellt das eine das andere in den Schatten. Zu viel Standardisierung um der Zuverlässigkeit willen kann Unternehmen unempfindlich gegenüber sich verändernden Märkten machen. Wenn sie zu viel Wert auf die Anpassung legen, kann dies dazu führen, dass sie fragmentiert werden und die Hebelwirkung verlieren, die mit Fokus und Skalierung einhergeht [...]. Obwohl Managementhierarchien in beide Richtungen irren können, neigen sie sich meistens zugunsten der Zuverlässigkeit – und schaffen Starrheit und Bürokratie.
>
> Auch Mitarbeiter brauchen Zuverlässigkeit und Anpassungsfähigkeit. Um bei der Arbeit effektiv zu sein, müssen die Mitarbeiter ein stabiles Arbeitsumfeld, Zugang zu wichtigen Ressourcen und klare Ziele und Verantwortlichkeiten haben. Aber sie müssen auch Spielraum haben, um sich an veränderte Bedingungen anzupassen und im Moment die richtigen Entscheidungen zu treffen – und diese Flexibilität und Entscheidungsfreiheit bieten Führungshierarchien oft nicht.
>
> Als Führungskraft ist es nicht einfach, die richtige Balance zwischen Zuverlässigkeit und Anpassungsfähigkeit zu kennen – und selbst wenn Sie dies tun, ist es schwierig, ein Unternehmen dazu zu bringen, entsprechend zu arbeiten. Daher das große Interesse, dass sich Organisationen durch Selbstmanagement an die gewünschte Balance ›herantasten‹, die es eigentlich schon seit Jahrzehnten gibt.«[154]

In Holacracy bietet die Verfassung einen zuverlässigen Rahmen von Regeln, die über längere Zeit veränderungsstabil[155] bleiben. Innerhalb dieses zuverlässigen Rahmens und *wegen* dieses Rahmens ist es in Holacracy leicht möglich, die Struktur der Erwartungen schnell auf veränder-

154 Bernstein et al. 2016, eigene Übersetzung

155 Wahlweise kann man natürlich auch von einer »auffällige[n] Starrheit« sprechen – gemäß Kühls bevorzugter, abwertender Darstellungsweise, siehe Kühl 2023a, S. 70.

te Bedürfnisse anzupassen. Das ist kein Paradox, sondern der Effekt davon, dass die Vorteile beider Pole gut gemanagt werden.

3.4.5.1 »Bürokratie 2.0«?

Weiterhin argumentieren die Autoren des Artikels, dass Formen wie Holacracy Beschränkungen der klassischen Hierarchie überwinden – doch nicht auf eine Weise, die man gemeinhin erwarten würde, nämlich Chaos und Strukturlosigkeit. Stattdessen inkorporieren sie die Vorteile der Bürokratie gewissermaßen auf einer höheren Stufe.

> »Die neuen Formen widersetzen sich hierarchischen Zwängen – aber in gewisser Weise ähneln sie, entgegen gängiger Argumente, der Bürokratie, wie sie der Soziologe Max Weber in den frühen 1900er Jahren definierte. Die Bürokratie übertrug die Autorität eher auf entpersonalisierte Regeln und Rollen als auf Status, Klasse oder Reichtum. Die Idee war, den Einzelnen von der diktatorischen Herrschaft skurriler Chefs zu befreien. Selbstverwaltende Systeme zielen darauf ab, dasselbe zu erreichen, jedoch mit weniger Starrheit. In diesem Sinne könnte man sie sich als Bürokratie 2.0 vorstellen.
>
> Was ist hier grundlegend anders? Es ist die Art und Weise, *wie* die neuen Formen zwischen Zuverlässigkeit und Anpassungsfähigkeit balancieren, und der Mittelweg, den sie dabei anstreben. Wenn traditionelle Organisationen danach streben, Maschinen zu sein, die von der Newtonschen Physik gesteuert werden und die Wege einzelner Teilchen präzise vorhersagen und kontrollieren, dann sind selbstverwaltende Strukturen mit biologischen Organismen vergleichbar, mit ihrer schnellen Vermehrung und Evolution.«[156]

Es ist interessant, dass die Autoren der Studie des Harvard-Business-Review-Artikels hier – ganz im Gegenteil zu Kühl – in Holacracy nicht die Rückkehr zum »Maschinenmodell« erkennen, sondern eher die Metapher eines biologischen Organismus zu seiner Charakterisierung wählen, welche auch ich in meinem Blogartikel als Replik auf Kühl anführe.[157]

3.4.6 Zentralisierung/Dezentralisierung

Eine weitere typische Polarität, die man mithilfe von Holacracy navigieren kann, ist die Polarität von Zentralisierung und Dezentralisierung.[158]

156 Bernstein et al. 2016, eigene Übersetzung

157 Wittrock, D. (2021a). Holacracy ist keine Maschine. www.denniswittrock.com. Abgerufen am 20. Mai 2023, von https://denniswittrock.com/2021/02/07/holacracy-ist-keine-maschine/

158 Erfahrungen mit der Navigation dieser Polarität werden auch in der Soziokratie beschrieben. Siehe dazu Rau, T. (2023). Decentralization and Centralization in Sociocratic Organizations—Dynamics, Combinations, and Hybrid Solutions Solutions. Journal of Nonprofit Innovation, 3(1). Abgerufen am 22. Okt. 2023, von https://scholarsarchive.byu.edu/joni/vol3/iss1/8

Abbildung 15 – Aspekte der Zentralisierung/Dezentralisierung-Polarität in Holacracy

Holacracy ist in gewisser Weise eine Antwort auf die zentralisierenden Tendenzen von klassischen Organisationen. Somit macht es Sinn, die Diskussion dieser Polarität bei den **positiven Aspekten der Dezentralisierung (R+)** zu beginnen. Die Verteilung der Entscheidungsbefugnis auf *Rollen* in Holacracy ermöglicht diesen, schnell autokratische Entscheidungen in dem von der Organisation klar umrissenen Bereich des Erlaubten zu treffen. Die Rollen, die Entscheidungen treffen, verfügen über das lokal nötige Wissen, um das auf effiziente Weise selbst zu tun. Somit gibt es wenig bis keine der Flaschenhals-Problematiken, die traditionelle Organisationen plagen. Statt ins Meeting zu laufen, um sich vorsichtshalber eine explizite Einwilligung der Kollegen oder eine Anweisung der Führungskräfte abzuholen, gehen die Rollen-Leads in Holacracy stattdessen direkt zu der Rolle (»go to the role«), von der sie etwas brauchen, und stützen sich auf die in der Governance und in den Regeln der Zusammenarbeit etablierten Erwartungen, um direkt Arbeit von anderen Rollen anzufragen und einzufordern. Die Dezentralisierung führt zu einer stärkeren Verteilung der Macht, die in mehr Rollen lebt.

Wird der Aspekt der **Dezentralisierung übertrieben (R-)**, z.B. wenn zu viele, zu kleinteilige Rollen geschaffen werden, dann kommt es zu negativen Folgen, wie Redundanzen und Ineffizienzen. Eine Überbetonung der Interessen der »Vielen« (Rollen) gegenüber dem Interesse des »Ganzen« (Organisation) kann dann zu einem Mangel an gemeinsamer Ausrichtung und zu unklaren Prioritäten führen, die miteinander im Konflikt geraten – insbesondere, wenn es keine übergreifende Strategie gibt, die Orientierung bietet.

Spätestens dann ist es Zeit, sich wieder stärker auf die **positiven Aspekte der Zentralisierung (L+)** zu besinnen, indem man z.B. die Anzahl der Rollen wieder etwas konsolidiert und auf das minimal notwendige Maß zurechtstutzt. Durch die Erarbeitung einer zentralen Strategieformulierung[159] des Unternehmenskreises, welche dann in die Subkreise kaskadiert, werden dann wieder mehr gemeinsame Ausrichtung, Effizienz und klare Prioritäten etabliert. Manche holakratischen Organisationen nutzen dafür auch einen OKR-Prozess.

Wird die **Zentralisierung jedoch übertrieben (L-)**, dann handelt man sich eine Zentralisierung der Rollen ein, bei der immer dieselben Menschen auf den wenigen einflussreichen Rollen hocken, die dann meistens auch noch mit einer Domäne versehen sind, um den Zugriff auf bestimmte Bereiche effektiv zentral kontrollieren zu können.[160] Das führt dann oft doch wieder zu den bereits überwunden geglaubten Flaschenhals-Problematiken, die einhergehen mit Mangel an lokalem Wissen und der Machtkonzentration, die eine »Schattenhierarchie« ermöglicht. Statt direkt selbst eine Entscheidung treffen zu können oder direkt von Rollen Arbeit anzufragen, gehen die Leute dann doch wieder in Meetings – wenn nötig auch in nichtöffentliche Meetings –, um sich von mächtigen Rollen zu holen, was sie brauchen, um ihre Arbeit erledigen zu können.

3.5 Fazit zur Arbeit mit Polaritäten in Holacracy

Wenn man mit der Brille des Polaritätsmanagements schaut, so kann man leicht erkennen, dass Holacracy strukturelle Elemente enthält, die geeignet sind, um einige der unausweichlichen Polaritäten in Organisationen zu navigieren, sei es nun *Disziplin/Freiheit*, *Transparenz/Intransparenz*, *Formalität/Informalität*, *Zuverlässigkeit/Anpassungsfähigkeit* oder *Zentralisierung/Dezentralisierung*. Alle diese einzelnen Pole sind für sich genommen keine absolute »Lösung« für die Probleme der Organisation, sondern müssen vielmehr gut gemanagt werden, so dass die Vorteile des jeweiligen Pols verwirklicht und die Nachteile der Überbetonung eines Pols möglichst vermieden werden können.

Das gelingt natürlich auch in holakratisch strukturierten Organisationen nicht immer idealtypisch. Auch hier lassen sich in der Praxis viele Beispiele für die Nachteile jeder Polarität finden, wie Kühl sie beschrieben hat und wie ich sie ergänzt habe.[161] Doch im Unterschied zu »bürokratischen« oder »postbürokratischen« Organisationen umfasst Holacracy die notwendigen Strukturelemente zum Managen der Polaritäten bereits *in sich*. Die mögliche »Lösung« einer Überbetonung eines jeglichen Pols ist bereits im Modell vorab angelegt. Es ist dazu also nicht

159 Strategien werden in Holacracy interessanterweise ebenfalls in Form einer Polarität von zwei wertvollen Polen festgehalten. Dabei wird festgelegt, welcher Pol im kommenden Zeitraum stärker betont werden soll, z. B. »Neukunden sind sogar noch wichtiger als Bestandskunden«, »Quantität ist sogar noch wichtiger als Qualität« – oder umgekehrt. Das hilft dann im Alltag als Heuristik bei der Priorisierung der Arbeit.

160 Die Verfassung beschreibt in Art. 4.1.2 einen Mechanismus, um die Zugriffbefugnis auf Domänen zu erhalten, bei der man die Absicht zuzugreifen ankündigt, einen angemessenen Zeitraum abwartet und – falls kein Einwand des Domäneninhabers vorliegt – annehmen darf, dass man dazu befugt ist. Doch nicht jeder kennt und nutzt dieses Verfahren.

161 Weil Holacracy Strukturelemente für beide Pole bietet, die man überbetonen kann, findet man sogar doppelt so viele negative Aspekte wie in anderen, weniger umfassenden Managementmethoden.

mehr zwingend nötig, den Rahmen des Modells selbst zu verlassen, z. B. von einer »bürokratischen« zu einer »postbürokratischen« Organisation zu wechseln oder umgekehrt.

3.5.1 Empfehlungen für die Praxis

Was kann man also tun, um in der Praxis von Holacracy Polaritäten gut zu managen? Die erste Empfehlung lautet, den Kritikern innerhalb der Organisation, die sich über einen Missstand beklagen, aufmerksam zuzuhören. *Worüber beklagen sie sich? Welchen legitimen Wert sehen sie bedroht? Von welchem Pol wollen sie weg und zu welchem Pol wollen sie hin?* Man sollte ihnen grundlegend unterstellen, dass sie Recht haben, und zu verstehen versuchen, für welchen Pol einer möglichen Polarität sie Partei ergreifen.

Die zweite Empfehlung wäre, mit ihnen gemeinsam eine Polaritätslandkarte zu zeichnen. Sie können einem dabei helfen, die Nachteile des aktuellen Pols im Detail zu verstehen und gleichzeitig die Vorteile des gegenüberliegenden Pols, zu dem sie gehen wollen, besser zu verstehen. Auch hier sollte man die Aspekte im Detail in die Polaritätslandkarte eintragen.

Nun benötigt man noch die Verfechter des aktuellen Pols, welche die Nachteile des gegenüberliegenden Pols sowie die Vorteile des aktuellen Pols im Detail beschreiben können. So kann man der Gruppe ein komplettes Bild der Polarität (wie z. B. in den Abb. 11–13) zurückspiegeln, was den Beteiligten hilft, zu verstehen, dass *beide* Seiten wichtige Aspekte der Wahrheit haben und keine Perspektive ausgeschlossen werden sollte. Von entscheidender Bedeutung ist es daher, bei der Erstellung der Polaritätslandkarte möglichst neutral beschreibende und nicht abwertende Begriffe für die Pole zu finden.

Ich gehe davon aus, dass es in jeder hinreichend großen und diversen Organisation Menschen gibt, die sich in jede Seite jeglicher Polarität hineinfühlen können. In einem Gruppenprozess kann man nun die Verfechter jedes Pols als »Sensoren« der Organisation für die Anzeichen der negativen Aspekte des gegenüberliegenden Pols engagieren. Auf diese Weise kann man ein kollektiv vereinbartes Frühwarnsystem etablieren, welches schnell anzeigt, sobald die Organisation aus der Balance gerät und einen der beiden Pole überbetont.

Oder – noch organischer – man ignoriert die explizite Arbeit mit Polaritäten und verarbeitet einfach die Spannungen, sobald sie auftreten. Holacracy ist in einzigartiger Weise dafür gerüstet, Polaritäten zu managen, da es überall »Sensoren« (Rollen-Leads) gibt, denen vielfältige Pfade zur Spannungsverarbeitung zur Verfügung stehen, die in anderen Organisationsformen fehlen.

Auf diese Weise können sich die Pole von selbst ausgleichen – vorausgesetzt, die Rollen-Leads nehmen ihre eigenen Spannungen ernst, verfolgen sie und verarbeiten sie. Das ist allerdings eine große Voraussetzung, denn meist steckt noch eine gewohnheitsmäßige »Spannungstaubheit« im System, die aus der Zeit vor dem Wechsel zu Holacracy stammt. Das Abbilden von

Polaritäten würde aber auf alle Fälle die kollektive Wahrnehmung in Bezug darauf verbessern, in welche Fallen der Überbetonung man nicht tappen sollte. Darüber hinaus würde es den Menschen beibringen, die Spannungen der Kollegen mehr zu respektieren, was buchstäblich die »Polarisierung« in der Organisation reduziert.

3.6 Ein ausgewogeneres Bild der Vor- und Nachteile von Holacracy

»Holacracy ist kein Allheilmittel: es wird nicht alle Spannungen und Dilemmata einer Organisation lösen. Doch meiner Erfahrung nach bietet es das stabilste Fundament, von dem aus man sie erkennen, einordnen und adressieren kann.«
David Allen, The David Allen Company[162]

Holacracy ist eine Praxis mit Vor- und Nachteilen. Bereits 2017 habe ich mich während meiner Tätigkeit für *encode.org* mit den Limitierungen des Modells und gängigen Kritiken beschäftigt und diese aus der Sicht eines *For-Purpose Enterprise* (FPE) kontextualisiert und kommentiert.[163] Doch auch die Macher von Holacracy identifizieren eine Liste von möglichen Schwierigkeiten:

> »Es wäre töricht zu behaupten, dass Holacracy nur aus Rosen und Regenbögen besteht. Die Verwendung von Holacracy bringt Herausforderungen mit sich, denen sich jede Führungskraft bewusst sein sollte. Einige Beispiele sind:
>
> - **Lernkurve:** Holacracy ist ein regelbasiertes Framework, das von Einzelpersonen verlangt, mit einer anderen Denkweise an ihre Arbeit heranzugehen. Und da es für viele noch relativ neu ist, gibt es eine Lernkurve, die berücksichtigt werden sollte. Wir empfehlen, eine Erfahrung mit Holacracy zu machen, bevor Sie einsteigen.
> - **Erfordert Appetit auf Veränderung:** Holacracy führt Prozesse in der Organisation ein, die es jedem ermöglichen, Veränderungen vorzuschlagen, mit Mechanismen, die sicherstellen, dass nur positive Veränderungen angenommen werden. Dennoch können Veränderungen für manche Menschen eine Herausforderung darstellen.
> - **Macht einige Prozesse obsolet:** Der einzigartige Ansatz von Holacracy kann einige traditionelle Geschäftsprozesse unpassend machen. Beispielsweise können Prozesse, die auf der traditionellen Hierarchie beruhen, wie Einstellung/Entlassung, Vergütung und andere HR-Prozesse, aufgrund der grundlegenden Unterschiede zwischen Holacracy und traditionellem Management obsolet werden. Es kann erforderlich sein, neue Prozesse zu entwickeln oder anzunehmen, die für diese neue Umgebung besser geeignet sind. Diese Prozesse könnten intern erstellt oder von der breiteren Holacracy-Community bezogen werden.

162 »Holacracy is not a panacea: it won't resolve all of an organization's tensions and dilemmas. But, in my experience, it does provide the most stable ground from which to recognize, frame, and address them« (eigene Übersetzung), zitiert nachwww.holacracy.org, abgerufen am 06.05.2023. Die David Allen Company arbeitet ebenfalls holakratisch.

163 encode.org & Wittrock, D. (2017, 13. Juli). Does Holacracy Have Blind Spots? From Holes to Wholeness. Medium (Blog-Plattform). Abgerufen am 30. Mai 2023, von https://medium.com/encode-org/does-holacracy-have-blind-spots-b0b8b052b661

- **Überlastungspotenzial:** Mit der Fähigkeit, mehrere Rollen zu übernehmen, können Mitarbeiter mit Verantwortlichkeiten überlastet werden, und häufige Kontextwechsel können die Produktivität verringern. Dies kann leicht behoben werden, indem man auf das Thema aufmerksam macht und die Regeln von Holacracy angemessen anwendet, doch ein Mangel an Aufmerksamkeit für dieses Thema und verschiedene Missverständnisse über Erwartungen in einem Holacracy-Kontext können zu einer Überlastung führen.«[164]

Weitere Herausforderungen habe ich in den vorigen Kapiteln beschrieben. Die Forschungsgruppe rund um Kühl liefert ebenfalls nützliche Erkenntnisse, doch ihre Darstellung lässt auch starke Limitierungen und problematische Schlussfolgerungen erkennen. Ich habe die Theorie des Polaritätsmanagement vor allem deswegen als Interpretationslinse ins Spiel gebracht, weil man vor diesem Hintergrund zumindest einen Sachverhalt sehr deutlich erkennen kann: die eklatante *Unausgewogenheit* in der Darstellung der Vor- und Nachteile von Holacracy in den Arbeiten der Bielefelder Forschungsgruppe. Wenn man sich mehrere Themen durch die Polaritätslinse anschaut, so gewöhnt man sich an die Idee, dass es nicht nur *eine* Weise gibt, die Dinge zu betrachten. Man beginnt damit, *systematisch nach fehlenden Perspektiven zu suchen*, um das Bild zu komplettieren.

Zugegeben, es ist offensichtlich nicht das erklärte Ziel der Forschung über Holacracy gewesen, herauszufinden, was an Holacracy für die beforschten Unternehmen *funktioniert* und als positiv wahrgenommen wird. Und auch das ist legitim. Die Forscher sind frei zu erforschen, was sie am meisten interessiert und worauf sie ihre Aufmerksamkeit richten wollen. Und dennoch hinterlässt die auffallende Abwesenheit positiver Aspekte beim Leser so einige Fragezeichen.

Hier eine Liste der bisher diskutierten potenziellen Nachteile bzw. nicht intendierten Folgeerscheinungen von Holacracy aus dem Buch »Schattenorganisation«:

- Hyperformalisierung (Kap. 2.2)
- Formalitätsruinen (Kap. 2.4)
- Mitarbeitende, die sich hinter einer Vielzahl von Rollen verstecken (Kap. 2.5)
- Erstickung von Initiativen (Kap. 2.6)
- Dienst nach holakratischer Vorschrift (Kap. 2.7)
- Erosion der holakratischen Meetings (Kap. 2.9)
- Starrheit der holakratischen Organisationsprinzipien (Kap. 2.10)
- Ausbildung von Schattenstrukturen (Kap. 2.11)
- Nachbau einer Führungshierarchie (Kap. 2.11.3)
- »Transparenzparadox« (Kap. 3.4.3.1)

Diese Liste ist freilich nicht vollständig. Das Buch ist im Prinzip nichts anderes als eine einzige Problembeschreibung, quasi eine Art »Generalabrechnung« mit Holacracy. Zudem resultieren

164 FAQ: »What are drawbacks of using Holacracy?« (o. D.). Holacracy Foundation. Abgerufen am 6. August 2023, von https://www.holacracy.org/, eigene Übersetzung

manche vermeintlichen Nachteile aus Missverständnissen, fehlerhafter Praxiskenntnis und unvollständigen Beobachtungen, die die Dinge teilweise ins Gegenteil verkehren.

3.6.1 Positive Aspekte von Holacracy bei Kühl

Ich habe mir daher aus Interesse die Mühe gemacht, das Buch systematisch nach Stellen zu durchforsten, an denen Kühl etwas ansatzweise Positives über Holacracy von sich gibt. Wie sich schon erahnen lässt, sind das natürlich nur äußerst wenige – und wo er es tut, schiebt er eigentlich immer auch gleich schon ein Argument hinterher, das jegliche Vorteile relativiert oder nivelliert, bzw. wählt Ausdrücke, die Vorteile der Praxis lächerlich aussehen lassen oder als Nachteil charakterisieren. Das macht er relativ subtil. Hier einige Beispiele.

3.6.1.1 Individuell zusammengestellter Rollenmix bzw. »Rollen-Potpourri«

> »Die Besonderheit der Holacracy ist nun, dass Mitarbeiter eine ganze Reihe unterschiedlicher, in verschiedenen Bereichen der Organisation verankerten Rollen einnehmen können. Jedes Organisationsmitglied — in der Terminologie von Holakraten ist von Partnern die Rede — stellt sich ein eigenes Rollen-Potpourri zusammen.«[165]

Es ist aus meiner Sicht ziemlich bemerkenswert, dass man in Holacracy als Individuum seine Fähigkeiten auf verschiedene, klar definierte Rollen verteilen, sich dadurch in mehreren Dimensionen dynamisch neue Herausforderungen suchen und daran wachsen kann. Oder man nennt das Ganze einfach lapidar »Rollen-Potpourri« und zeichnet dadurch ein wenig attraktives Bild der Beliebigkeit und des Durcheinanders, wie Kühl es tut.

3.6.1.2 Schnelle Anpassungsfähigkeit an veränderte Rahmenbedingungen (bottom-up)

> »Im Vergleich zum klassischen Maschinenmodell der Organisation, das stark auf von oben gesteuerte Festlegungen des Zusammenspiels der Einzelteile setzt, wird im holakratischen Organisationsmodell das Zusammenspiel der Einzelteile eher von unten her bestimmt. Dabei kann im Falle sehr stabiler Grundprinzipien — den in der Verfassung niedergelegten holakratischen Regeln — das konkrete Zusammenspiel der Einzelteile entsprechend einfacher optimiert und ebenso schneller an veränderte Rahmenbedingungen angepasst werden. Das holakratische Organisationshandbuch ist mindestens ebenso dick wie im klassischen Maschinenmodell der Organisation, es kann an vielen Stellen nur einfacher umgeschrieben werden.«[166]

165 Kühl 2023a, S. 30, meine Hervorhebung
166 Kühl 2023a, S. 56

In dieser Passage gibt Kühl zu, dass Holacracy immerhin in der Lage ist, seine Strukturen *bottom-up* schnell an veränderte Rahmenbedingungen anzupassen. Er bemüht sich aber, das sogleich wieder durch das eher unappetitliche Bild eines »dicken Organisationshandbuchs« zu relativieren und Holacracy damit in die Nähe des »klassischen Maschinenmodells der Organisation« zu rücken.[167]

3.6.1.3 Schnipsel aus dem Schneideraum

Es existiert Zusatzmaterial zum Buch »Holacracy – Funktionen und Folgen eines Managementmodells« in Form von gekürzten und anonymisierten Interview-Transkripten aus den befragten Organisationen. Leider ist dieses Zusatzmaterial zum Buch selbst nicht der komplette Datensatz. Dennoch finden sich selbst in diesen gekürzten und stark editierten Transkripten interessante Schnipsel mit Aussagen über positive Aspekte von Holacracy, die es leider in keines der Bücher geschafft haben – gewissermaßen die »Schnipsel aus dem Schneideraum«.

> »F: Was gefällt dir am meisten an der Holakratie? #00:06:45
> A: Ich fühle mich freier, muss ich sagen, auch da ich nicht kundengenau arbeiten muss und ich zeitlich flexibler bin, das führt auch zu einer höheren Loyalität zum Arbeitgeber. Man ist dann auch echt zufriedener, wenn man merkt, dass man [sich] die Zeit frei einteilen kann. #00:06:54
> [...]
> F: **Wir haben ja jetzt schon ein bisschen über die Stärken von Holacracy geredet**, gibt es auch irgendwie Schwächen, Herausforderungen jetzt auch schon in der Vergangenheit, bei der Implementierung oder jetzt auch zukünftige Herausforderungen? #00:39:13«[168]

Der letztere der beiden Schnipsel ist insofern interessant, als dass er illustriert, dass die Stärken von Holacracy im Transkript **buchstäblich ausgeklammert** wurden. Die der zweiten Frage vorgelagerte Passage (mit [...] markiert) über die Stärken von Holacracy ist leider nicht in den zur Verfügung gestellten Daten enthalten. Schade eigentlich! Man hätte mit interessierten Lesern teilen können, was – selbst trotz der Schwierigkeiten von Holacracy – von Praktizierenden als positiv gesehen wird.

In einem weiteren Ausschnitt des Transkripts (IT-Tower – Interview 4b) erfahren wir immerhin, dass Holacracy der Organisation dabei geholfen hat, Menschen mit Initiative Experimente zu

167 Siehe dazu auch meine Kritik »Holacracy ist keine Maschine«, (2021) https://denniswittrock.com/2021/02/07/holacracy-ist-keine-maschine/ abgerufen am 06.05.2023

168 Sua-Ngam-Iam, P. (2023). Zusatzmaterial 1 (Kreise, Komplexität und Krisen. Holacracy auf dem organisationswissenschaftlichen Prüfstand). In Springer Link. Abgerufen am 24. Mai 2023, von https://static-content.springer.com/esm/chp%3A10.1007%2F978-3-658-40111-5_1/MediaObjects/538752_1_De_1_MOESM1_ESM.docx, eigene Hervorhebung.

ermöglichen, um Best Practices zu standardisieren und der Organisation zu mehr Effizienz zu verhelfen:

> »**Wenn ich aber Macht möchte, wenn ich relevant sein will und das ist eigentlich die Ausprägung der Macht, jetzt neutral formuliert, ich will, dass meine Tätigkeit relevant ist. Dann gibt mir Holacracy mehr Möglichkeiten als mir die hierarchische Struktur Möglichkeiten gibt. Und aus Firmensicht empfinde ich das natürlich als sehr, sehr stark, dass wir Dinge ausprobieren können.** Ich sehe jetzt gerade… Ich sehe meinen Kollegen, wir nennen ihn den [Spitzname]. Der hat ein Steckenpferd … Und der ist tatsächlich … das war ihm sowas von dringend wichtig und er hat die Initiative gefahren, da ist ein Circle gewachsen, der war extrem relevant, er hat einen Zweck erfüllt und jetzt hat sich der Circle aufgelöst. […] Das schöne, was ich erlebt habe und darum erwähne ich jetzt den [Spitznamen] gerade, das war eine Initiative, da war er extrem gut geeignet dafür. Die Initiative war ein Erfolg. Jetzt ist er nicht mehr Lead Link, weil der Circle gar nicht mehr besteht. Die Rolle konnte abgeschafft werden. Es hat seinen Zweck erfüllt. #00:44:03
> F: Etablierung eines neuen Geschäftsfeldes oder was war seine Initiative? #00:44:07
> A: **Es ging darum best-practices zu standardisieren. Wir haben immer wieder das Rad neu erfunden und wir haben gesagt »Lass uns das mal formalisieren« dann haben wir eine Bibliothek von Standards und von da aus nehmen wir sie dann. Wir werden dadurch effizienter.** Der [Spitzname] hat die Standards durchgepaukt und er ist jedem auf die Füße getreten, bis der Standard endlich mal vernünftig funktioniert hat. Jetzt haben wir die Standards, es ist nicht mehr nötig. #00:44:30«[169]

3.6.1.4 Die Konkretheit und der Paketlösungscharakter von Holacracy als Betriebssystem

Holacracy ist ein umfassender Gesamtansatz, der eine Alternative zum klassischen Top-down-Management darstellt.

> »Der Vorteil dieser Paketförmigkeit für das Management ist, dass ein Managementkonzept komplett eingekauft werden kann. […] Wie bei einer Standardsoftware müsse man auch bei einem holakratischen System dabei die eine oder andere Anpassung vornehmen, aber im Groben weiß man, was man bekommt. Eine enorme Erleichterung bei der Entscheidungsfindung.
>
> Der Nachteil der Paketförmigkeit besteht jedoch darin, dass man der Fertiglösung mehr oder minder ausgeliefert ist. Genauso wie man für die Schwachstellen einer neuen Standardsoftware mühsame ›Workarounds‹ entwickeln muss, muss man auch für die ungewollten Nebenfolgen eines neuen Betriebssystems Kompensationsmöglichkeiten finden. Aber es handelt sich immer um Notlösungen, mit denen die Probleme nur eingedämmt werden, aber nicht grundlegend gelöst werden können. Wenn die Schwie-

169 ebenda, eigene Hervorhebungen

rigkeiten zu groß sind, bleibt dann häufig nur, die Standardsoftware durch eine neue zu ersetzen oder sich von dem organisationalen Betriebssystem zu verabschieden.«[170]

Kühl gesteht der Paketförmigkeit von Holacracy einige Vorteile zu. Es ist zudem relativ unstrittig, dass jedes System Vorteile und Nachteile mit sich bringt. Ich stelle jedoch das binäre Bild infrage, das Kühl hier zeichnet und das im Grunde nur zwei Möglichkeiten umfasst: Entweder eine Organisation muss beim bisherigen Betriebssystem bleiben und an den Folgen leiden oder damit brechen und zum nächsten Betriebssystem hüpfen.

Mit Holacracy gibt es aber eine dritte Option, nämlich das Betriebssystem zusammen mit einer weltweiten Gemeinschaft der Praktizierenden kontinuierlich weiterzuentwickeln, d. h. es in regelmäßigen Abständen »upzugraden«, wenn man in dieser Metapher bleiben will.[171] Auf diese Weise sind wir von der Verfassung in der Version 1.0 bis hin zur aktuellen Verfassung, Version 5.0 gelangt. Oder anders gesagt: Holacracy ist bereits mehrfach gestorben und phönixgleich immer wieder neu auferstanden. »Holacracy ist tot. Lang lebe Holacracy!«

Ich weiß nicht, mit welchem Computer-Betriebssystem Kühl arbeitet, aber die Aktualisierung meines Betriebssystems geschieht unkompliziert alle Nase lang im Hintergrund, ohne dass ich mir ständig einen neuen Rechner zulegen muss. Es entsteht keine größere Disruption und gleichzeitig kommen mit der Zeit immer bessere Features hinzu und Bugs werden behoben.

So ist es im Prinzip auch bei Holacracy. Letztlich hat die Entscheidung für *jedes* System langfristige Konsequenzen und zieht Pfadabhängigkeiten nach sich. Eine wichtige Frage ist daher, ob das jeweilige System, für das man sich entscheidet – und entscheiden muss man sich nun mal[172] – in ein lebendiges Ökosystem von Praktizierenden eingebettet ist, welches kontinuierlich für Verbesserungen sorgt. Bei Holacracy als Organisations-Betriebssystem trifft das zu.

In Anlehnung an Churchill kann ich daher sagen, dass Holacracy unter dem Strich das schlechteste Betriebssystem für Organisationen ist – *abgesehen von den Alternativen*.

3.6.2 Wo »Schattenorganisation« ist, da muss auch »Lichtorganisation« sein

Es ist ein Rätsel. Warum in Gottes Namen gibt es *überhaupt* Organisationen, die sich auf Holacracy einlassen? Die Liste der Nachteile erscheint lang und erschlagend. Wenn es so derart dysfunktional ist, dann müssen die Leute in mehreren hundert Firmen, die es teilweise schon über mehrere Jahre praktizieren, entweder a) verblendet oder b) dumm sein – zumindest, wenn

170 Kühl 2023a, S. 43

171 Oder man kann – wie oben beschrieben – auch jederzeit seinen lokalen »Fork« machen und eigene Anpassungen am Regelwerk vornehmen. Es ist zwar nicht zu empfehlen, aber es ist jederzeit möglich.

172 Alternativ kann man Holacracy als Option natürlich auch ignorieren. Dann gibt es freilich nicht viel zu entscheiden, denn die klassische Top-down-Managementhierarchie mit all ihren unintendierten Nebenfolgen gilt dann standardmäßig unhinterfragt als gesetzt und als alternativlos.

man nur die Dinge in Betracht zieht, die in dem Buch *»Schattenorganisation. Agiles Management und ungewollte Bürokratisierung«* über Holacracy stehen.

Um nun dieses Rätsel zu lösen, können wir ja den Fokus der Aufmerksamkeit erweitern und die Aspekte von Holacracy betrachten, die als Vorteile gesehen werden. Hier wieder die Sicht der Holacracy-Macher:

> »Bei korrekter Anwendung bietet der Einsatz von Holacracy in einer Organisation mehrere Vorteile:
>
> - **Verbesserte Agilität und Reaktionsfähigkeit:** Durch die Verteilung der Entscheidungsbefugnis auf verschiedene Rollen ermöglicht Holacracy eine schnellere und agilere Entscheidungsfindung, was Organisationen helfen kann, schneller auf sich ändernde Marktbedingungen zu reagieren.
> - **Verstärktes Mitarbeiterengagement:** Mit Holacracy haben Mitarbeiter mehr Autonomie und sind befähigt, Entscheidungen zu treffen, die sich auf ihre Arbeit auswirken, was zu größerer Arbeitszufriedenheit und Engagement führen kann.
> - **Größere Klarheit und Verantwortlichkeit:** Die Verwendung klarer Rollen, Verantwortlichkeiten und Governance-Prozesse in Holacracy kann dazu beitragen, Erwartungen zu klären und die Verantwortlichkeit in der gesamten Organisation zu erhöhen.
> - **Flexibilität und Anpassungsfähigkeit:** Der Fokus von Holacracy auf Rollen statt auf Job-Titel ermöglicht mehr Flexibilität bei der Aufgabenzuweisung und eine größere Anpassungsfähigkeit gegenüber Veränderungen der Bedürfnisse der Organisation.«[173]

3.6.2.1 Positive Aspekte an Holacracy aus Studien

Empirische Forschung zu Holacracy ist noch eher rar, doch vereinzelt tauchen bereits Studien auf, die durchaus Positives über Holacracy zu berichten haben. Weirauch et al.[174] haben eine anonyme Umfrage unter 115 Mitarbeitenden von holakratischen Organisationen in der Schweiz und Deutschland zu Prädiktoren für die Passung von Person, Organisation und Arbeitszufriedenheit durchgeführt und kommen zu folgendem Ergebnis:

> »Die Ergebnisse dieser Studie weisen darauf hin, dass sich die Arbeitsbedingungen zwischen holakratischen und traditionellen Unternehmen systematisch unterscheiden. Mitarbeiter in holakratischen Unternehmen erlebten eine höhere Wertschätzung und weniger illegitime Aufgaben als Mitarbeiter in traditionellen Organisationen.«

173 FAQ: »What are the benefits of using Holacracy?« (o. D.). Holacracy Foundation. Abgerufen am 6. August 2023, von https://www.holacracy.org/, eigene Übersetzung.

174 Weirauch, L., Galliker, S. & Elfering, A. (2023). Holacracy, a modern form of organizational governance predictors for person-organization-fit and job satisfaction. Frontiers in Psychology, 13. Abgerufen am 22. Okt. 2023, von https://doi.org/10.3389/fpsyg.2022.1021545, S. 12, eigene Übersetzung.

Mit »illegitimen Aufgaben« sind solche Aufgaben gemeint, die man in traditionellen Unternehmen von seinen Vorgesetzten zugeschoben bekommt, die aber nichts mit der eigenen Stellenbeschreibung zu tun haben. Dieser Effekt ist in Holacracy dank der Rollenklarheit deutlich vermindert. Die höhere Wertschätzung hingegen erklären die Autoren wie folgt:

> »Eine Erklärung hierfür könnte sein, dass in holakratischen Unternehmen eine gute Zusammenarbeit und ein respektvoller Umgang unter den Kollegen einen hohen Stellenwert hat und durch die fehlende Hierarchie eher ein Gemeinschaftsgefühl entsteht. Jeder trägt zum Erfolg des Unternehmens bei und gibt sein Bestes, um sein Team zu unterstützen. Neben geringeren illegitimen Aufgaben, die als Stressoren fungieren, gibt es auch ein höheres Maß an Wertschätzung, das als Ressource fungiert.«[175]

Auch Bernstein et al. fanden mehrere Beispiele in den von ihnen untersuchten Organisationen, dass Holacracy zu positiven Veränderungen führen kann:

> »Nehmen wir Ryan, einen Softwareentwickler bei ARCA, einem globalen Fertigungs- und Dienstleistungsunternehmen, bei dem einer von uns mehr als ein Jahr damit verbracht hat, die Implementierung von Holacracy zu beobachten. Schon früh erkannte Ryan, der sich leidenschaftlich für das Design von Benutzeroberflächen interessierte, den unerfüllten Bedarf, sicherzustellen, dass die Software von ARCA ein einheitliches Erscheinungsbild hat. Bei einem der Strukturierungstreffen seines Teams schlug er die Idee vor, eine Rolle für diese Arbeit zu schaffen: UI-Liaison. Niemand im Kreis dachte, dass dies Schaden anrichten würde, also wurde die Rolle geschaffen und der Lead-Link wies sie Ryan zu, der auch weiterhin die Rolle des Softwareentwicklers ausfüllte. Dies ermöglichte es ihm, gleichzeitig die Leistung der Gruppe zu verbessern und eine berufliche Entwicklungschance zu verfolgen.
>
> Im Gegensatz zu festen Strukturen, die um Spezialisten herum aufgebaut sind, die sich in Vollzeit einer Funktion widmen, ermöglichen diese neuen Organisationsformen den Mitarbeitern, zu ›Utility Playern‹ zu werden, mit hochgradig fokussierten Rollen, die sie in mehreren Bereichen des Unternehmens ausfüllen können. Nehmen wir Karl, der zu ARCA kam, bevor es Holacracy einführte. Als frischgebackener Absolvent seines Jurastudiums hatte er wenig Geschäftserfahrung, zeigte aber mit seinen juristischen und analytischen Fähigkeiten großes Potenzial. Seine Vielseitigkeit ermöglichte es ihm, mehrere Rollen in dem wachsenden Unternehmen zu übernehmen, im Vertrieb, in der Rechtsberatung und im operativen Bereich. Da er jedoch funktionsgruppenübergreifend arbeitete, hatte er das Gefühl, dass seine Beiträge in der Organisationsstruktur verloren gingen. Als das Unternehmen Holacracy einführte, wurden Karls viele Rollen in verschiedenen Kreisen explizit und sichtbar. Er glaubte, dass sein Wert klarer erkannt wurde, was ihm noch mehr Selbstvertrauen gab, Veränderungen anzustoßen und Entscheidungen zu treffen. Karl sagte: »Vor Holacracy fühlte ich mich ziemlich empowert,

175 Weirauch et al. 2023, S. 9, eigene Übersetzung

aber ich habe mir immer noch Einwilligung eingeholt. Ich denke, eine Organisation, die Holakratie implementiert, sagt: ›Ihr müsst keine Einwilligung mehr einholen.‹ Ich habe die Gelegenheit genutzt, mehr Urteilsvermögen und Entscheidungsfreiheit walten zu lassen.« Wie einer seiner Kollegen einige Monate nach Einführung des neuen Systems feststellte: ›Holacracy hat seinen Einfluss im Unternehmen wirklich erweitert.‹ […]

Der Vorteil einer solchen Rollengestaltung liegt auf der Hand: Da die Mitarbeiter den Prozess vorantreiben, haben sie ein größeres Gefühl, echte Fortschritte bei sinnvoller Arbeit zu machen.«[176]

3.6.2.2 Positive Aspekte an Holacracy in der Wahrnehmung der Medien

Nora Heer listet in ihrem Artikel für »Die Welt« die folgenden Vorteile auf:

> »Holakratisch organisierte Unternehmen profitieren von besserer Klarheit sowohl bezüglich der Struktur sowie der internen Abläufe. Dass Entscheidungen in der Holakratie dezentralisiert werden, fördert individuelles Engagement, verbessert die Arbeitsmoral und unterstützt die Entwicklung der Mitarbeiterinnen und Mitarbeiter. Die Steuerung ist auf das ganze Unternehmen verteilt, wobei es eher darum geht praktische, jederzeit revidierbare und nicht in erster Linie perfekte Entscheidungen zu treffen.«[177]

Jonathan Knecht fasst die Vorteile auf FOCUS Online folgendermaßen zusammen:

- »**Botschaft der kontinuierlichen Verbesserung:** Die Holokratie – genauer gesagt die kontinuierlichen Governance-Meetings – verankern den Gedanken der kontinuierlichen Verbesserung und der Veränderungsbereitschaft in der Organisation. Durch das kontinuierliche Hinterfragen wird sichergestellt, dass Rollen, die gestern noch aktuell und passend waren, heute bereits umgebaut werden müssen.
- **Agilität und Wendigkeit:** Ein Kerngedanke der Holokratie ist, dass sich eine Organisation aus einer Vielzahl von eigenständigen Entitäten zusammensetzt, die in sich autonome Entscheidungen treffen können. Um schnell auf sich verändernde Gegebenheiten antworten zu können, ist eine derartige Autonomie und Agilität notwendig.
- **Transparenz:** Indem die Verantwortlichkeiten und Rollen eindeutig definiert sind, herrscht ein hohes Maß an Transparenz innerhalb der Organisation. Dazu trägt auch das Regelwerk bei.«[178]

---

176 Bernstein et al. 2016, eigene Übersetzung

177 Heer, N. (2018, 8. Juni). Was kann das Management-System Holacracy wirklich? Welt.de. Abgerufen am 20. Mai 2023, von https://www.welt.de/wirtschaft/bilanz/article177182408/Agiles-Management-Was-kann-das-Management-System-Holacracy-wirklich.html

178 Knecht, J. (2022, 3. April). Holacracy-Modell: Organisationsform einfach erklärt. Focus.de. Abgerufen am 16. August 2023, von https://praxistipps.focus.de/holacracy-modell-organisationsform-einfach-erklaert_144040

3.6.2.3 Positive Aspekte an Holacracy in der Wahrnehmung der Praktizierenden

Benoît Pointet von der holakratisch organisierten Firma *Liip* berichtet die folgenden Vorteile von Holacracy:[179]

- Ermöglicht die Einführung von individuellen Initiativen und die eigenständige Lancierung neuer Dienstleistungen durch Mitarbeiter.
- Bietet die Möglichkeit, Projekte oder Dienstleistungen schnell zu beenden, wenn sie sich als unrentabel oder nicht erfolgreich erweisen.
- Ermöglicht kontinuierliche, organische Mikro-Reorganisationen, bei denen Teams und Rollen sich dynamisch entwickeln und verändern.
- Entkoppelt die Beschäftigung von den Rollen, wodurch die Organisation flexibler wird und nicht mehr unnötige Stellen geschaffen werden.
- Ermöglicht eine bessere Passung von Mitarbeitern zu Rollen basierend auf ihren Fähigkeiten, Erfahrungen und Leidenschaften.
- Fördert die Nachfrage nach persönlicher Weiterentwicklung und sozialen Fähigkeiten.
- Reduziert Beschwerden über die Geschäftsleitung und die Organisation insgesamt.
- Verlagert die Verantwortung für Veränderungen von anderen auf jeden Einzelnen.
- Schafft ein Umfeld, in dem Mitarbeiter aktiv Veränderungen bewirken können und eine positive Einstellung zur Selbstverantwortung entwickeln.

Phil Caravaggio, der Gründer der holakratisch arbeitenden Firma *Precision Nutrition,* nennt in einem Interview u.a. die folgenden Punkte:[180]

- Holacracy bietet klare Autonomie für Einzelpersonen, ohne in Chaos zu enden.
- Es kann Mitarbeiter von organisatorischen Streitigkeiten und Einmischung des Managements befreien.
- Das System ermöglicht reibungslosere Produkt-Einführungen und befähigt talentierte Einzelpersonen, Initiative zu ergreifen und Dinge zu erledigen.

Voys, eine niederländische Organisation in der Telekommunikationsbranche mit 155 Mitarbeitenden, schildert ihre Erfahrungen mit Holacracy in einer dreiteiligen Artikelserie – für den zynisch geneigten Leser natürlich eine reine »Schauseiten«-Pflege. Doch vielleicht kann man es ja glauben, wenn der interne Holacracy-Coach von *Voys*, Wouter Koetze, es wie folgt zusammenfasst:

> »Wir sind von Holokratie absolut begeistert, sie funktioniert hervorragend. Zugegeben, das Organisationsmodell ist nicht vollständig und man muss selbst Elemente hinzufügen, damit jeder seine oder ihre Arbeit besser ausführen kann. Die Regeln der Holokratie verdeutlichen jedoch, wer wofür verantwortlich ist. Da die Arbeit im Mittelpunkt

179 Pointet, B. (2018, 17. Oktober). A personal view on what Holacracy has brought us. Holacracy Blog. Abgerufen am 20. Mai 2023, von https://blog.holacracy.org/what-holacracy-has-brought-us-a7e280c07afe

180 Phil Caravaggio zitiert in Tossell, I. (2014, 28. August). Say goodbye to hierarchy, hello to holacracy. The Globe and Mail. Abgerufen am 20. Mai 2023, von https://www.theglobeandmail.com/report-on-business/rob-magazine/disruption-no-boss-needed-in-a-holacracy/article20198587/

steht, sind die Mitarbeiter in Bezug auf ihre Arbeit selbständig. Jeder Mitarbeiter hat von seinen Rollen und seinem Kreis her ein Ziel, einen Zweck. Innerhalb der Organisation kann jeder viel Verantwortung tragen, die vielleicht sogar über mehrere Kreise verteilt ist. Auf diese Weise können Mitarbeiter ihr Wissen erweitern und sich in mehreren Bereichen aktiv einsetzen.«[181]

3.6.3 Fifty Shades of Grey

Sicher könnte man zynisch argumentieren, dass man heutzutage mit Leichtigkeit im Internet für jeden Standpunkt einen Idioten finden kann, der diesen vertritt – entsprechend also auch irrlichternde Menschen, die irgendetwas an Holacracy gut, funktional oder sogar vorteilhaft finden.

Eine solche Argumentation bleibt allerdings in einem Schwarz-Weiß-Denken befangen. Mein Kunstlehrer in der Schule hat es seinerzeit scherzhaft so ausgedrückt: »Erste Sahne oder Tonne?« Dazwischen gibt es vermeintlich nichts. Grautöne oder Schattierungen sind für diese Denkweise uninteressant, denn es ist damit schwierig, einen Menschen mit einer ausgewogenen und differenzierten Betrachtung von Vor- und Nachteilen einem vorgefertigten Camp der Befürworter oder Gegner zuzuordnen.

Das kann irritierend wirken. Schattierungen sind aber die wesentlich realistischere Sichtweise. Deswegen war es mir auch wichtig, Polaritätsmanagement als theoretische Linse und nützliche Denkfigur mit ins Spiel zu bringen. Es lehrt einen, systematisch nach mehr Perspektiven zu suchen, um das Bild zu vervollständigen und das System und die Bewegung zwischen den Polen der verschiedenen Polaritäten als eine integrale Ganzheit zu verstehen.

Mit einem solchen, umfassenderen Verständnis im Hintergrund ist es dann auch leichter, den Diskurs zwischen Praxis und Wissenschaft konstruktiver zu gestalten, anstatt unnötig zu polarisieren. Darum soll es nun als nächstes in Kapitel 4 gehen.

181 Koetze, W. & Strenge-Duursma, A. (2022, 11. Juli). 5 Jahre Holokratie: Diese 5 Lektionen haben wir gelernt. Voys Blog. Abgerufen am 27. Juni 2023, von https://www.voys.co/de/blog/5-jahre-holokratie-diese-5-lektionen-haben-wir-gelernt

4 Mut zur Zumutung: Praxis und Wissenschaft im Dialog

»Die Person, die sagt, dass es nicht möglich ist,
sollte die Person, die es tut, nicht unterbrechen.«
Chinesisches Sprichwort

In diesem Kapitel geht es mir darum, die notwendige Voraussetzung dafür zu erkunden, dass der Dialog zwischen Organisationspraktikern und Organisationswissenschaftlern in Bezug auf Holacracy, aber auch generell, fruchtbar verlaufen kann.

4.1 »Die Leiter« als Spiegel zur Selbstreflektion

Der Autor Tim Urban hat in seinem Buch *»What's Our Problem: A Self-Help Book for Societies«* (2023) ein nützliches Modell entwickelt, um die Qualität von Argumenten zu evaluieren.[182] Er nennt es »die Leiter«. Es besteht aus zwei Achsen. Die **horizontale** Achse beschreibt unterschiedliche Standpunkte in Bezug auf ein Thema. Es ist ein Spektrum möglicher Positionen, die man zu einem Sachverhalt einnehmen kann und beschreibt, *was* man inhaltlich dazu denkt. Auf dieser Achse kann man z.B. alle nur denkbaren politischen Ansichten über die USA auf einem Spektrum von ganz links bis ganz rechts auftragen.

Die **vertikale** Achse hingegen beschreibt, *wie* man denkt, bzw. wie man zu seiner Position gelangt. Urban beschreibt zwei widerstreitende Kräfte in jedem von uns, einen »höheren Verstand« und einen »primitiven Verstand«, die sich antagonistisch zueinander verhalten und in jedem Augenblick um die geistige Vorherrschaft in uns ringen. Mal hat die eine Fraktion die Oberhand, mal die andere. Daraus leitet er vier grundlegende Zustände ab, die die unterschiedlichen Mischverhältnisse dieser beiden Fraktionen entlang einer vertikalen Achse anordnet. Das ergibt insgesamt vier »Ränge«, denen er dann in einem weiteren Schritt vier stellvertretende Charaktere zur Illustration zuordnet:

182 Ein Buchauszug mit dem ersten Kapitel, in dem das Modell vorgestellt wird (Chapter 1: The Ladder), findet sich in dem Blog *Wait But Why*, abgerufen am 26. September 2023, von https://waitbutwhy.com/wop-ch-1-excerpt

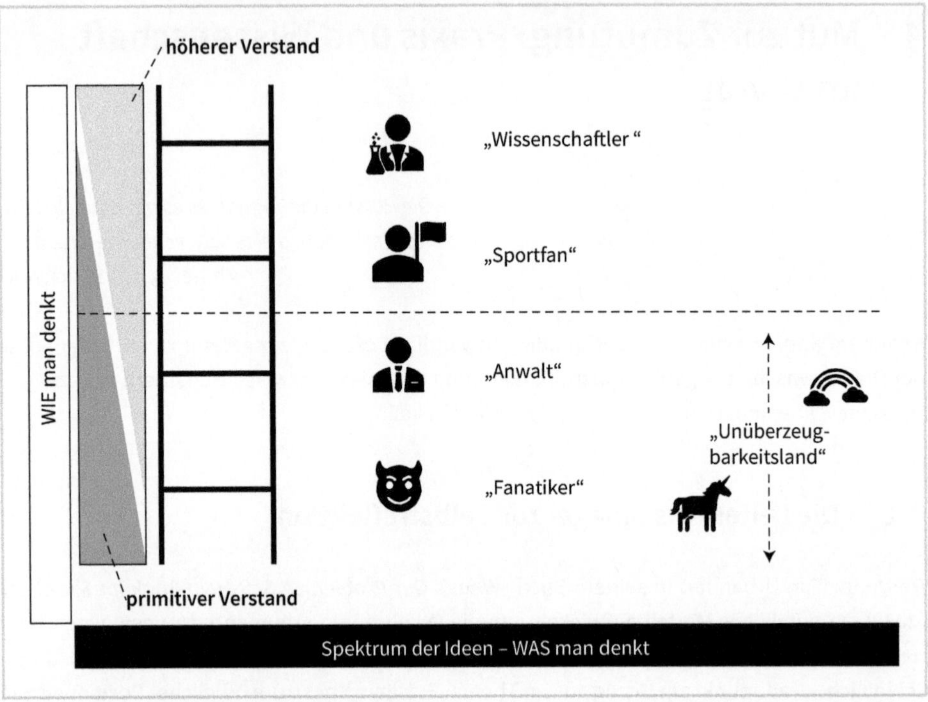

Abbildung 16 – »Die Leiter« nach Tim Urban (2023)

1) »Der Wissenschaftler«: Die grundlegende Haltung des »Wissenschaftlers« zu jeglichem Sachverhalt ist, dass er es nicht weiß. Er sammelt daher erst mal Informationen, evaluiert sie und formt dann seine Hypothesen zum Thema. Danach testet er seine Hypothesen rigoros an der Wirklichkeit aus, sucht nach möglichem Dissens, reflektiert und passt seine Hypothesen ggf. wieder an.

> »Wenn du wie ein Wissenschaftler denkst — selbstbewusst, frei von Vorurteilen, nicht an bestimmte Ideen gebunden, ausschließlich von der Wahrheit motiviert und kontinuierlich bereit, deine Überzeugungen zu überarbeiten — ist dein Gehirn eine hoch effiziente Lernmaschine.
>
> Aber das Problem ist: Es ist schwer, wie ein Wissenschaftler zu denken, und die meisten von uns sind die meiste Zeit schlecht darin. Wenn dein primitiver Verstand erwacht und ins Spiel kommt, ist es sehr leicht, auf die zweite Sprosse unserer Leiter abzurutschen — an einen Ort, an dem dein Denken in einem Ringkampf feststeckt.«[183]

2) »Der Sportfan«:

> »Auf dieser zweiten Sprosse der Leiter ist die hyperoptimierte Lernmaschine, das Gehirn des Wissenschaftlers, durch eine korrumpierende Motivation beeinträchtigt. Aber

183 Siehe Urban 2023, https://waitbutwhy.com/wop-ch-1-excerpt, eigene Übersetzung, abgerufen am 07.05.2023

obwohl der Sportfan weniger lernt als der Wissenschaftler, fühlt er sich in der Regel etwas selbstbewusster bezüglich seiner Überzeugungen.

Sportfans sind stur, aber nicht hoffnungslos. Der höhere Verstand ist immer noch eine starke Präsenz in ihrem Kopf, und wenn abweichende Beweise stark genug sind, ändert der Sportfan widerwillig seine Meinung. Unter all dem Dunst des kognitiven Vorurteils geht es Sportfans immer noch am meisten darum, die Wahrheit zu finden.«[184]

Der »Sportfan« auf dem zweiten Rang der Leiter ist *im Prinzip* auch daran interessiert, die Wahrheit herauszufinden, aber er favorisiert bestimmte Hypothesen und drückt ihnen gewissermaßen die Daumen, was zu kognitiven Effekten wie Bestätigungsverzerrung (confirmation bias) führt.

»Bestätigungsverzerrung ist die unsichtbare Hand des primitiven Verstandes, die dich dazu drängt, deine bestehenden Überzeugungen zu bestätigen, und dich davon abhält, deine Meinung zu ändern.

Du sammelst immer noch Informationen, aber du wählst vielleicht gezielt Quellen aus, die deine Ideen zu unterstützen scheinen. Mit dem primitiven Verstand, der deine Emotionen beeinflusst, fühlt es sich einfach gut an, wenn deine Ansichten bestätigt werden, während abweichende Meinungen zu hören irritierend wirkt.«[185]

3) »Der Anwalt« und 4) »Der Fanatiker«:

Jenseits der Mittellinie der Leiter, unterhalb des »Sportfans«, beginnt das »Unüberzeugbarkeitsland«, in dem keine noch so große Menge an Fakten irgendjemandes Überzeugung ändern kann, denn ab hier behält intellektuelle *Loyalität* gegenüber intellektueller *Integrität* stets die Oberhand.

Hier finden sich *»der Anwalt«* und *»der Fanatiker«*. Diese sind für meine weiteren Überlegungen (zum Glück) nicht so wichtig, aber der Vollständigkeit halber hier noch die fehlenden Charakterisierungen:

»Der Anwalt behandelt seine bevorzugten Überzeugungen nicht wie ein Experiment, das revidiert werden kann, oder gar wie ein Lieblingssportteam, sondern wie einen Mandanten. […]

Während der klare Verstand des Wissenschaftlers eine neblige Welt voller Komplexität, Nuancen und Unordnung sieht, zeigt der neblige Verstand des Fanatikers ihm eine klare, einfache Welt voller klarer Linien und Schwarz-Weiß-Unterscheidungen. Wenn du wie ein Fanatiker denkst, landest du in einer völlig alternativen Realität und fühlst dich, als wärst du ein allwissendes Wesen im totalen Besitz der Wahrheit.«[186]

184 Urban 2023, eigene Übersetzung
185 ebenda
186 ebenda

4.2 Die Zumutung widerstreitender Standpunkte in der Social-Media-Ära

Trotz des Wunsches, sich den »Auseinandersetzungen zu entziehen, indem man seine Texte nur für wissenschaftliche Kolleginnen und Kollegen schreibt«, hat Kühl sich dazu durchgerungen, sich den Organisationspraktikern zuzumuten, um nicht damit leben zu müssen, »dass seine eigenen Gedanken außerhalb der Wissenschaft keine Relevanz finden«.[187]

Ich finde, dass Kühls Entscheidung, sich als Wissenschaftler den Zumutungen eines öffentlichen Diskurses auszusetzen, um einen echten Brückenschlag zwischen Wissenschaft und Praxis zu versuchen, in genau dem Maße Respekt verdient, wie sie aufrichtig gemeint ist – mal ganz unabhängig von den spezifischen Schlüssen, zu denen er gelangt.

Ich stehe gewissermaßen auf der anderen Seite, der Seite der Holacracy-Praktiker, und muss ehrlich sagen, dass sich diese beiden Veröffentlichungen für mich tatsächlich wie eine Zumutung anfühlen. Mein Bild davon, was Holacracy ist und wie es wirkt, wird in der Tat stark herausgefordert. Beim ersten Lesen bin ich definitiv die kognitive Leiter ein paar Stufen heruntergepurzelt und merke, dass ich mich immer noch wieder hocharbeite, vielleicht irgendwo zwischen »Sportfan« und »Wissenschaftler« bin.

In dem Maße, wie man mit seinen Gedanken über eine Sache identifiziert ist, wird die Konfrontation mit antagonistischen Sichtweisen als eine Art Bedrohung für das Ego erlebt. Das ist natürlich kein rein individuelles Phänomen, denn wir sind immer auch in soziale Zusammenhänge eingebunden, in denen Kohärenz mit den Erzählungen unserer In-Group sehr wichtig ist und eine Abweichung davon zu internen Konflikten führt und teilweise tiefe archaische Ängste sozialer Isolation wachruft.

Der gängigste Weg, um mit einer Herausforderung seines Weltbildes umzugehen, besteht daher für die meisten Menschen darin, zwecks Vermeidung kognitiver Dissonanz die widersprechenden Daten abzutun, kleinzureden oder ihre Vertreter als inkompetent, fehlgeleitet oder böswillig zu charakterisieren. Die abstrahierenden Rahmenbedingungen von Social Media (räumliche und zeitliche Distanz, Anonymität) scheinen diese Tendenzen oftmals noch um ein Vielfaches zu verstärken, so dass es gar zu einer Hyperpolarisierung der Standpunkte führt, manchmal bis hin zur Entmenschlichung der Gegenseite.

Kurz gesagt: Die meisten Menschen sind nicht wirklich daran interessiert, ihr Weltbild zu erweitern und möchten lieber sicherstellen, dass sie Recht haben und möglichst gut aussehen, selbst wenn das bedeutet, dass man dafür die Standards intellektueller Aufrichtigkeit und unvoreingenommener Wahrheitssuche bisweilen stiefmütterlich behandelt. Immanuel Kant hat-

187 Kühl 2023a, S. 27

te einen guten Ausdruck für dieses Verhalten: »Eigendünkel«. Die Art, *wie* jemand mit Kritik und Kritikern umgeht, sagt dabei oft ebenso viel, wenn nicht gar *mehr* über die Person aus als der Inhalt ihrer Erwiderung. Ist der Umgang wohlwollend, mit besten Absichten, oder basiert er im Grunde auf Rivalität?

4.3 Bad-Faith-Kommunikation

«Nicht jede Kritik ist konstruktiv. Nicht alle Kritiker denken kritisch.
Schwache Kritik greift deine Identität an. Anständige Kritik stellt deine Ideen in Frage.
Starke Kritik schärft dein Denken und verbessert deine Ideen.
Höre den Menschen genau zu, denen es am Herzen liegt, dir beim Wachsen zu helfen.«
Adam Grant

Wenn es tatsächlich das Ziel sein soll, dass Organisationspraktiker und Organisationswissenschaftler miteinander konstruktiv ins Gespräch zu kommen, dann ist es eine Mindestanforderung, dass von beiden Parteien **gängige Strategien der Bad-Faith-Kommunikation** unterlassen werden. Was ist darunter zu verstehen? Hier ein Auszug, zusammengestellt vom *Consilience Project*, der Publikation eines gemeinnützigen Thinktanks:

»Irreführung durch Fakten
Darstellen eines Arguments, das Tatsacheninformationen enthält, die absichtlich verwendet werden, um andere dazu zu bringen, eine Schlussfolgerung zu ziehen, die nicht ganz korrekt ist.

Strohmann-Argumente
Die Argumente der Gegner in ihrer schwächsten Form präsentieren und, nachdem man diese zurückgewiesen hat, behaupten, ihre Position als Ganzes diskreditiert zu haben.

Ad hominem Herabsetzung
Den Charakter oder die Person anderer herabsetzen und dabei so tun, als würde dies auch ihre Argumente entkräften.

Abwertende Darstellungen
Verwendung offen beleidigender und abschätziger Sprache bei der Beschreibung von Personen, Ideen oder Praktiken unangenehmer Gruppen, wodurch die Herabsetzung ihrer Argumente ohne ernsthafte Überlegung gerechtfertigt wird.

Manipulative Rahmung
Verwenden von Metaphern und emotionalen Rahmen, um präventiv zu Schlussfolgerungen zu führen, die nicht vollständig durch die Details des Arguments nahegelegt werden.

> **Vereinfachung**
> Sich absichtlich nur auf wenige (oder die falschen) Variablen zu konzentrieren, wenn Schlussfolgerungen über komplexe Systeme gezogen werden, während gleichzeitig die Ansichten derer, die mehr Variablen in die Betrachtung einbeziehen wollen, als irrelevant oder irreführend abgetan werden.«[188]

4.3.1 Der Schatten der Schattensucher: Bad-Faith-Kommunikation in »Schattenorganisation«

Um anhand von Beispielen zu illustrieren, wie diese Strategien wirken und wie ein Dialogangebot *nicht* gestaltet werden sollte, eignet sich leider das von mir viel zitierte Werk von Kühl. Wenn man sich die Liste oben ansieht und daraufhin das Buch liest, fällt auf, wie häufig er von diesen Strategien Gebrauch macht, oft in Kombination. Das beginnt direkt ab der ersten Seite.

4.3.1.1 Irreführung durch Fakten/Manipulative Rahmung

> »Das Konzept der Holacracy hat in der Diskussion unter Beratern und Managern eine gewisse Aufmerksamkeit erhalten, weil es versprochen hat, den sehr allgemeinen Begriff der Agilität in konkrete Handlungsanweisungen in Organisationen zu übersetzen […]. Aber selbst bei großzügigen Schätzungen muss man feststellen, dass das Konzept **weltweit von maximal 0,0000001 Prozent aller Organisationen** eingeführt und von einer Reihe dieser Organisationen nach wenigen Jahren wieder aufgegeben worden ist. Warum sollte man sich mit einem Managementkonzept befassen, das weltweit vielleicht in einigen hundert Organisationen ausprobiert worden ist und von nicht wenigen nach kurzer Zeit wieder abgeschafft wurde?«[189]

Kühl legt hier seine Berechnungsgrundlagen nicht offen. Das ist auch nicht der springende Punkt. Selbst wenn man wohlwollend annimmt – was ich hier gerne tun möchte –, dass alle Fakten und Annahmen, die seiner Berechnung zugrunde liegen, korrekt und sogar nach seinen Maßgaben »großzügig« bemessen sind dann ist diese Weise der Verwendung mathematischer Fakten immer noch sowohl irreführend als auch manipulativ gerahmt.

Oder, performativ erklärt, könnte man den Spieß umdrehen und diese Strategien mal auf Kühl und seine Arbeit anwenden:

> **Manipulative Rahmung**
>
> »Selbst bei großzügigen Schätzungen muss man feststellen, dass Kühls Analysen über Holacracy weltweit maximal von 0,000125 % aller Menschen zur Kenntnis genommen worden

188 The Civilization Research Initiative. (2022, 23. Februar). The Endgames of Bad Faith Communication: Bad faith communication has become normalized. The Consilience Project. Abgerufen am 20. Mai 2023, von https://consilienceproject.org/the-endgames-of-bad-faith-communication/, eigene Übersetzung,

189 Kühl 2023a, S. 11, meine Hervorhebung

> sind. Warum sollte man sich an diesen Überlegungen abarbeiten, die weltweit vielleicht nur von einigen hundert Menschen ernst genommen werden und von nicht wenigen nach kurzer Zeit wieder verworfen wurden?«[190]

Ich habe keine Fakten erfunden und doch ist meine Rahmung manipulativ und irreführend – darauf ausgelegt, Kühl möglichst schlecht aussehen zu lassen. Das ist natürlich lediglich zu Demonstrationszwecken.

4.3.1.2 Strohmann-Argumente

Wie weiter oben geschildert, charakterisiert Kühl es als das Ziel von Holacracy, alle nur erdenklichen Vorgänge in der Organisation haargenau zu erfassen und in digitalen Akten zu dokumentieren – in einem buchstäblich erschlagenden Organisationshandbuch. Kurz: Er wirft ›den Holakraten‹ letztlich vor, pauschal Hyperformalisierungs- und Perfektionsfantasien zu verfolgen. Sofern es sich hierbei nicht um ein grobes Missverständnis der Holacracy-Praxis seitens von Kühl handelt, kann diese Darstellung letztlich nur ein absichtlich aufgebauter Strohmann sein, den Kühl dann in einem intellektuellen Scheingefecht leicht besiegen kann.

4.3.1.3 Vereinfachung/Abwertende Darstellungen

Kühl nutzt das Mittel der Vereinfachung, um Kritik von Praktikern an seiner Kritik von Holacracy pauschal zurückzuweisen, ohne inhaltlich auf deren Argumentation einzugehen. Stattdessen stellt er sich an dieser Stelle *über* den Diskurs bzw. *außerhalb* davon und berichtet lieber darüber, *dass* es Kritiker gibt, die solche Dinge sagen:

> »Die Reaktionen der Verfechter eines Managementkonzepts sind immer die gleichen. Die Beschreibungen würden auf ursprünglichen Ideen beruhen, während die grundlegenden Weiterentwicklungen des Konzepts nicht genügend in Betracht gezogen werden. Man hätte, so der Vorwurf, das Konzept noch nicht voll durchdrungen, weil man es selbst persönlich noch nicht in seiner vollen Anwendung erlebt hätte. Die Kritik würde auf Analysen von Organisationen beruhen, die noch nicht den nötigen Reifegrad bei der Einführung des Managementkonzepts erreicht hätten. Die Beobachtungen in einzelnen Organisationen würden übermäßig generalisiert und abweichende Erfahrungen anderer — besonders der eigenen — Organisationen nicht ausreichend berücksichtigt werden.«[191]

Ja, genau. Gute Beschreibung. Und was ist seine Antwort auf diese Argumente? Fehlanzeige! Zumindest im Buch sieht er keine Notwendigkeit, im Einzelnen darauf einzugehen. Warum sich in die Niederungen von Argumenten begeben, wenn man seine Kritiker auch pauschal der

190 Hier meine Berechnungsgrundlagen: Der Prozentsatz von geschätzt 10.000 Exemplaren des Buches »Schattenorganisation« in Bezug auf 8 Milliarden Erdbewohner beträgt etwa 0,000125 %.

191 Kühl 2023a, S. 26

»Schnappatmung«[192] und Selbstimmunisierung gegenüber Kritik überführen kann? Dadurch, dass er beschreibt, was seine Kritiker tun, klammert er all deren Argumente einfach mal ein. Gleichzeitig bedient er sich einer abwertenden Darstellung, die seine Kritiker implizit als hysterisch diskreditiert.

Damit verfehlt er leider seinen eigenen Anspruch, »bewusst den Brückenschlag zwischen Organisationswissenschaft und Organisationspraxis zu versuchen«.[193] Man müsste dafür stattdessen mal *mit* den Praktikern oder *zu* den Praktikern (in der zweiten Person) sprechen, statt lediglich *über* sie (in der dritten Person). Die Predigt von der Kanzel, oder aus dem Elfenbeinturm, ist der beschreibende, Dritte-Person-Modus der Wissenschaft – monologisch, statt dialogisch.

Echte Verständigung hingegen geschieht im erkenntnisgeleiteten Dialog, d. h. in der ersten Person, Plural, wenn wir *miteinander* (nicht übereinander) sprechen und das Ziel ist, sich gemeinsam der Wahrheit anzunähern. Dafür muss man allerdings *zuhören* und temporär seine eigene Position und seine eigenen Überzeugungen einklammern und aufs Spiel setzen. Vielleicht ist das ein Risiko, dass Kühl bisher noch nicht bereit ist, einzugehen.

4.3.1.4 Ad-hominem-Herabsetzung

Als Holacracy-Praktiker bin ich ein Kritiker von Kühls Kritik an Holacracy und dadurch ins Fadenkreuz seiner abwertenden Bemerkungen geraten. Die Strategie der *ad hominem* (»auf den Menschen gerichteten«) Herabsetzung ist einfach: Finde etwas, um eine Person lächerlich aussehen zu lassen, so dass ihre intellektuelle Autorität und ihr Ansehen untergraben wird. Auf diese Weise werden ihre sachlichen Argumente gleich mit entkräftet bzw. man kann sie ignorieren und muss vermeintlich nicht mehr darauf antworten. Auch Kühl bedient sich bisweilen dieser Strategie, jedoch nicht grobschlächtig, sondern mit einer subtilen Finesse.

In meinem Fall ist er fündig geworden und zitiert genüsslich aus einem Vorwort, das ich für das Buch »Integrale Führung«[194] verfasst habe:

> »Wegen dieses Anspruchs bezeichnen überzeugte Holakraten ihre erste Begegnung mit dem integralen Ansatz dann auch als ›kognitiven Orgasmus‹. ›Alles Wissen‹, was man bisher angehäuft hätte, würde sich im ›Kopf schlagartig in Form einer zusammenhängenden Gestalt‹ kristallisieren (Wittrock 2020: v). Die persönliche Begegnung mit Ken Wilber, einem der Begründer des integralen Ansatzes, wird dann mit einer Begegnung mit Einstein oder Hegel verglichen – ›nur cooler‹ (Wittrock (2020: vi). Die Dimension dieses Erweckungserlebnisses wird erst voll verständlich, wenn man sich vor Augen führt,

192 Kühl 2023a, S. 26
193 Kühl 2023a, S. 27
194 Kuhlmann, H., Horn S. (2020), Integrale Führung. Wie Sie mit neuen Ansätzen sich selbst, Teams und Unternehmen entwickeln, 2. Auflage, Wiesbaden: Springer Gabler.

dass die Begegnungen mit Einstein oder mit Hegel – jedenfalls wenn man den Biographen glauben darf – auch schon ziemlich ›cool‹ gewesen sein müssen. [1]
[1] Siehe zu den Begegnungen mit Einstein die Biographie von Fölsing (2013) und zu denen mit Hegel die von Kaube (2020).«[195]

Da Kühl sich schon die Mühe macht, sich an meiner Person abzuarbeiten, um mich lächerlich aussehen zu lassen, so sei es mir nachgesehen, wenn ich nun ebenfalls etwas aushole, um für alle, die es interessiert, den Hintergrundkontext meiner Äußerungen in Zusammenhang mit meiner Biographie zu schildern. Anschließend analysiere ich die assoziative Kette hinter seiner Ad-hominem-Herabsetzung im Detail. Wen persönliche Details langweilen, dem empfehle ich, dieses Teilkapitel einfach zu überspringen.

Was ich in jenem Vorwort beschreibe, ist eine phänomenologische Zustandserfahrung, die ich bei der Lektüre der Bücher von Ken Wilber über die integrale Theorie gemacht habe – eine Art kognitive Flow-Erfahrung, bei der sich viele Zusammenhänge verdichten und man plötzlich ein größeres Gesamtbild erkennen kann. Für mich war das eine panoramische Übersicht darüber, wie diverse Theorien und Disziplinen komplementär in einer neuen Ganzheit zusammenpassen können und sich nicht ausschließen müssen (mehr dazu in Kap 4.7). Diese Zustandserfahrung war damals für mich sehr beeindruckend und beglückend, weshalb ich dem Autor sehr dankbar war (und immer noch bin). Der Ausdruck »kognitiver Orgasmus« ist sicherlich plakativ und aufsehenerregend, aber durchaus eine gute phänomenologische Annäherung an das, was ich in diesem Augenblick subjektiv empfunden habe.

Was Breite und Tiefe des Denkens angeht, habe ich enorm von der integralen Theorie profitiert. Ken Wilber persönlich zu begegnen, war deshalb sehr bedeutsam für mich als junger Erwachsener. Ich habe dann bei einem dreimonatigen Volontariat am *Integral Institute* in Colorado aus nächster Nähe feststellen können, dass es sich bei Ken Wilber – trotz all meiner inbrünstigen, positiven Projektionen – auch nur um einen Menschen mit Stärken und Schwächen handelt – keineswegs um eine absolute Lichtgestalt ohne Fehl und Tadel.

Auch in der integralen Bewegung, in der ich jahrelang aktiv war, gab es neben vielen inspirierenden Personen und Projekten auch Fehltritte, Skandale und zwielichtige Gestalten. Ken Wilber ist mit seinen Kritikern zwar meist wohlwollend umgegangen, aber nicht in *allen* Fällen, und er hat sich in Einzelfällen auch mal im Ton vergriffen. Trotzdem halte ich ihn weiter für einen brillanten Denker und einen wegweisenden Theoretiker, dessen Bücher auch wertvolle Impulse für den wissenschaftlichen Diskurs liefern können, z. B. zum Verhältnis von Disziplinen zueinander, welches ich in meiner Magisterarbeit untersucht habe.[196] Ich versuche den Men-

195 Kühl, S. (2023b, April 28). Das Denken in Reifegraden: Zum Konzept der Spiraldynamik in der Organisationsberatung. Versus Online Magazin. Abgerufen am 20. Mai 2023, von https://versus-online-magazine.com/de/artikel/reifegrade-und-spiraldynamik-in-der-organisationsberatung/

196 Ich habe mich 2008 in meiner Philosophie-Magisterarbeit mit »Perspektiven inter- und transdisziplinärer Kooperation im Lichte des integralen methodologischen Pluralismus Ken Wilbers« beschäftigt. http://denniswittrock.com/wp-content/uploads/2020/07/Transdisziplinaritaet_und_IMP_D.Wittrock.pdf

schen Ken Wilber und sein Werk differenziert zu betrachten, inklusive aller wertvollen Beiträge, aber auch Begrenzungen. Dass ich Wilber und seine Arbeit schätze, ist für Kühl nun ein gefundenes Fressen. Der integrale Ansatz und »Das Denken in Reifegraden« sowie die »Spiraldynamik« sind ihm hochgradig suspekt.[197] Viele der Vorbehalte sind durchaus legitim, weshalb ich weiter unten genauer darauf eingehe.

Mir geht es an dieser Stelle zunächst darum, zu zeigen, wie Kühl seine Ad-hominem-Attacke konstruiert. Er greift sich meine plakativsten Formulierungen heraus (»kognitiver Orgasmus« und »cool«) und stellt dann die Verbindung zur integralen Theorie und Wilber her, deren »Denken in Reifegraden« er in seinem Artikel problematisiert.[198] Es existiert eine lose Assoziation zwischen Holacracy und der integralen Theorie, die Kühl auch in seinem Buch beschreibt.

Das Konzept der »Holarchie«, welches Ken Wilber von Arthur Koestler übernommen und zu einem wichtigen Bestandteil seiner integralen Theorie gemacht hat, hat auch Brian Robertson wichtige Denkanstöße geliefert. Insofern hat Robertsons Begegnung mit den Ideen Wilbers (bzw. Koestlers in diesem Fall) den Namen »Holacracy« inspiriert. Das war es dann aber auch schon. Robertson hat trotz der geistigen Nähe zu Wilber und Inspiration durch dessen Ideen immer auch eine gewisse Distanz zu der integralen Bewegung gehalten, u. a. auch deswegen, weil entwicklungspsychologische Reifegradmodelle dort vielfach unterkomplex rezipiert, unsachgemäß interpretiert und unterschiedslos auf alles Mögliche angewendet werden, was in der Tat problematisch ist.[199]

Die Kette der negativen Assoziationen, die Kühl bemüht, um seine Ad-hominem-Herabsetzung gegen mich aufzubauen, könnte sich einem unbeteiligten Dritten also folgendermaßen darstellen:

- Reifegradmodelle sind unseriös.
- Wilber (und Laloux) und alle, die Reifegradmodelle verwenden, sind unseriös.
- Wittrock hat einen »kognitiven Orgasmus« beim Lesen der Werke von Wilber bzw. ein »Erweckungserlebnis«[200] beim Studium seiner Werke, er bewertet eine Begegnung mit ihm als »cool« und vergleicht es mit einer Begegnung mit Hegel oder Einstein.

---

197 Streng rational denkende Menschen haben eine natürliche Allergie gegen alles Religiöse oder Spirituelle. Wilber differenziert jedoch zwischen »prä-rational«, »rational« und »trans-rational«. Prä-Rationalität (z. B. Magie, Mythos – Religion) und Trans-Rationalität (z. B. veränderte Bewusstseinszustände – Spiritualität) sind beide nicht-rational. Doch sie einfach in einen Topf zu werfen ist, was Wilber eine »Prä-/Trans-Verwechslung« nennt. Wenn man alles Nicht-Rationale pauschal ablehnt, dann schüttet man das Kind mit dem Bade aus. Oder mit Shakespeare gesprochen: »Es gibt Dinge zwischen Himmel und Erde, Horatio, von denen sich eure Schulweisheit nichts träumen lässt.«

198 War diese Ad-hominem-Attacke zuvor noch irgendwo in den Tiefen der Fußnoten des Buches vergraben, so beförderte Kühl sie anlässlich seiner wiederholten ›Single-Auskoppelungen‹ in Form zahlreicher Exzerpte zwecks Vermarktung seines Buches auf der Plattform des Versus Online Magazins öffentlichkeitswirksam in den Haupttext.

199 Quelle: Persönliche Kommunikation mit Brian Robertson.

200 Kühl will mir hier mit diesem Wort offenbar eine Art religiöse Erleuchtung unterschieben – was sicherlich in seiner Weltsicht die Dinge noch verschlimmert. Das war es aber nicht. Es war lediglich eine Art temporärer »Heureka«-Zustand, manchmal auch »Einsicht« genannt. Siehe Kühl 2023b, »Das Denken in Reifegraden: Zum Konzept der Spiraldynamik in der Organisationsberatung«, Versus Online Magazin, abgerufen am 13.05.2023 unter https://versus-online-magazine.com/de/artikel/reifegrade-und-spiraldynamik-in-der-organisationsberatung/

- Hegel und Einstein waren keine Heiligen, wie ihre Biographen nahelegen (die Kühl sich bemüht, hier als Kronzeugen heranzuziehen).
- Entsprechend ist Wilber auch kein Heiliger oder gar »cool«, wie Wittrock nahelegt.
- Ergo ist Wittrock – qua Sippenhaft via Assoziation – unseriös. Wittrock ist nicht ernst zu nehmen.
- Somit können seine inhaltlichen Argumente über Holacracy (als Kritiker von Kühl) getrost ignoriert werden.

Ich muss zugeben, dass die Machart sehr subtil und überaus ausgereift ist. Kühls Schreibstil ist wie ein feines Florett und sein gezielter Stich ist darauf ausgelegt, die Leserschaft zu belustigen. Nur leider ist die Intention dahinter nicht die eines »Wissenschaftlers« – weder im Sinne des oben vorgestellten Modells der »Leiter«, noch im nicht-metaphorischen Gebrauch des Begriffs.

Herabsetzungen wie diese dienen nicht dem angeblich intendierten Brückenbau zwischen Praxis und Forschung (Schauseite), sondern lediglich der Selbstbeweihräucherung und dem Ausweichen vor den inhaltlichen Argumenten (Hinterbühne). Sie sind in Bezug auf das Ziel des Brückenbaus bedauerlicherweise eine öffentlich demonstrierte, performative Selbstsabotage, die eher Türen schließt, statt sie zu öffnen. Möglicherweise reagieren nicht nur die angeblich akut vom Aussterben bedrohten Holacracy-Berater dünnhäutig, wenn sie in Artikeln öffentlich kritisiert werden, sondern gelegentlich auch die Forschenden. Statt auf die Personen hinter den Argumenten zu zielen, wäre der Debatte sicher mehr geholfen, wenn die Beteiligten sie wieder mehr auf die sachlich inhaltliche Ebene lenken würden. Eine Forschergruppe, der dies z. B. meiner Ansicht nach gut gelingt, sind Bernstein et al.[201] Sie diskutieren die Vorteile und Schwierigkeiten von Holacracy auf vielschichtige und ausgewogene Weise – ohne jemals den Respekt vor den Praktizierenden vermissen zu lassen.

4.4 Zum »Denken in Reifegraden«

Frederic Laloux ordnet in seinem Buch »Reinventing Organizations« Holacracy einer bestimmten evolutionären Stufe von Organisationen zu, die er mit dem Begriff »Teal« bezeichnet.[202] Kühl kritisiert – meiner Meinung nach zurecht – die vereinfachenden Fortschrittserzählungen, die von Organisationsberatern auf der Basis von Lalouxs Darstellung der unterschiedlichen Entwicklungsstufen von Organisationen weitererzählt werden. Die Wirklichkeit in Organisationen sieht mit Sicherheit komplexer aus. Laloux arbeitet mit Orientierungsverallgemeinerungen, die in der Praxis nützlich sein können, jedoch auch ebenso oft zu Verwirrung führen, wenn sie aus dem Kontext gerissen werden. Es folgt daher ein kleiner Exkurs zu Reifegradmodellen, insofern sie relevant für die Kritik an Holacracy sind.

---

201 Bernstein et al. 2016
202 Siehe Laloux 2014, S. 43

Laloux stützt seine Darstellung auf Stufenmodelle, die ihren Ursprung in der Entwicklungspsychologie haben. Die größten Kritiker einer unsachgemäßen Verwendung von psychologischen Entwicklungsmodellen und Stufentheorien sind in der Regel die Entwicklungspsychologen selbst, die sie erforscht haben. Ein gängiges Muster der Fehlnutzung ist, dass sich die Menschen nach oberflächlicher Beschäftigung mit einem Modell im Durchschnitt zwei Stufen höher einschätzen, als ihr wirklicher Entwicklungsschwerpunkt liegt (natürlich ohne sich tatsächlich selbst einem psychometrischen Test, wie etwa Jane Loevingers projektiven Satzergänzungstest unterzogen zu haben). Gefühlt ist man immer weiter.

Zudem wird oft nicht genau geklärt: *entwickelt in welcher Dimension?* Kognitiv, mathematisch, musikalisch, ästhetisch, kinästhetisch, moralisch, etc.? Ken Wilber unterscheidet knapp zwei Dutzend unterschiedlicher Fähigkeiten, die jeweils eine eigene, relativ unabhängige Entwicklungslinie durchlaufen, deren Stufenbeschreibungen nur auf diese Linie anwendbar und nicht ohne weiteres auf andere Aspekte übertragbar sind. Der Harvard-Professor Howard Gardner spricht daher auch von »multiplen Intelligenzen«, welche nicht aufeinander reduzierbar sind.[203]

4.4.1 Die Hintergründe der Farbverwirrung – Spiral Dynamics, Wilber und Laloux

Das *Spiral-Dynamics*-Modell ist eine popularisierte Variante des Modells der menschlichen Werte-Entwicklung, das ursprünglich von Professor Clare Graves erforscht wurde. Ken Wilber führt es als eines der über hundert Entwicklungsmodelle auf, die er in seinem Buch »Integral Psychology«[204] verglichen hat. Don Beck und Chris Cowan, die Autoren von *Spiral Dynamics* und Schüler von Clare Graves, haben in Südafrika als Berater bei der Entschärfung des Apartheid-Konflikts mitgeholfen. Bei ihrer Arbeit haben sie festgestellt, dass die Kommunikation des Modells erleichtert wird, wenn sie den Werte-Ebenen anstelle der Buchstabenkombinationen aus Graves' Modell Farben zuordnen – insbesondere, um das Denken in den Kategorien »schwarz« oder »weiß« zu überwinden, welches den Apartheid-Konflikt nur weiter anheizte. Das ist der Ursprung der Farben.[205]

Wilber hat dann später – für viele verwirrenderweise – eine eigene Version eines Farbspektrums mit teilweise anderen Farben veröffentlicht, um sie vom *Spiral-Dynamics*-Modell zu unterscheiden, welches lediglich eine einzelne Linie der Entwicklung, die Werte-Entwicklung, abbildet. Wilber ging es hierbei darum, eine eigene, abstraktere Skala zu definieren, die als allgemeine Messlatte für die Entwicklungshöhe in unterschiedlichen Linien der Entwicklung (nicht nur in der *einen* Linie der Werte-Entwicklung nach Graves, Beck und Cowan) genutzt werden kann.[206]

203 Siehe »Theorie der multiplen Intelligenzen« (Wikipedia), abgerufen am 18.05.2023 unter: https://de.wikipedia.org/wiki/Theorie_der_multiplen_Intelligenzen

204 Wilber, K. (2000). Integral Psychology: Consciousness, Spirit, Psychology, Therapy, Boston: Shambhala

205 Siehe Beck, D. E. & Cowan, C. C. (2014). Spiral Dynamics: Mastering Values, Leadership and Change. Oxford: Blackwell.

206 Eine Farbskala eignet sich besser als eine Ziffernskala, weil die Übergänge fließend statt diskret sind und die Definition von Zwischenstufen jederzeit möglich ist, wenn es neue Forschungsergebnisse geben sollte.

4.4.2 Probleme in der Verwendung von Stufenmodellen

Frederic Laloux hat wiederum in seinem Buch *»Reinventing Organizations«* Wilbers Farbskala übernommen und vom individualpsychologischen Feld kurzerhand für die Beschreibung historisch evolutionärer Stufen organisationaler Entwicklung übertragen. Im Gegensatz zu den gut erforschten und mit Daten untermauerten psychologischen Entwicklungsstufen, die Wilber in seiner integralen Psychologie miteinander vergleicht, sind Lalouxs Beschreibungen der Stufen organisationaler Entwicklung meines Wissens nicht erforscht und basieren eher auf anekdotischen Beobachtungen und Analogien. Ich halte es daher für ein skizzenhaftes Modell, das sicherlich einen gewissen illustrativen Mehrwert hat, aber eine grobe Vereinfachung für Praktiker darstellt und daher in wissenschaftlicher Hinsicht mit Vorsicht zu genießen ist.

Kühl beschreibt die Funktion dieser »mehr oder minder expliziten Fortschrittssuggestionen« einer solchen Narration als eine Art Beruhigungspille für das Management, das sich versichert, dass die Umsetzung der Methode kein Rückschritt ist, sondern letztlich zu etwas Besserem führt.[207] Sich Geschichten zu erzählen, die ein Gefühl von Kohärenz erzeugen, ist, wie in der Einleitung erwähnt, ein Grundbedürfnis jedes Menschen, ohne das wir nicht sinnvoll funktionieren können. Selbst Kühl erzählt sich selbst Geschichten darüber, dass Manager Stufenmodelle als Selbstversicherung benutzen, und ich erzähle Geschichten darüber, dass Kühl Geschichten darüber erzählt. Geschichten über Geschichten über Geschichten.

4.4.2.1 Holacracy-Praxis bedarf keiner Fortschrittsnarration, um zu funktionieren

Ich sehe aus Beratersicht keinen besonderen Mehrwert für die Geschäftsführung oder die Mitarbeitenden darin, solche Geschichten als verbindliche Deutungsmuster an die Belegschaft zu kommunizieren – eher im Gegenteil. Wie gesagt: Stufenmodelle der Entwicklung werden in der Regel unterkomplex rezipiert sowie von Laien vereinfacht und fehlerhaft angewendet, wodurch oft irritierende und unzutreffende Selbst- und Fremdzuschreibungen entstehen. Im Fall von *Spiral Dynamics* werfen die Leute dann z. B. wild mit Farbetiketten um sich und übergeneralisieren ihre Beobachtungen, indem sie von den *Inhalten* des beobachteten (verbalen) Verhaltens auf die darunterliegende Werte-Ebene schließen, statt auf die *Art* des Denkens zu achten. Sie kategorisieren ferner Menschen in einzelne Werte-Ebenen ein, statt verschiedene Typen von Wertesystemen *in* Menschen zu beschreiben. Professor Clare Graves würde sich bei dem Gedanken an die undifferenzierte Nutzung seiner Theorie wahrscheinlich im Grabe umdrehen.

Es ist jedoch für den Erfolg der *Praxis* von Holacracy völlig *unerheblich*, ob eine solche Begleiterzählung von der historischen Evolution der Organisationsformen mitgeliefert wird oder nicht. Primär wird Holacracy in der Regel eingeführt, um die unintendierten Folgen der traditionellen Managementhierarchie zu lösen. Wichtiger als die narrative Einordnung der Praxis in einen großen Kontext der Organisationsevolution ist daher, dass die Mitglieder der Organisation die Regeln der Verfassung beachten und versuchen, diese umzusetzen, um tatsächlich auch die

207 Kühl 2023a, S. 92

Effekte zu erzielen, die sie sich von der Praxis erhoffen. Der Rest ist redundantes Beiwerk, welches aus den genannten Gründen eher Verwirrung als Nutzen stiftet.

4.5 Praxisreifegrade – warum man Praxisexperten einbinden sollte

»Du kannst dich nicht auf deine Augen verlassen,
wenn deine Vorstellungen unscharf sind.«
Mark Twain

Es gibt aber noch eine andere Verwendung des Begriffs »Reifegrad«, die ich ausdifferenziert wissen möchte. Kühl verwendet das Wort in Bezug auf die o.g. Ebenen der Organisationsentwicklung von Laloux und in Bezug auf *Spiral Dynamics*. In einem anderen Kontext verwendet er denselben Begriff aber auch, um Kritiken an seiner Holacracy-Charakterisierung abblitzen zu lassen:

> »Die Reaktionen der Verfechter eines Managementkonzepts sind immer die gleichen. [...] Die Kritik würde auf Analysen von Organisationen beruhen, die noch nicht den nötigen Reifegrad bei der Einführung des Managementkonzepts erreicht hätten.«[208]

Ich vermute, dass er damit implizit versucht, auf einen Artikel zu antworten, den ich 2021 als Antwort auf seine ersten Forschungsergebnisse publiziert habe, in welchem ich mich auf Reifegrade in der Holacracy-Praxis beziehe.[209] Darin kritisiere ich, dass Kühl aus meiner Sicht die Aussagekraft seiner Daten arg überstrapaziert, wenn er – ohne irgendeine Bezugnahme auf mögliche Unterschiede der Reifegrade der Holacracy-Praxis der untersuchten Organisationen – generelle Schlussfolgerungen über Holacracy ableiten will. Wie gesagt – lediglich darüber zu *berichten*, dass eine Partei eine gewisse, als immer gleich wahrgenommene Argumentation vorgebracht hat, heißt noch nicht, dass man diese dadurch *inhaltlich* beantwortet hat. Wer komplett über allen Dingen schwebt und im akademischen Elfenbeinturm wohnt, muss das freilich auch nicht. Wenn man aber als Wissenschaftler im Dialog mit Praktikern ernst genommen werden will, dann sollte man doch erwägen, sich dem Argument zu stellen und es zu beantworten.

4.5.1 Reifegrade der Holacracy-Praxis

Mein Argument ist folgendes: Es gibt beobachtbare Abstufungen von Reifegraden der Holacracy-Praxis, die langjährige Praktiker von Holacracy unterscheiden können, z.B. anhand

- der Qualität der Governance-Aufzeichnungen,
- der Art und Anzahl der darin vorkommenden Formfehler,

208 Kühl 2023a, S. 26
209 Wittrock, D. (2021a)

- der Qualität der Moderation in Governance Meetings und Tactical Meetings,
- der Art und Weise, wie Entscheidungen außerhalb der Meetings getroffen werden,
- der Klarheit der Differenzierung von Mensch und Rolle,
- der Frage, ob die Verfassung ratifiziert wurde und welche Artikel der Verfassung jeweils angenommen wurden,
- der jeweiligen Lösungen zur Abbildung klassischer HR-Prozesse (Gehalt, Performance-Review, Anstellung, Kündigung, etc.),
- der Haltung der Eigentümer der Organisation zu Holacracy

und durch viele andere subtile oder weniger subtile, explizite oder implizite Indikatoren mehr. Das ist so ähnlich wie bei einem Pianisten, der relativ schnell beurteilen kann, wie gut ein Klavierschüler in seiner Praxis vorangeschritten ist, wo es noch hakt und was er besser machen könnte. Das lässt sich auch auf jegliche andere Praxis anwenden. Es handelt sich um *Know-how*, das man zwar zu einem gewissen Grad explizieren kann, aber eben nicht vollständig. Es fließt einem nur aus der Ersten-Person-Perspektive zu, aus dem Gefühl, wie es ist, diese Praxis zu tun. Alles andere ist nur angelesen und lediglich halbgares Wissen.

Wenn ich noch nie Klavier gespielt habe, kann ich einen Amateur einfach nicht so gut beurteilen, wie ein Konzertpianist das kann. Ich habe vielleicht einen groben Eindruck von außen, aber weil mir die Praxis fremd ist, habe ich nicht das nötige Sensorium entwickelt, um ein differenziertes Urteil zu den technischen Fähigkeiten abzugeben. Mir entgehen allerlei Zwischentöne und meine Urteile sind zu allgemein. Mein semantisches Netz ist zu grob gestrickt, weil Praxiswissen immer und vor allem ein *verkörpertes* Wissen ist. Ohne Praxis und Verkörperung bleibt es flach, zweidimensional und tot – wie der präparierte Schmetterling aus der »Trauerrede« (Kap. 2).

Dasselbe gilt für Holacracy. Ich bin ein Holacracy Master Coach, der sich seit 2006 intensiv mit Holacracy auseinandersetzt und es tagtäglich praktiziert, trainiert und Organisationen darin berät. Wenn ich aus dieser Position sage, dass die beobachteten Phänomene von »Hyperformalisierung« auf einem Missverständnis beruhen und auf ein niedriges Niveau der Praxis rückschließen lassen, dann ist es inakzeptabel, wenn man als Wissenschaftler derartiges, auf plausible Weise qualifiziertes Feedback in vorgefertigte Schubladen dessen steckt, was Praktiker von »Managementmoden« angeblich immer sagen, und es dadurch abtut. Das gilt insbesondere, wenn man, wie Kühl, vermutlich nie länger selbst Holacracy praktiziert hat und keine Ahnung hat, welche Nuancen der Praxis einem entgehen. Ich vermisse hier auf Seiten der Wissenschaft eine grundlegende Neugierde angesichts des Widerspruchs seitens der Praktiker und einen gesunden Schuss Demut.

Meine Kritik ist gerade, dass Kühl lediglich die Sicht von außen einbringt, nicht aber von innen. Dass er sie beantwortet, indem er diese Kritik selbst wiederum als typischen Reflex der Verfechter einer Managementmode *von außen beschreibt,* könnte ich nun wiederum selbst von außen beschreiben und als typischen Habitus eines Soziologen abtun. Das mündet aber letztlich nicht in Verständigung, sondern in weiterer Entfremdung zwischen Wissenschaftlern und Praktikern.

Kühl hat sicherlich eine großartige Kompetenz darin, Organisationspraktiken von außen zu analysieren und zu beschreiben. Ganz wunderbar und sicherlich auch voller wertvoller Erkenntnisse. Ich bin durch das Lesen seines Buches wirklich nicht dümmer geworden. Doch die Innenperspektive der Holacracy-Praxis, das *Know-how*, deckt all dieses Buchwissen leider nicht mit ab. Ein blinder Fleck. An dieser Stelle lässt der Dunning-Kruger-Effekt grüßen.[210]

Ich sage wohlgemerkt nicht, dass die beobachteten *Daten*, die Kühl und sein Forschungsteam erhoben haben, nicht korrekt sind. Ich sage, dass die *Interpretation* dieser Daten unzureichend ist, weil die Tiefendimension der Praxis von Holacracy, ihre »Reifegrade«, wenn man so will, komplett außer Acht gelassen wurde. Die anderen »Reifegrade« nach Laloux (oder von mir aus auch nach Wilber) klammere ich gerne (in Übereinstimmung mit Kühls Skepsis daran) ein. Sie sind *irrelevant* für den Erfolg der Praxis von Holacracy und im schlechtesten Fall verwirrend für die Beteiligten.

Doch als Holacracy-Praktiker weiß ich nun mal, was ich weiß – insbesondere, dass Kühl und seiner Forschungsgruppe *genau dieses Praxiswissen* aus der Innenperspektive fehlt. Von dort, wo ich stehe, sehe ich, dass Kühl Praxisexpertise fehlt. Auch ich mag allerlei kognitive blinde Flecken mitbringen, aber Holacracy kenne ich von innen heraus sehr genau. Da subjektives Praxiswissen schlechterdings genau das ist, subjektiv, kann man mich für diese Häresie auch gerne auf dem Altar der »objektiven« Wissenschaft sezieren. Ich weiß trotzdem, was ich weiß. Und alle erfahrenen Holacracy-Praktiker, die ebenfalls die nötige Praxiserfahrung mitbringen, wissen exakt, wovon ich spreche, und können das jederzeit intersubjektiv verifizieren.

Auch das ist ein wissenschaftliches Vorgehen, vorausgesetzt, man fasst den Begriff »Wissenschaft« breit genug. Dann inkludiert der wissenschaftliche Prozess nicht nur objektiv beobachtbare Daten aus der Dritte-Person-Sicht, sondern auch subjektive erfahrbare Daten aus der Erste-Person-Sicht. Wie sieht ein solcher Wissenschaftsbegriff genauer aus? Was sind die Bestandteile guter Wissenschaft? Hierbei kann die integrale Theorie nützliche Denkansätze liefern.

4.5.1.1 Gute Wissenschaft: Die drei Stränge der Erkenntnis

Wissenschaft folgt laut Ken Wilber den »drei Strängen der Erkenntnis«:

1. »**Instrumentelle Injunktion**. Dies ist eine konkrete Praxis, ein Musterbeispiel, ein Paradigma, ein Experiment, eine Vorschrift. Sie hat immer die Form: ›Wenn du dies wissen willst, tue dies.‹
2. **Direkte Wahrnehmung**. Dies ist eine unmittelbare Erfahrung des von der Injunktion enthüllten Bereichs, also eine unmittelbare Erfahrung oder Wahrnehmung von Daten […].

210 »Dunning-Kruger-Effekt bezeichnet die kognitive Verzerrung im Selbstverständnis inkompetenter Menschen, das eigene Wissen und Können zu überschätzen. Diese Neigung beruht auf der Unfähigkeit, sich selbst mittels Metakognition objektiv zu beurteilen. Der Begriff geht auf eine Publikation von David Dunning und Justin Kruger im Jahr 1999 zurück«. Abgerufen am 20. Mai 2023, von https://de.wikipedia.org/wiki/Dunning-Kruger-Effekt

3. **Gemeinschaftliche Bestätigung (oder Widerlegung).** Dies ist die Überprüfung der Ergebnisse (der Daten, der Evidenz) durch andere, die den injunktiven [s. u.] und den Wahrnehmungsschritt in angemessener Weise durchgeführt haben.

Gehen wir diese Schritte nacheinander durch. Um die Jupitermonde betrachten zu können, braucht man ein Fernrohr. Um Hamlet verstehen zu können, muss man lesen können. Um die Wahrheit des Pythagorassatzes einsehen zu können, muss man Geometrie lernen. […] Mit anderen Worten, alle diese Erkenntnisformen besitzen als wesentliche Komponente eine **Injunktion**: *Wenn du dies wissen willst, tue dies.*«[211]

Die »Injunktion« (s.o.) lautet in diesem Fall: »Praktiziere fünf bis zehn Jahre lang Holacracy.« Dann hast du die Daten inszeniert, die dich kompetent machen, zu subtilen Praxisfragen von Holacracy Auskunft zu geben und Reifegrade der Praxis kompetent zu unterscheiden.

4.5.1.2 Aspekte von Holacracy-Praxisreife

Das Gleichnis von der Sitar und dem Musikkritiker

Ein Musikschüler hat ein Jahr Sitar-Unterricht gehabt und demonstriert sein Können. Ein professioneller Musikkritiker kommt um die Ecke und behauptet, dass das Instrument nicht funktioniere. Das könne man ja hören. Lauter schiefe Töne. Die Daten sind korrekt. Es klingt tatsächlich ziemlich schrecklich. Allerdings fehlt in der Deutung des Sachverhalts der Einbezug der Tiefendimension der Praxis des Sitar-Schülers.

Leider hat der Musikkritiker nie selbst Sitar-Unterricht genommen. Sonst wüsste er aus Erfahrung, dass die relativen Misstöne in diesem Übungsstadium normal sind, und würde sich nicht in überzogene Fehlurteile über das Instrument als solches versteigen. Der Sitar-Lehrer liest den Verriss am nächsten Tag in der lokalen Zeitung. Der Musikkritiker hat dazu beigetragen, die Sitar als furchtbares Instrument zu diskreditieren, so dass bloß niemand versucht, es zu spielen und eine ähnliche Katzenmusik zu produzieren.

Zwar wäre es sicherlich vorteilhaft und wünschenswert, wenn die Forschenden die *Innenperspektive* der Holacracy-Praxis aus eigener Erfahrung kennen würden, doch es ist natürlich unrealistisch, dass sie nur diejenigen Management-M(eth)oden beforschen, die sie auch selbst praktiziert haben. Aber zum Glück gibt es ja die Beschreibungen der Praxis, die die Praktizierenden selbst produziert haben – sozusagen die Landkarten des (den Forschenden fremden) Terrains. Diese könnte man für ein zukünftiges Forschungsdesign heranziehen, wenn man **Praxistiefe als Variable mit einbeziehen** möchte, wozu ich stark raten würde.

211 Siehe Wilber, Naturwissenschaft und Religion, S. 202-3, eigene Hervorhebung

HolacracyOne hat z. B. eine detaillierte **Reifelandkarte der Holacracy-Praxis** herausgegeben, die verschiedene Dimensionen oder Aspekte der Praxis (Macht-/Befugnissystem, Kreis-Lead-Befugnisse, Tactical Meetings, Governance Meetings, Projektmanagement, Jobtitel, Entscheidungsfindung & Handeln, Budgets, Informationsfluss, Rollenzuteilung, Performance Management, Entlohnungssystem, Kündigung, Recruiting, Onboarding & Training, Fokus auf Sinn und Zweck) jeweils entlang eines Spektrums von vier Reifegraden beschreibt:

- »hindert die Praxis«,
- »etabliert die Praxis«,
- »vertieft die Praxis« und
- »entwickelt die Praxis«.

Das ermöglicht eine differenzierte Betrachtung des Reifegrades einer Organisation.[212]

Alternativ kann man auch die 18 Indikatoren heranziehen, die ich in der Checkliste »Merkmale für gesunde Holacracy-Praxis« identifiziert habe, um sich ein schnelles Bild zu machen, wie es um die Qualität der Praxis in einer Organisation bestellt ist.[213] Die Forschenden müssen also nicht zwangsläufig in der Lage sein, derartige Kriterien selbst zu entwickeln. Doch wenn solche Kriterien, die durch eine authentische Praxisperspektive informiert sind, bereits existieren, dann ist es sicherlich empfehlenswert, diese für künftige Studien als Benchmark für Praxisqualität in Anwendung zu bringen, um die Daten entlang dieser Achse kalibrierbar und damit aussagekräftiger zu machen.

4.6 Zu viele Variablen: Holacracy als »Glücksfall« für die Forschung?

Kühl sieht Holacracy als »Glücksfall« für die organisationssoziologische Forschung:

> »Für Organisationsforscher ist das hohe Maß an formaler Standardisierung holakratischer Organisationen ein Glücksfall. Untersuchungen über neue Organisationsformen leiden darunter, dass kaum eine Organisation der anderen gleicht. Manchmal handelt es sich bei der Umsetzung von revolutionär gehandelten Managementprinzipien lediglich um kleinere Bemühungen in einigen wenigen Abteilungen, die weitgehend isoliert vom Rest der Organisation ablaufen. Gelegentlich verstehen sich Organisationen allein schon dann als agile Vorreiter, wenn sie ein oder zwei Hierarchieebenen abschaffen und einige abteilungsübergreifende Projektteams einrichten, ohne an den Grundprinzipien der eigenen Organisation etwas zu ändern. Die gemeinsamen Merkmale von als Vor-

212 Siehe HolacracyOne (2022). Selbst-Management Reifelandkarte für Holacracy® basierte Organisationen (Xpreneurs, Übers.). denniswittrock.com. Abgerufen am 16. August 2023, von https://denniswittrock.com/holacracy/holacracy-reifelandkarte/

213 Xpreneurs & Wittrock, D. (2022). Checkliste: Merkmale für eine gesunde Holacracy Praxis: 18 allgemeine Indikatoren dafür, dass es eurer Holacracy Praxis gut geht [PDF]. Abgerufen am 22. Okt. 2023 von https://www.xpreneurs.co/checkliste-merkmale-einer-gesunden-holacracy-praxis

reiter gehandelten Organisationen zu identifizieren, ähnelt nicht selten dem Versuch, einen Pudding an die Wand zu nageln.

Dieses Problem stellt sich bei holakratischen Organisationen nicht. Holakratische Organisationen funktionieren alle nach einer genau festgelegten Blaupause, sodass sich die Struktureffekte in den verschiedenen holakratischen Organisationen sehr stark ähneln. […]. Überspitzt ausgedrückt: Wenn man eine holakratische Organisation kennt, kennt man alle.«[214]

Die soziologische Forschung plagt das Problem vieler möglicher Variablen, welches verhindert, dass man ohne Weiteres Ursache-Wirkungszusammenhänge ableiten kann, die eine verlässliche Aussagekraft besitzen. Dieses Problem ist freilich noch nicht allein dadurch behoben, dass es in Holacracy *eine* konstante Variable gibt, die in allen Organisationen gleich ist – die Regeln in Form der Verfassung. Überspitzt ausgedrückt: Wenn man fünf Bielefelder Soziologen kennt, so kennt man noch lange nicht alle.

Doch Kühls Schilderung seines Glücksempfindens darüber, wenn wenigstens mal *eine* Variable stillsteht, lässt gewisse Rückschlüsse auf den allgemeinen Grad der Reliabilität und Reproduzierbarkeit soziologischer Forschungen zu. Um etwas ›fest-stellen‹ zu können, muss es ›feststehen‹, statt sich dauernd zu bewegen — was bei sozialen Systemen schwierig ist.

4.6.1 Holacracy-Praxisreife als intervenierende Variable

Wie wir anhand der Dimension der Holacracy-Praxisreife sehen können, kann allein durch *diesen* Faktor eine erhebliche Variabilität ins Spiel kommen, denn zwar kann von außen gesehen »Holacracy« draufstehen, doch wie viele Mitarbeiter die Praxis zu welchem Grad verstanden haben und korrekt anwenden, ist damit noch nicht gesagt. Es ist also äußerst zweifelhaft, ob man basierend auf dieser *einen* Gemeinsamkeit (der geteilten Regeln der Verfassung[215]), anhand von Daten aus nur fünf beobachteten Organisationen unbeabsichtigte Folgeeffekte von Holacracy verallgemeinern kann. Vielleicht ist eine intervenierende Variable im Spiel.

»Eine **intervenierende Variable** (oder auch **Mediator**) vermittelt die Beziehung zwischen zwei oder mehr Variablen. Man unterscheidet zwischen vollständiger Mediation und teilweiser Mediation. Die vollständige Mediation beschreibt den Fall, in dem der scheinbare Einfluss einer Variable auf eine andere verschwindet, wenn die Mediatorvariable kontrolliert wird (Drittvariablenkontrolle). Teilweise oder partielle Mediation be-

---

214 Kühl 2023a, S. 17. Holacracy Master Coach Diederick Janse sieht Holacracy hingegen nicht als »Blaupause«, sondern eher als »Ordnungsrahmen« (engl. »framework«): Janse, D. (2022, 7. April). Holacracy: ein Ordnungsrahmen, keine Blaupause. Xpreneurs Blog. Abgerufen am 24. Oktober 2023, von https://www.xpreneurs.co/blog/holacracy-8/holacracy-ein-ordnungsrahmen-keine-blaupause-493

215 Ich habe auch keine Aussage darüber gelesen, ob die fünf untersuchten Organisationen überhaupt alle die Holacracy-Verfassung offiziell ratifiziert haben. Das wäre aber wichtig zu wissen.

> schreibt den Fall, in dem der Zusammenhang zweier Variablen reduziert wird, wenn die Mediatorvariable eingeführt wird. Werden gemeinsame Ursachen der Mediatorvariable und des Outcomes jedoch bei der Mediationsanalyse nicht miteinbezogen, kann dies eine Korrelation, d. h. einen nichtkausalen, rein *statistischen* Zusammenhang zwischen den beiden interessierenden Variablen hervorrufen.«[216]

Da Holacracy-Praxisreife nicht als mögliche, intervenierende Variable berücksichtigt und kontrolliert worden ist, ist nicht auszuschließen, dass anstelle des proklamierten *Kausalzusammenhangs* zwischen Holacracy und unintendierten Folgeeffekten von Holacracy lediglich ein statistischer *Korrelationszusammenhang* vorliegt, z. B. wenn man zufällig fünf Organisationen mit geringer Praxisreife untersucht hat und mit Daten aus dieser limitierten Untersuchungsmenge beansprucht, »alle« holakratischen Organisationen zu kennen.

Zukünftige Forschungen sollten daher gezielt die Frage untersuchen, ob Holacracy-Praxisreife eine relevante intervenierende Variable ist, um Licht ins Dunkel zu bringen. Vielleicht stellt sich dann deutlicher heraus, dass sich manche der beobachteten Effekte viel besser durch schlampige Holacracy-Praxis, ungenügende Einführung und Unterstützung der Methode oder andere Faktoren erklären lassen, statt ihre Ursachen in der Struktur von Holacracy selbst zu verorten und sie dadurch kurzerhand zum *zwangsläufigen* Effekt der Praxis in *jeder* holakratischen Organisation weltweit zu erklären. Diese Behauptung steht auf tönernen Füßen.

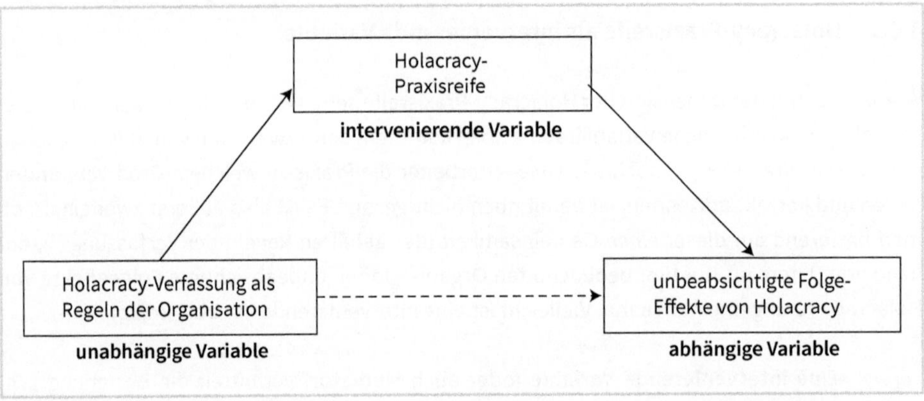

Abbildung 17 – Holacracy-Praxisreife als intervenierende Variable – Kausalzusammenhang oder bloße Korrelation?

216 Siehe »Intervenierende Variable.« (o. D.). Abschnitt »Statistik«. Wikipedia. Abgerufen am 21. Mai 2023, von https://de.wikipedia.org/wiki/Intervenierende_Variable

4.7 »True but Partial« – Schritte in Richtung einer Wahrung aller Perspektiven

»Niemand ist clever genug,
um ständig hundertprozentig danebenzuliegen.«[217]
Ken Wilber

Im Folgenden möchte ich mich der Frage widmen, wie man zu einem umfassenderen Gesamtbild gelangt, welches die Geltungsansprüche sowohl der Organisationsforscher als auch der Organisationspraktiker würdigen, besser miteinander in Einklang bringen und ihre Beiträge relativ zueinander verorten kann.

Grob gesagt geht es um die generelle Frage, wie man die Fragmentierung unseres Wissens in Disziplinen, die sich alle im Besitz des Steins der Weisen wähnen, vermeiden und wieder einen umfassenderen Blick auf das Ganze gewinnen kann. Es ist trivial zu verstehen, dass mehrere Disziplinen zusammengenommen mehr wissen als eine einzelne für sich genommen. Daraus entsteht der Antrieb für den Ruf nach mehr »Multidisziplinarität«, »Interdisziplinarität« oder gar »Transdisziplinarität«. *Weitaus weniger trivial* ist es, zu erklären, welches wichtige Puzzleteil jede Disziplin oder Forschungsmethode in das Gesamtbild einbringt und wie sich diese Puzzleteile *relativ* zueinander verorten lassen. Das ist ein überaus anspruchsvolles Projekt.

Zum Glück muss man das Rad nicht gänzlich neu erfinden. Der *integrale methodologische Pluralismus* (IMP) von Ken Wilber ist ein Ansatz, um ein solches verbindendes Muster zu beschreiben.[218] Daher werde ich einige der in diesem Zusammenhang hilfreichen Prinzipien seiner Theorie einführen und zeigen, wie dies dabei hilft, die spezifischen Erkenntnisbeiträge von Organisationsforschern und Organisationspraktikern zu verorten.

Es wird jetzt also leider etwas abstrakt und philosophisch. Wenn man nicht gerade ein Freund von Erkenntnistheorie ist, d. h. der Theorie darüber, wie wir eigentlich wissen können, was wir wissen, dann sollte man dieses Kapitel getrost überspringen oder den Text einfach mal wie ein abstraktes Kunstwerk auf sich wirken lassen – ohne den Anspruch, alles auf Anhieb im Detail verstehen zu müssen.

4.7.1 Recht zu haben ist der einfache Schritt

Bevor es um Wilbers Theorie geht, hier noch ein entscheidender Gedanke von Johnson. In seinem Buch über Polaritäten verwendet er das Beispiel einer bekannten optischen Illusion: eine schwarz-weiße Abbildung, die wahlweise zwei Köpfe zeigt, die einander anschauen, oder einen

217 »Nobody is smart enough to be wrong all the time«, eigene Übersetzung
218 Für manche ist das wahrscheinlich wieder nur ein »Potpourri« von Perspektiven.

Kelch in der Mitte dazwischen.[219] Die Schwierigkeit in der Arbeit mit Polaritäten besteht nicht darin, dass einige Leute zurecht einen Kelch und andere Leute zurecht zwei Köpfe sehen. *Recht zu haben ist der einfache Schritt.*

Abbildung 18 – Kelch oder Köpfe?

> »Es ist die Unvollständigkeit gepaart mit der Überzeugung der Richtigkeit (Akkuratheit) ihrer Wahrnehmung, die eine mögliche Problemquelle darstellt. Der erwähnte Mann und die Frau können tagelang darüber streiten, ob das Bild einen Kelch oder zwei Köpfe zeigt. Sie haben beide ›Recht‹, doch das ist der einfache Teil. Das alternative Bild zu sehen ist manchmal der schwierige Teil. Wenn du das alternative Bild nicht siehst, doch jemand anderes behauptet, dass es existiert, dann ist es ehrlich und hilfreich zu sagen, ›Ich sehe es nicht.‹ Es ist naiv und albern zu behaupten, ›Es ist nicht da.‹ **Der Unterschied zwischen diesen beiden Behauptungen ist keine Kleinigkeit.** Die erste bietet eine Grundlage, um Hilfe von demjenigen zu bekommen, der das alternative Bild sieht. Die zweite wird erstaunlichen Widerstand von demjenigen erzeugen, der das alternative Bild sieht, weil du seiner Realität widersprichst.«[220]

219 Von Bryan Derksen – *Original image Cup or faces paradox.jpg* uploaded by Guam on 28 July 2005, SVG conversion by Bryan Derksen, CC BY-SA 3.0, abgerufen am 22. Okt. 2023 von https://commons.wikimedia.org/w/index.php?curid=1733355

220 Johnson 2014, S. 44 eigene Übersetzung, eigene Hervorhebung

4.7.2 »Nicht-Ausschließung« als Prinzip integraler Theoriebildung

Um Forschungsergebnisse über Holacracy angemessen zu kontextualisieren, möchte ich gerne das *Prinzip der Nicht-Ausschließung* einführen. Dieses Prinzip, das sich auch als grundlegende Arbeitsheuristik durch Ken Wilbers integrale Theorie zieht, ist gegründet auf der Annahme, dass man den Vertretern jeglicher Methodologie zuallererst einmal einen generellen Vertrauensvorschuss gewähren sollte, denn …

> »[…] kein menschlicher Geist kann 100% Fehler produzieren. Wenn du die Vielzahl von Methodologien in den menschlichen Künsten und Wissenschaften betrachtest, wirst du Phänomenologie, Hermeneutik, Strukturalismus, Poststrukturalismus, kollaborative Forschung, partizipatorische Erkenntnistheorie, soziale Systemtheorie, mathematische Computermodellierung und so weiter finden. Wie wir gerade bemerkt haben, sind unzählige Menschen bereits mit all diesen Praktiken beschäftigt. Es geht nicht darum, ob diese Praktiken wertvoll sind oder nicht; es ist einfach eine Tatsache, dass eine außergewöhnliche Anzahl von klugen, intelligenten, fürsorglichen und umsichtigen Menschen bereits seit Jahrzehnten diese Paradigmen praktiziert. Das bedeutet nicht, dass diese Paradigmen nicht kritisiert werden können; aber es heißt eindeutig, dass diese Praktiken *notwendigerweise* eine Art von Wahrheit enthalten, da kein menschlicher Geist zu 100% danebenliegen kann. Oder wir könnten sagen, niemand ist klug genug, um die ganze Zeit falsch zu liegen. Und daher ist die einzige wirklich interessante Frage nicht, warum der Poststrukturalismus richtig ist und der Strukturalismus falsch, sondern welche Art von Universum es ermöglicht, dass beide Praktiken überhaupt entstehen.«[221]

Die Unterscheidung, die ich in diesem Zusammenhang hervorheben möchte, ist, dass die Menschen, die Holacracy *praktizieren*, und diejenigen, die Holacracy *beforschen*, zwei unterschiedlichen Paradigmen folgen, die entsprechend der drei Stränge der Erkenntnis unterschiedliche Daten inszenieren. Die Praktiker inszenieren die *Innensicht* und die Forscher die *Außensicht* auf das Phänomen der Holacracy-Praxis. Beide Perspektiven sind valide, wenn man »Nicht-Ausschließung« als Prinzip zugrunde legt.

4.7.3 »Inszenierung« als Prinzip integraler Theoriebildung

Das Prinzip der Inszenierung knüpft eng an den drei Strängen aller gültigen Erkenntnis an, die ich oben bereits eingeführt habe (Kap. 4.5.1.1). Ohne die Befolgung des ersten und zweiten Stranges (der praktischen Befolgung der Injunktion und der direkten Wahrnehmung) zeigen sich die Daten nicht, für welche die Vertreter eines Paradigmas Geltung beanspruchen.

---

221 Siehe Ken Wilber (2006a). Excerpt B: The Many Ways We Touch--Three Principles Helpful for Any Integrative Approach, S. 22 (PDF), eigene Übersetzung, abgerufen am 17.05.2023 unter https://www.academia.edu/16297602/Excerpt_B_The_Many_Ways_We_Touch_Three_Principles_Helpful_for_Any_Integrative_Approach

Die Essenz der postmodernen, nachkantischen Revolution besteht für Wilber in diesem Punkt, *dass Daten niemals einfach für jeden auf gleiche Weise offensichtlich ›gegeben‹ sind*, sondern dass sie erst durch eine Reihe von Aktivitäten (Paradigmen oder soziale Praktiken) auf Seiten des wahrnehmenden Subjekts *inszeniert* und erhellt werden. Daten liegen nicht einfach herum, man muss etwas *tun*, um sie lebendig zu machen. Daten bedürfen stets der Inszenierung.

4.7.3.1 »Inszenierung« anstelle des »Mythos des Gegebenen«

Das Reflexionsparadigma der exakten ›Abspiegelung‹ einer vorgegebenen Welt als gültige Erkenntnistheorie wurde – ausgehend von Kants ›kopernikanischer Wende‹ (wonach die Anschauungsformen und somit das Subjekt die wesentliche Rolle im Erkenntnisprozess spielen) – größtenteils verworfen und von Vertretern der Postmoderne später als der »Mythos des Gegebenen« bezeichnet. Schlichtweg anzunehmen, dass andere Subjekte oder Gruppen von Subjekten stets dieselbe Wahrnehmung der Welt haben wie man selbst, bedeutet, auf naive Weise diesem Mythos der *einen*, angeblich für alle auf gleiche Weise vorgegebenen Welt aufzusitzen, die man einfach nur abspiegeln müsse.

Wilber bringt es daher so auf den Punkt: **»Die Bedeutung einer Aussage ist das Mittel zu ihrer Inszenierung.«**[222] Wenn man das Mittel der Inszenierung nicht *mit* angibt, d.h. was man *tun* muss, um selbst die Erfahrung machen zu können, bleibt jegliche Aussage letztlich Metaphysik – eine Behauptung ohne Beweise. Man kann die Bedeutung nicht selbst reinszenieren, sie bleibt abstrakt und ohne Erdung in Erfahrungswissen. Wenn man dem »Mythos des Gegebenen« aufsitzt, nimmt man einfach naiv an, dass es nicht nötig ist, eine Injunktion mitzuliefern, denn man geht unhinterfragt von der einen Wirklichkeit aus, die alle so wie man selbst wahrnehmen. Das ist ein Rezept für Missverständnisse und Misskommunikation.

4.8 Der Ort, an dem Kühls Perspektive auf Holacracy wahr ist

Es wäre also zu kurz gesprungen zu behaupten, dass das, was Kühl aus seiner Perspektive auf Holacracy sieht, nicht da sei. Ich gehe also davon aus, dass er alles genau so aufgeschrieben hat, wie sich ihm die Sachverhalte dargestellt haben.

Statt nun also zu fragen, ob Kühl mit seinen Aussagen über Holacracy Recht hat oder ob meine eigene Perspektive auf Holacracy die Richtige ist, möchte ich den Denkrahmen erweitern und eine grundlegendere Frage stellen: *Wie muss ein Universum beschaffen sein, in dem Kühls Perspektive wahr ist?* Wenn niemand clever genug ist, um sich ständig hundertprozentig zu irren,

222 Siehe Wilber, K. (2007). Integral Spirituality: A Startling New Role for Religion in the Modern and Postmodern World. Boston: Shambhala Publications, S. 258. Fußnoten und Zitatreferenzen sind übrigens ebenfalls Injunktionen, wie man selbst die Perspektive und die Erfahrungsdaten rekonstruieren kann, die der Autor behauptet gemacht zu haben: »Lies auch dieses Buch auf der Seite 37«, usw.

dann muss folglich auch eine Wahrheit in seiner Perspektive stecken, die es sich lohnt, zu bewahren.[223]

Oder anders ausgedrückt: Was sind die Bedingungen der Möglichkeit der Wahrheit seiner Aussagen? Welche Elemente und Parameter bräuchte es, um Kühls Perspektive auf Holacracy zu rekonstruieren? Wie kann man diese Wahrnehmung von Daten aus einer hypothetischen Matrix unendlicher, möglicher Perspektiven auf die Wirklichkeit generieren? Was ist gewissermaßen die »erkenntnistheoretische Adresse«[224], um zu dieser besonderen Perspektive zu gelangen? Welchen Injunktionen muss man folgen, um sie selbst inszenieren zu können?

4.8.1 Notwendige Parameter zur Inszenierung von Kühls Sicht auf Holacracy

4.8.1.1 Der kühle Blick von außen: eine Außensicht auf ein Wir

Ken Wilber unterscheidet acht große Familien von Forschungsmethodologien, die »acht Zonen«.

Wenn man aus der Perspektive eines *integralen methodologischen Pluralismus* (IMP) auf die Forschungsergebnisse schaute, dann würde man die Methodologie, die verwendet wurde, um die Daten zu inszenieren, *teilnehmende Beobachtung*, als eine Methodologie der Zone #4 charakterisieren. Wilber wählt »Ethnomethodologie« um diese Familie von Zone-#4-Methodologien in seinem Modell stellvertretend zu repräsentieren.[225]

Wie man den Darstellungen entnehmen kann, erhellen Zone-#4-Methodologien einen Bereich der Wirklichkeit, den man als eine »Außensicht auf ein Wir« beschreiben könnte. Was durch die Methode betrachtet wird, ist ein *kollektives*, *innerliches* Holon, ein Wir, angesiedelt im unteren linken Quadranten der acht Zonen. Es ist *innerlich* (»interior«), weil nicht bloß materielle Ströme und Muster von Informationsaustausch beschrieben werden, wie in Zone #8 (Systemtheorie), sondern auch Interpretation von Innerlichkeit mit im Spiel ist. Zone #4 ist eine Dritte-Person-Perspektive auf eine Erste-Person-Perspektive einer *ersten Person, Plural.*

In einem Artikel auf Wikipedia wird der besondere Wert der teilnehmenden Beobachtung als Methode der Erkenntnisgewinnung beschrieben:

> »Er [Clifford Geertz, A. d. Verf.] sah Kultur als ein Netz von Bedeutungen an, das die Akteure weben. Dieses Netz beziehungsweise diesen Text liest der Forscher bezie-

223 »Nicht-Ausschließung« sollte also auch Kühl zugutekommen – andernfalls weiß ich, dass ich im Bild von Tim Urbans »Leiter« mit Sicherheit aus dem Modus des »Sportfans« oder unterhalb davon argumentiere – doch nicht aus dem Modus des »Wissenschaftlers«, der versucht, jenseits von persönlichen Vorlieben vor allem der Wahrheit zu folgen.

224 Wilber nennt es auch die »kosmische Adresse« – eine Beschreibung der Adresse, wie man zu einem bestimmten Phänomen im Kosmos gelangen und es ebenfalls inszenieren kann – inklusive aller Injunktionen, die dafür nötig sind. Siehe Wilber 2007, S. 248-258.

225 Siehe dazu auch Wittrock 2008.

hungsweise die Forscherin über die Schultern ihrer Informanten und legt dadurch Bedeutungsstrukturen offen, die den Akteuren zum Teil verborgen bleiben.«[226]

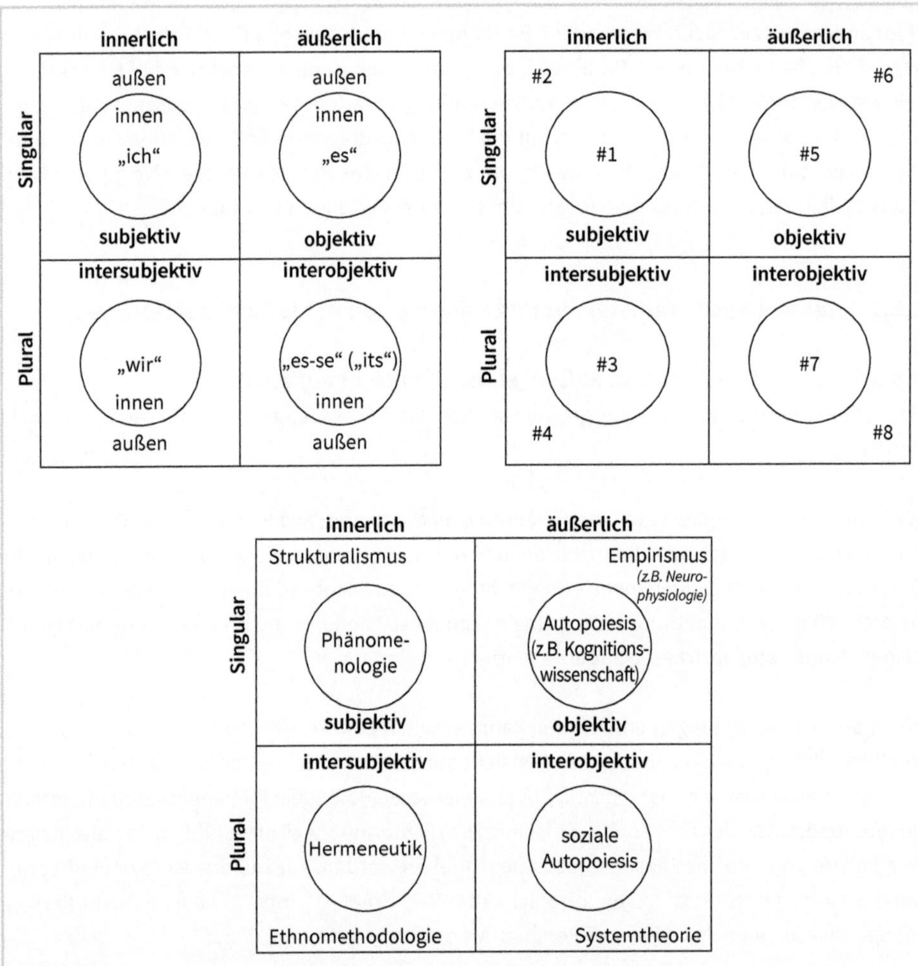

Abbildung 19 – Drei verschiedene Versionen der acht Zonen im IMP nach Ken Wilber[227]

Man kann aus Zone #4 also *Muster* beobachten und beschreiben, die man aus der Innensicht eines Wirs (Zone #3) nicht unmittelbar sehen kann. Der teilnehmende Beobachter nimmt *nicht vollständig* am Bedeutungsgeschehen der Gruppe teil. Insgeheim klammert er alle Aussagen

226 Teilnehmende Beobachtung. (o. D.). In Wikipedia. Abgerufen am 2. August 2023, von https://de.wikipedia.org/wiki/Teilnehmende_Beobachtung

227 Nach Wilber, K. (2006b). Excerpt C: The Ways We Are in This Together: Intersubjectivity and Interobjectivity in the Holonic Kosmos [PDF]. In Kosmic Carma and Creativity (Arbeitstitel). Ken Wilber. https://de.scribd.com/document/524043368/Ken-Wilber-ExcerptC-KOSMOS-2003 Vorabveröffentlicher PDF-Auszug aus dem zweiten Band der Kosmos Trilogie, S. 6-7, eigene Darstellung. Hinweis zur Terminologie: Wilber verwendet für das Holon in Zone # 7 im Englischen die Wortschöpfung »its« anstelle von »they«, um die unpersönliche Natur von objektiven Systemen zu betonen. Ich habe es hier mal mit »es-se« (statt »sie«) übersetzt.

der Beteiligten des Wirs innerlich ein und sucht in ihren Aussagen nach verborgenen Mustern. Er macht sich die Hermeneutik der Gruppe *nicht* zu eigen (Zone #3), sein Bedeutungshorizont verschmilzt *nicht* mit demjenigen der untersuchten Gruppe. Er steht stets mit einem Fuß beobachtend *außerhalb*.

Eine gute Analogie ist der Psychotherapeut, der die Aussagen seines Klienten über dessen phänomenologisches Erleben (Zone #1) nur bedingt ernst nimmt, weil er im Hintergrund ständig nach beobachtbaren Mustern in dessen Äußerungen sucht (Zone #2). Auch er klammert die Aussagen seines Klienten ein, statt sie sich auf unkritische Weise zu eigen zu machen. Auch er steht gewissermaßen mit einem Fuß *außerhalb* des therapeutischen Gesprächs und nicht mit beiden Füßen in der Bedeutungswelt des Klienten. Daher fasst Wilber Zone #2 und Zone #4 unter der Wendung »the look of a feeling« zusammen, weil sie beide die *Außenseiten der Innerlichkeit* inszenieren – wie sie *von außen betrachtet* aussehen (im Singular und in Pluralform).

Ich habe es an anderer Stelle zwar schon versucht zu verdeutlichen, aber ich wiederhole es gerne noch mal, weil es wichtig ist: Die Phänomene, die man aus der Innensicht als Holacracy-Praktiker (Zone#3) beobachten kann, sind andere, als jene, die man aus der Außensicht (Zone #4) inszeniert. Die Bielefelder Forschungsgruppe hat keinen direkten Zugang zu Daten aus der Innensicht des Wirs. *Beide* Zonen liefern legitime Daten innerhalb desjenigen Paradigmas, das sie hervorbringt bzw. inszeniert.

Man kann jedoch nicht die Daten aus Zone #4, die mithilfe von Befragungen von Praktikern erzeugt wurden, benutzen, um Daten aus der Zone #3, die durch die Holacracy-Praxis selbst erzeugt wurden, abzuwerten oder auszuschließen. Man würde damit das Prinzip der Nicht-Ausschließung verletzen.[228] Das macht man ungeachtet dessen natürlich trotzdem alle Nase lang, wenn man den IMP (oder ein vergleichbares Meta-Paradigma) nicht kennt oder für keine gute Idee hält. Leider ist es im Wissenschaftsbetrieb immer noch ziemlich verbreitet, seine eigene Disziplin und seine eigenen Forschungsmethoden zur Inszenierung und Interpretation von Daten gegenüber denen anderer Disziplinen und Fächern (oder Praxistraditionen) als überlegen oder gar als die einzig richtige Weise anzusehen. Ein gehöriges Maß an Ignoranz speist hierbei oftmals eine gewisse disziplinäre Arroganz.

4.8.1.2 Ein organisationssoziologisches Forschungsparadigma

Die methodische Vorgehensweise wird in *»Holacracy. Funktionen und Folgen eines Managementmodells«* im Kapitel 1.4 genau beschrieben. Die Datenerhebung erfolgte durch teilnehmende Beobachtungen in fünf holakratischen Organisationen, sowie 65 Interviews mit 52 Personen, die teilweise transkribiert und danach ausgewertet wurden.[229]

228 Intra-paradigmatische Kritik, d. h. Kritik innerhalb desselben Paradigmas ist natürlich weiterhin legitim und kann sinnvoll sein (z. B. Praktiker, die andere Praktiker kritisieren oder Wissenschaftler, die andere Wissenschaftler kritisieren).

229 Siehe Kühl & Sua-Ngam-Iam 2023, S. 8-13

Durch diese Interviews wurden eine Menge Daten erzeugt. Es ist alles andere als trivial, aus diesen Daten generalisierbare Aussagen über Holacracy zu extrahieren, die allgemeine Gültigkeit beanspruchen können. Die reinen Daten, die Transkripte für sich, bedeuten noch nichts. Damit Daten in allgemeingültige Aussagen transformiert werden können, braucht es eine Forschungsfrage, eine Hypothese, die man an die Daten herantragen muss, auf deren Beantwortung hin man die Daten dann befragen kann. Kurz: Man muss die Daten *inszenieren*, damit sie eine Erkenntnis ermöglichen.

Aber natürlich spielt die Hypothese der Forschenden bereits bei der *Erhebung* der Daten eine Rolle, wodurch die Gefahr entsteht, dass man primär nach dem fragt, was man herausfinden möchte und das Ergebnis der Forschung am Ende in einer Art selbsterfüllender Prophezeiung mündet. Im Methodenportal der Uni Leipzig werden eine Menge von Schwierigkeiten beschrieben, die bei der Anwendung soziologischer Forschung beachtet werden müssen und die möglicherweise die Aussagekraft der Ergebnisse beeinflussen und relativieren können – Basissatzproblem, selektive Wahrnehmung und Verzerrungen durch Probanden und Versuchsleiter:

> »Das **Basissatzproblem** beschäftigt sich mit der Unmöglichkeit der direkten und unmittelbaren Realitätsbeobachtung. Empirische Beobachtungen werden in sogenannten Basissätzen (auch: Beobachtungsaussagen) formuliert. Das Basissatzproblem beschreibt die Annahme, dass die Realität durch Beobachtende nur verzerrt wiedergegeben werden kann. Beobachtungen (also z.B. eine empirische Erhebung) und ihre Beschreibungen können die Realität nicht korrekt abbilden, weil sie immer theorieabhängig sind, also von bestimmten theoretischen Vorannahmen geleitet werden. Basissätze sind damit nicht verifizierbar. Stattdessen können sie durch die Scientific Community lediglich kritisch betrachtet und als vorläufig gültig anerkannt werden. [...]
>
> **Selektive Wahrnehmung**
> Im Alltag sind die Wahrnehmungen von Menschen notwendigerweise selektiv. Selektive Wahrnehmung kann in der Forschung jedoch zu erheblichen Irrtümern führen und ist damit für die Prüfung von Zusammenhängen besonders problematisch. So werden beispielsweise präferierte Hypothesen und Vorurteile auch präferiert wahrgenommen und können damit einen Bestätigungsbias erzeugen. In der Wissenschaft gibt es jedoch Verfahren, die es ermöglichen, solche Verzerrungen (Bias) zu überprüfen und kontrollierbar zu machen. [...]
>
> **Verzerrungen durch ProbandInnen und VersuchsleiterInnen**
> Wird das Verhalten von Versuchspersonen durch das unbewusste Verhalten der Versuchsleiterin oder des Versuchsleiters in eine bestimmte (erwartete) Richtung gelenkt (z.B. zur Bestätigung der zu prüfenden Hypothese), wird von Versuchsleitereffekten gesprochen. Daneben können sich auch Probandeneffekte einstellen, etwa wenn die Versuchsperson die zu prüfende Hypothese bereits kennt. Beide Fehlerquellen können durch eine Doppelblindstudie beseitigt werden, bei der sichergestellt ist, dass weder VersuchsleiterIn noch Versuchspersonen die zu prüfenden Hypothesen und Versuchs-

bedingungen kennen. Für eine pharmakologische Studie könnte das bedeuten, dass keineR der Beteiligten weiß, ob gerade ein Placebo oder das eigentliche Medikament verabreicht wurde.«[230]

Die Therorieabhängigkeit von Basissätzen ist problematisch. Daten liegen nicht einfach herum (der »Mythos des Gegebenen«, s. o.), sondern die Beobachtung hängt an axiomatischen Annahmen, die nicht immer reflektiert oder mit angegeben werden und doch das Ergebnis beeinflussen. Wahrnehmung ist zwangsläufig selektiv und hebt dasjenige hervor, woran man interessiert ist, blendet aber auch aus, woran man *nicht* interessiert ist. Doppelblindstudien sind natürlich sehr aufwändig. Vielleicht hat die Bielefelder Forschungsgruppe sie deshalb in diesem Fall nicht angewendet. Oder es gab andere praktische Gründe, die dagegensprachen. Doch leider ist somit die Möglichkeit größer, dass die Daten unbeabsichtigte Verzerrungen enthalten.

4.8.1.3 Hypothesen über negative Effekte von Holacracy, insbesondere »Hyperformalisierung«

Wenn ich rein anhand des Buches »Schattenorganisation« die Hypothesen und Forschungsfragen rekonstruieren sollte, die zu den Ergebnissen geführt haben, die Kühl beschreibt, dann wären meine heißesten Kandidaten die Fragen *»Welche unbeabsichtigten, negativen Effekte hat Holacracy-Praxis?«* und insbesondere *»Führt Holacracy-Praxis zur Hyperformalisierung?«* Wenn diese beiden Fragen die Aufmerksamkeit der Forschenden lenken, dann wird man wahrscheinlich die Art von Ergebnissen finden, über die in dem Buch berichtet wird.[231] Hier typische Fragen der Forschenden:

> »F: […] für uns sind ja immer so Punkte interessant, wo es nicht so gut läuft, weil man da am besten sieht, wie so eine Struktur funktioniert.
> […]
> F: Wir haben ja jetzt schon ein bisschen über die Stärken von Holacracy geredet, gibt es auch irgendwie Schwächen, Herausforderungen jetzt auch schon in der Vergangenheit, bei der Implementierung oder jetzt auch zukünftige Herausforderungen?«[232]

Fragen, die auf jeden Fall weniger von Interesse waren, könnten lauten: *»Welche positiven Effekte der Holacracy-Praxis berichten die Teilnehmenden?«* oder, *»Was hat sich seit der Einführung von Holacracy verbessert?«* oder *»Welche unerwarteten Vorteile hat die Holacracy-Praxis nach*

230 Universität Leipzig, Methodenportal, »Probleme der Empirie«, abgerufen am 18.05.2023 unter https://home.uni-leipzig.de/methodenportal/probleme_der_empirie/, eigene Hervorhebung

231 Vielleicht war auch noch die implizite Forschungsfrage im Hinterkopf der Forschenden »In welcher Hinsicht ist Holacracy ähnlich dem Harzburger Modell?« Siehe da, man findet gewisse Aspekte.

232 Siehe »IT-Tower – Interview 2a« in Sua-Ngam-Iam, P. (2023). Zusatzmaterial 1 (Kreise, Komplexität und Krisen. Holacracy auf dem organisationswissenschaftlichen Prüfstand). In Springer Link. Abgerufen am 24. Mai 2023, von https://static-content.springer.com/esm/chp%3A10.1007%2F978-3-658-40111-5_1/MediaObjects/538752_1_De_1_MOESM1_ESM.docx

sich gezogen?« Ich entnehme das der relativen Abwesenheit der Beschreibung solcher Befunde. Hätte man mehr dieser Fragen gestellt, hätte man sicherlich auch entsprechend mehr Antworten darauf bekommen, oder zumindest die Antwort, dass es solche positiven Aspekte *nicht* gäbe, worüber Kühl wahrscheinlich ohne Zögern ganz zuerst in seinem Buch berichtet hätte. In den stark gekürzten Interview-Transkripten der Forschenden scheinen zwar vereinzelt positive Äußerungen durch, doch diese bekommen in »Schattenorganisation« keine weitere Aufmerksamkeit.

4.8.1.4 Eine Nichtbeachtung des Holacracy-Praxisreifegrads der teilnehmenden Organisationen

Um selbst zu finden, was in »Schattenorganisation« gefunden wurde, muss man zudem die Dimension der Tiefe der Holacracy Praxis ausklammern, bzw. es reicht bereits aus, kein differenziertes Verständnis dieser Dimension mit in die Forschungssituation und die Auswahl der untersuchten Organisationen zu bringen.

> »Zur Zeit der Untersuchung lag die Einführung des Managementkonzepts Holacracy fünf Jahre oder länger zurück.«[233]

Nun könnte man argumentieren, dass mit der Dauer der Praxis ein hinreichend guter Proxy für Praxistiefe gefunden wurden. Vielleicht würden die Bielefelder Forscher das auch tun. Meiner Einschätzung nach ist die reine Dauer dafür aber *nicht* ausreichend – genauso wenig, wie ein hohes Lebensalter eines Menschen zwingend ein Prädiktor großer Lebensweisheit ist. Manche lernen nie dazu. Man kann auch Holacracy über einen langen Zeitraum schlecht praktizieren, insbesondere wenn die Praxis ungenügend eingeführt und begleitet wurde und/oder im Laufe der Jahre (mit der Fluktuation von Mitarbeitern) weiter degeneriert. Dass die Einführung fünf Jahre zurückliegt, kann eben auch bedeuten, dass man seit fünf Jahren keine Fortbildung mehr zu dem Thema gemacht hat.

Leider finden sich in der Studie keinerlei Anhaltspunkte darüber, wer die Praxis eingeführt hat, ob es eine Do-it-yourself-Einführung war oder ob sie durch erfahrene, lizenzierte Holacracy-Coaches begleitet worden ist, ob die Verfassung offiziell ratifiziert worden ist, wie lange und welche Bemühungen die Organisationen jeweils unternommen haben, um die Praxis auf Stand zu halten und auch neu hinzukommende Mitarbeiter gut zu trainieren und in diese Arbeitsweise onzuboarden, so dass das durchschnittliche Verständnis der Konzepte in der Organisation selbst Jahre nach der Einführung noch hoch genug ist.

Es ist nämlich durchaus sinnvoll, unterstützende Systeme aufzubauen, um die Qualität der Praxis auf möglichst hohem Niveau zu halten, denn Holacracy zu erlernen ist zugegebenermaßen relativ anspruchsvoll – insbesondere, wenn man die unbewussten Gewohnheitsmuster aus

233 Siehe Kühl & Sua-Ngam-Iam 2023, S. 12

Jahren oder Jahrzehnten der Sozialisierung in klassischen Organisationen teilweise wieder verlernen muss. Wenn die Leute dagegen sich einfach selbst überlassen werden, dann ist die Wahrscheinlichkeit groß, dass sie in alte Gewohnheiten aus klassisch hierarchischen Strukturen zurückfallen und die holakratischen Regeln und Praktiken ignorieren oder wieder vergessen. Dann misst man am Ende möglicherweise die Effekte der klassischen Hierarchie, aber nicht die Effekte von Holacracy.

So ist es für mich als Holacracy-Coach leider schlichtweg nicht nachvollziehbar, wie die Daten zu interpretieren sind. Handelt es sich bei den beschriebenen Effekten wirklich *zwingend* um unintendierte Nebenfolgen der Holacracy-Praxis, die korrekt eingeführt oder durchgeführt worden ist, wie die Autoren stillschweigend zu implizieren scheinen, oder handelt es sich vielmehr um typische Missverständnisse und Verzerrungen, die in der frühen Stufen der Praxis vorherrschen, weil die Praxis entweder von Amateuren eingeführt wurde *oder* weil sie zwar korrekt von Profis eingeführt wurde, aber ihre Ausübung über die Jahre aufgrund fehlender Unterstützungssysteme schrittweise degeneriert ist? Ich habe *sehr* viele Fragen.

Außerdem: welche anderen der unzähligen möglichen Variablen, mal abgesehen von Holacracy, könnten die von den Forschenden beschriebenen Effekte erklären? Wie können die Forschenden sicher sein, dass jeweils Holacracy als *der eine* kausale Faktor isoliert werden kann, der zu dem jeweils beobachteten Phänomen geführt hat? Gerade bei der Beobachtung von Organisationen und sozialen Systemen kann sich das als schwierig erweisen, denn der Forschungsgegenstand ist ja nicht gerade ein unbeweglicher Stein, auf den nur eine begrenzte Menge von Variablen einwirken können, sondern eine hochgradig dynamische Angelegenheit, zu dem die Forschenden selbst eine komplexe Beziehung aufbauen und mit dem sie, durch ihre Haltung dazu, auch selbst in Rückkopplungsschleifen gehen – so sehr sie sich auch als unbeteiligte Beobachter sehen möchten, die lediglich die »neutrale Sicht aus dem Nirgendwo« anwenden.

4.8.1.5 Eine Hermeneutik des Argwohns

Es ist der Job der Forschenden, das Haar in der Suppe der Management-Methoden zu finden. Darauf liegt ihre Aufmerksamkeit und darin sind sie gut. Teilweise übernehmen sie dabei leider auch die Hermeneutik des Argwohns des Mainstreams. Diese geht davon aus, dass man dem Menschen im Grunde nicht trauen kann und dass daher Organisationen, die auf der Basis dieser Vertrauensprämisse operieren, zum Scheitern verurteilt sind. Siehe da, sie finden Organisationen, die mit Holacracy als Betriebssystem (vermeintlich) scheitern. Das Risiko bestehe, dass nur Dienst nach Vorschrift geschehe. Das Risiko bestehe, dass Initiativen durch Formalismus erstickt werden. Das Risiko bestehe, dass sich ganze Abteilungen aus dem Staub machten und eigene Firmen gründeten, trotz größerer Transparenz in Holacracy. »Wir haben herausgefunden, dass Holacracy das komplette Gegenteil von dem ist, was alle glauben. Gotcha!« Das generiert Aufmerksamkeit und man kann sich als Aufklärer selbst auf die Schulter klopfen.

Keine Aufmerksamkeit hingegen erhalten Organisationen, die gute Erfahrungen mit Holacracy machen. »Gute Neuigkeiten« sind aus dieser zynisch gefärbten Perspektive so gut wie »keine Neuigkeiten«. Als scharfer Kritiker von Managementmethoden kann man hingegen soziologisch glänzen. Es lassen sich Paper veröffentlichen und ganze Bücher damit füllen. Wenn man hingegen berichten müsste, dass vieles größtenteils funktioniert, wie es das soll (oder gar besser), würde in der Wissenschaft kein Hahn danach krähen. Was funktioniert, ist daher uninteressant. Ausgewogene Darstellungen der Vor- und Nachteile sind schlichtweg »unsexy«. Stattdessen sind Zuspitzung und Auslassung das Mittel der Wahl. Auch der wissenschaftliche Publikationsbetrieb ist ein System, das gewissen ungeschriebenen Gesetzen unterworfen ist und das der impliziten Logik der Aufmerksamkeitsökonomie folgt.

Ein weiteres Indiz dafür sieht man schon im Untertitel des Buches von Kühl, »Agiles Management und ungewollte Bürokratisierung«. »Agiles Management« ist ein schlecht definierter Begriff, wie Kühl sich beklagt.[234] Holacracy hingegen ist *sehr* klar definiert. In seinem Buch geht es zu 95% Prozent um Holacracy. Warum heißt es also nicht präziser »*Holacracy* und ungewollte Bürokratisierung«? Wieso also der Etikettenschwindel, der sehenden Auges eine große Menge bekennender Agilisten unnötigerweise verwirrt?[235] Weil »Agilität« bekannter ist als »Holacracy«. Es geht schlicht um maximale Aufmerksamkeit zwecks Auflagensteigerung.

4.8.1.6 Eine Bad-Faith-Kommunikationsstrategie

Dieser Parameter wäre streng genommen nicht nötig gewesen, aber wenn man das Buch »Schattenorganisation« von Kühl liest, braucht man diese Dimension leider, um zu erklären, wie eine neutrale, soziologische Forschung, die eigentlich nur unintendierte Folgen einer Managementmethode beschreiben will und sogar selbsterklärtermaßen eine Relevanz für den Praxisdiskurs gewinnen möchte, zu einem derart ätzenden und zynischen Verriss von Holacracy geraten konnte.

Doch wenn man einfach Muster der Bad-Faith-Kommunikation wie Irreführung durch Fakten, Strohmann-Argumente, Ad-hominem-Herabsetzungen, abwertende Darstellungen, manipulative Rahmung und Vereinfachungen in die Gleichung einsetzt, voilà – heraus kommt ein Buch wie »Schattenorganisation«, das nur so davon strotzt.

234 Kühl 2023a, S. 27

235 Siehe dazu Jany, A. (2023, 10. Mai). Schattenorganisation: Eine Rezension von Agnes Jany. Versus – Magazin für kritische Organisationspraxis. Abgerufen am 10. Juni 2023, von https://versus-online-magazine.com/de/artikel/Schattenorganisation-rezension-agnes-jany/ oder Hoogvliet, O. (2023, 26. April). »Schattenorganisation« – eine Rezension. LinkedIn Pulse. Abgerufen am 10. Juni 2023, von https://www.linkedin.com/pulse/schattenorganisation-eine-rezension-oliver-hoogvliet/ oder Vogel, M. (2023, 16. Juni). Alles nur eine Modeerscheinung? Rezension zu »Schattenorganisation. Agiles Management und ungewollte Bürokratisierung« von Stefan Kühl. Soziopolis. Abgerufen am 19. Juni 2023, von https://www.soziopolis.de/alles-nur-eine-modeerscheinung.html

4.8.1.7 Eine Präferenz für die klassische Hierarchie

Wenn man dann auch noch ein Loblied auf die Vorzüge der klassischen Hierarchie singt, wie Kühl das in dem Artikel *»Hierarchie — Vom Nutzen eines unpopulären Koordinationsmechanismus«* tut, dann kann man sich noch besser vorstellen, dass er es sich nicht vorstellen kann, dass Holacracy funktionieren kann.[236]

4.8.1.8 Ein »Sportfan«-Modus

Wenn man nicht konstant aus dem Modus des »Wissenschaftlers« (gemäß dem Modell von Tim Urbans »Leiter«) heraus funktioniert, was zugegebenermaßen anspruchsvoll und oft unrealistisch ist, dann ist der nächstbeste mögliche Modus der Modus des »Sportfans«, in welchem man zwar zu gewissen Grad zugänglich für Fakten ist, aber eben seine Lieblingsversion davon hat, für die man insgeheim die Daumen drückt. Wenn man im Prozess der Forschung über Holacracy ebenfalls der klassischen Hierarchie die Daumen drückt, dann landet man am Ende wahrscheinlich bei einer ähnlichen Perspektive wie Kühl. Agnes Jany schreibt passend dazu in ihrer Rezension:

> **»Eine Analyse in triumphierendem Ton**
> Manchen Lesenden werden an einigen Stellen schon erste Zweifel an der Funktionstüchtigkeit der Holacracy gekommen sein. Die Nebenfolgen der Holacracy werden gut nachvollziehbar beschrieben. Es entsteht jedoch der Eindruck, als gäbe es diese Probleme in weniger bürokratischen Organisationen nicht. Das Kernstück des Buches befasst sich mit der zentralen Nebenfolge: den Schattenstrukturen als informaler Korrekturmechanismus. Diese Analyse wird wieder von gut verständlich strukturierten Beobachtungen und Schlussfolgerungen begleitet. Es wirkt fast schon triumphal, wie Stefan Kühl hier schließlich zeigt, dass die Holacracy leider doch genau das hervorbringt, was sie zu bekämpfen versucht; Hierarchien und Abteilungen. Demnach gibt es immer eine Machtstruktur, die von den Eigentümer:innen ausstrahlt.
> Hier stellt sich mir die Frage: Was ist die Neuigkeit? Meiner Beobachtung nach bilden sich immer Schattenorganisationen in der Gunst einzelner hochrangiger Personen – in flachen Hierarchien genau wie in Strukturen, in denen Hierarchien ganz offen und bewusst gelebt werden.«[237]

Für einen »Sportfan«, der Daten selektiv gemäß Vorliebe und nicht im Gesamtbild betrachtet, sieht z. B. exemplarisch die weiter oben dargestellt Polarität von Informalität/Formalität in Holacracy dann in etwa so aus:

---

236 Siehe Kühl (2022): »Hierarchie – Vom Nutzen eines unpopulären Koordinationsmechanismus«, abgerufen am 18.05.2023 unter https://versus-online-magazine.com/de/kolumne/stefan-kuehl/hierarchie/. Bei einem erneuten Abruf am 09.06.2023 wurde der Titel verändert in »Hierarchie: Lieber nicht alle abschaffen«.

237 Jany, A. (2023, 10. Mai). Schattenorganisation: Eine Rezension von Agnes Jany. Versus – Magazin für kritische Organisationspraxis. Abgerufen am 10. Juni 2023, von https://versus-online-magazine.com/de/artikel/Schattenorganisation-rezension-agnes-jany/

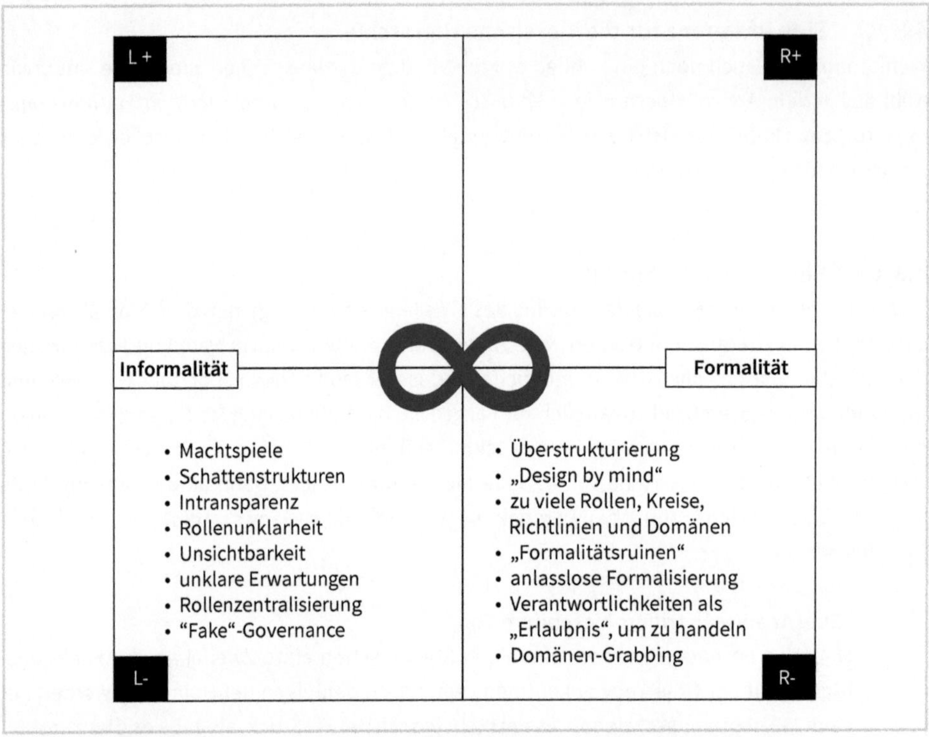

Abbildung 20 – Aspekte der Formalität/Informalität-Polarität in Holacracy aus »Sportfan«-Sicht

Positive Aspekte von Holacracy? Fehlanzeige. Hier gibt es nichts zu sehen. Die negativen Aspekte der Polaritäten sind alle nicht falsch. Recht zu haben ist der einfache Schritt. Aber sie sind schmerzhaft einseitig und zeichnen ein zutiefst unausgewogenes Bild der Realität, welches mit der »Schauseite« der Vollständigkeit verkauft wird. Vielleicht würde Kühl nicht direkt behaupten, dass er ein vollständiges Bild der Effekte der Praxis gezeichnet hat – doch er sagt andersherum auch nicht explizit, dass er die Vorzüge von Holacracy in seiner Darstellung bewusst *ausgeklammert* hat – »plausible deniability«. Ungeachtet dessen schreibt er aber auch Sätze wie diesen, die eine vollumfängliche Durchdringung und Darstellung von Holacracy suggerieren:

> »Überspitzt ausgedrückt: Wenn man eine holakratische Organisation kennt, kennt man alle.«[238]

4.8.1.9 Zusammenfassung: ein Kochrezept für Kühls Perspektive auf Holacracy

Um selbst sehen zu können, was Kühl in Holacracy sieht, braucht man also mindestens mal die folgenden Zutaten:

- eine Außensicht auf ein Wir (Zone #4)
- ein organisationssoziologisches Forschungsparadigma

238 Kühl 2023a, S. 27

- Hypothesen über negative Effekte von Holacracy, insbesondere »Hyperformalisierung«
- eine Ignoranz gegenüber dem Holacracy-Praxisreifegrad der teilnehmenden Organisation (wie man sie aus Zone #3 sehen kann)
- eine Hermeneutik des Argwohns
- eine Bad-Faith-Kommunikationsstrategie
- eine Präferenz für die klassische Hierarchie
- einen »Sportfan«-Modus

Gleichzeitig kann man annehmen, dass Kühl das alles subjektiv mit besten Absichten veröffentlicht hat – vielleicht sogar mit der positiv aufklärerischen Intention, Menschen in Organisationen vor falschen Heilsversprechen und unausgegorenen Managementmoden zu bewahren. Wie ich später noch im Detail erkläre, kann darin wirklich ein positiver Beitrag zum Diskurs liegen, den die Organisationsforschung als wichtiges Korrektiv für die Exzesse von Managementpraktiken leisten kann und dem sie hier zum Teil auch gerecht geworden ist (wie ich mit Verweis auf legitime Kritikpunkte an Holacracy versucht habe zu zeigen).

Doch ohne Einordnung in einen integrierenden Gesamtrahmen kann die wohlgemeinte wissenschaftliche Kritik *selbst* exzessive Züge annehmen und über die Stränge schlagen, z. B. wenn Daten unter den Tisch fallen, die Haltung der Neugierde und Neutralität aufgegeben, ein übertrieben einseitiges Bild präsentiert, und sogar zu unlauteren Mitteln wie Bad-Faith-Kommunikationsstrategien gegriffen wird.

4.8.2 Das Problem des Relativismus — zur Relativität von Perspektiven

Ich habe jetzt versucht, wesentliche Parameter zu identifizieren, um Kühls Perspektive auf Holacracy zu rekonstruieren. Wenn ich alle die Prämissen akzeptiere, die er akzeptiert, die o.g. Parameter einsetze und versuche, mich darin hinein zu versetzen, dann bekomme ich ein grobes Verständnis dafür, warum er die Dinge sieht, wie er sie sieht und kann es in meiner Sicht auf die Welt umarmen. Dieses Terrain der Wirklichkeit ist real. Folge dem obigen Kochrezept und du kommst dort heraus, wo er herausgekommen ist.

Ich sehe ja auch die scharfen Beobachtungen und Präzisierungen problematischer Aspekte von Holacracy, die ich ja auch bereits in Kapitel 2 versucht habe, auf differenzierte Weise anzuerkennen, dort, wo ich ähnliche Daten habe, zu ergänzen, wo noch welche fehlen, und ihnen zu widersprechen, wo ich entweder andere Daten habe oder eine andere Interpretation der Daten. Auch habe ich Ideen formuliert, wie man zukünftige Forschungen über Holacracy durch Einbezug der Dimension der Praxistiefe aussagekräftiger machen kann. Es geht mir also nicht darum, Kühl pauschal als einen Buhmann hinzustellen und eine eigene Ad-hominem- oder Strohmann-Attacke auf ihn als Retourkutsche zu fahren. Ich finde diesen Modus nicht konstruktiv und wünsche mir mehr von einem ernstgemeinten Dialog zwischen Wissenschaft und Praxis.

4.8.2.1 Ist am Ende alles nur reine Ansichtssache?

Wenn man akzeptiert, dass es nicht *die eine*, korrekte Wirklichkeit gibt, die doch alle genau gleich sehen müssen, wie es der »Mythos des Gegebenen« behaupten würde, sondern dass eine Vielzahl von Perspektiven auf die Wirklichkeit Wahrheiten enthalten, die es zu würdigen gilt, dann stellt sich schnell ein anderes Problem: *Woher kann man wissen, welche Perspektive relativ gesehen »wahrer« ist als eine andere?*

Wenn man mehrere legitim inszenierte Wahrheiten akzeptiert, endet das nicht notwendigerweise in purem Relativismus, bzw. in multiperspektivischer Verwirrung? Anfänglich sicher schon. Doch Modelle wie integraler methodologischer Pluralismus oder andere Metatheorien darüber, wie Perspektiven zueinander in Beziehung stehen, können bei der Orientierung in diesem Terrain der Wirklichkeit helfen. Ohne eine solche Orientierung besteht die Gefahr, dass man entweder in Wissensfragmentierung oder in der Beliebigkeit stecken bleibt.

4.8.2.2 Ein asymmetrisches Einschließungsverhältnis von Perspektiven

Ein möglicher Anhaltspunkt für den an dieser Stelle verwirrten Leser ist, sich bei zwei Standpunkten, die *beide* Legitimität beanspruchen, zu fragen, ob vielleicht ein asymmetrisches Einschließungsverhältnis der um Deutungshoheit konkurrierenden Standpunkte vorliegt, d. h. ob ein Standpunkt die Wahrheit des anderen Standpunkts einschließt, *aber nicht umgekehrt.* Das »aber nicht umgekehrt« begründet die relative Asymmetrie der beiden Standpunkte zueinander.

Derjenige Standpunkt, der den anderen integriert, wäre dann *relativ* gesehen, »wahrer«, bzw. legitimer als derjenige, der nur sich selbst kennt. Ich überlasse es dem Leser zu entscheiden, ob es mir gelungen ist, den Standpunkt von Kühl fair wiederzugeben und seine Perspektive auf Holacracy realistisch als einen Teilaspekt einer größeren Wirklichkeit zu rekonstruieren, der wahr, aber nur *Teil* einer größeren Wahrheit ist (*»true, but partial«*[239] oder *»partial, but true«* – je nachdem).

Einstweilen warte ich darauf, dass jemand anderes möglicherweise die Injunktionen für *meine* erkenntnistheoretische Adresse adäquat rekonstruiert, um meinen Standpunkt und meine Perspektive auf Holacracy ebenfalls als Teil eines größeren Bildes zu wahren. Verstehen zu wollen ist sogar noch wichtiger als verstanden zu werden.

Ich denke letztlich nicht, dass meine Perspektive auf Holacracy der Weisheit letzter Schluss ist, denn es wird *immer* einen größeren Kontext geben; Kontexte sind letztlich auch nichts anderes als unendlich ineinander geschachtelte Holons in einer Holarchie. Kontexte in Kontexten in Kontexten, Perspektiven in Perspektiven in Perspektiven, Geschichten in Geschichten in Geschichten – ohne absehbares Ende. Selbst wenn es deswegen keine *absolute*, für alle Zeiten

239 »True, but partial« ist eine gängige Wendung in der integralen Theorie Ken Wilbers.

stillstehende, in Worten artikulierbare Wahrheit geben kann, so ergibt es dennoch Sinn, Kontexte, Perspektiven und Geschichten relativ zueinander zu verorten, um ihre *relative* Wahrheit zueinander beurteilen zu können.

4.9 Praxisdiskurs und Wissenschaftsdiskurs als Polarität

»Es gibt nichts Praktischeres als eine gute Theorie.«
Kurt Lewin

4.9.1 Der Sinn und Zweck dieser Abhandlung

Man könnte zurecht fragen, warum ich mir die ganze Mühe gemacht habe, um mir neben meiner Arbeit als Holacracy-Coach und -Berater mehrere Monate lang meine Abende und Freizeit damit um die Ohren zu schlagen, um eine ausufernd detaillierte, akademisch und philosophisch unterfütterte, ausführliche Stellungnahme und Antwort zu den Forschungsergebnissen über Holacracy zu schreiben.

Die zynische Unterstellung (im Sinne der Bad-Faith-Kommunikation) würde wahrscheinlich lauten, dass ich wegen dieser vernichtenden Kritik an Holacracy schlichtweg meine wirtschaftliche Existenz gefährdet sehe und daher alles auffahre, was nötig ist, um für bessere PR zu sorgen – sogar, wenn es bedeutet, dass ich im Sinne von Tim Urbans »Leiter« in den Modus des »Anwalts« gehen muss, dem die Wahrheit egal ist, Hauptsache sein Klient (hier: Holacracy) gewinnt die Auseinandersetzung und vernichtet seinen Gegner argumentativ.

Doch das ist, wie man sich mittlerweile vielleicht denken kann, auch nur »true, but partial« – zum Teil wahr, aber nur Teil einer größeren Wahrheit. Wahr daran ist, dass der Verriss von Holacracy von vermeintlich autoritativer Stelle tatsächlich den einen oder anderen davon abschrecken könnte, es *überhaupt* auszuprobieren, was schade wäre. Das könnte sich in der Tat langfristig als wirtschaftlicher Verlust auswirken und geschäftsschädigend sein. Somit bin ich sicherlich nicht komplett unberührt davon. Mein Bild ist jedoch etwas komplexer und weniger schwarz-weiß. Neben Schatten *und* Licht gibt es viele Grauzonen.

Kühl rechtfertigt in »Schattenorganisation« den Verzicht »auf ausführliche Theoriediskussionen, Methodenexplikationen und Falldarstellungen« damit, dass er »bewusst den Brückenschlag zwischen Organisationswissenschaftlern als auch Organisationspraktikern« versuchen möchte (vgl. Kap. 2.1.1).[240] Die Details wurden gewissermaßen in langweiligere Publikationsformen ausgelagert – er sucht den öffentlichen Appeal mit einer knackigen Zusammenfassung,

240 Kühl 2023a, S. 27

die als Diskussionsanstoß verstanden werden soll – eingedenk der Zumutung, die der unausweichliche, aufmerksamkeitsökonomische Imperativ und die daraus resultierende Polarisierung für alle Seiten darstellt. Aus meiner Sicht steckt darin leider eine Menge »Mist«.

Meine Hauptmotivation ist, diesen »Mist« in wertvollen Dünger zu verwandeln. Ich glaube auf postironische Weise sowohl an den Wert guter Holacracy-Praxis als auch gleichzeitig an den Wert guter Wissenschaft. Daher ist es mir ein Herzensanliegen, sowohl Holacracy als auch die Wissenschaft besser zu machen. Ich denke, dass auch der Diskurs zwischen Organisationswissenschaftlern und Organisationspraktikern als eine Polarität verstanden werden kann, die jeweils besser oder schlechter gemanagt werden kann. Aktuell liegt leider noch zu viel im Argen – und ich will die Vertreter von Holacracy dabei jetzt nicht pauschal ausklammern.

4.9.2 Aspekte der Polarität von Organisationspraxis und Organisationsforschung

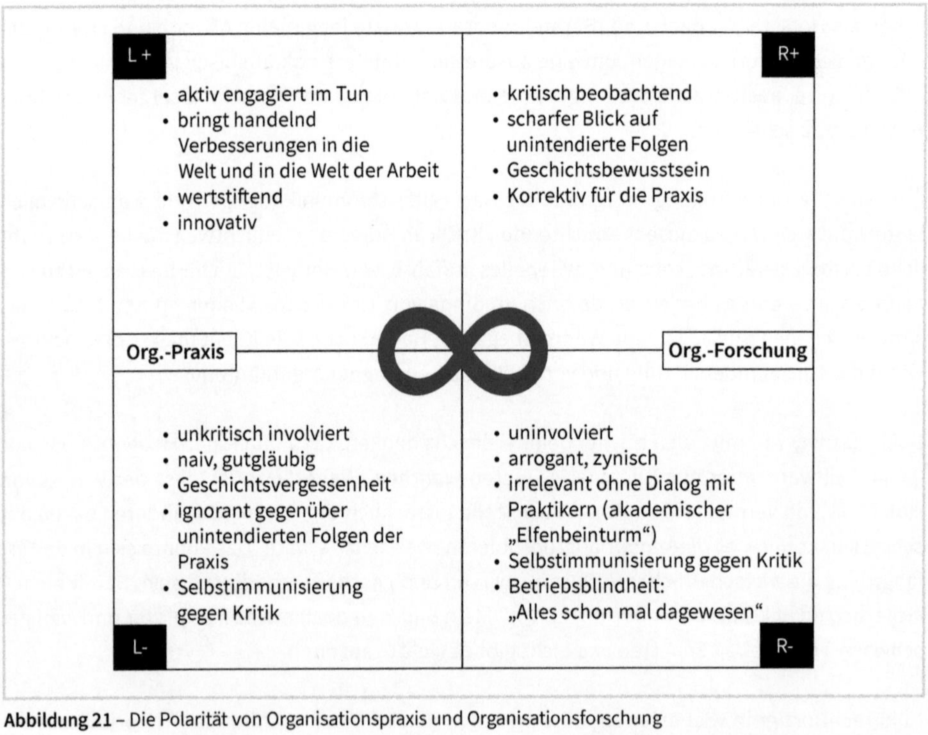

Abbildung 21 – Die Polarität von Organisationspraxis und Organisationsforschung

Die positiven Aspekte (L+) innovativer Organisationspraxis (insbesondere Holacracy) sind, dass sie aktiv engagiert im Tun ist, Innovationen umsetzt und handelnd Verbesserungen in die Welt der Arbeit bringt, die wirklich wertstiftend sind. Der Pol der Praxis verkörpert Handlung und progressive Schaffenskraft im besten Sinne. Holacracy macht eine Welle in der Welt der

Arbeit und inspiriert hunderte, wenn nicht tausende von Organisationen dazu, ihre Strukturen neu zu betrachten und die Dinge anders zu tun. Das nötigt Respekt ab. Mal ehrlich: Warum sollte man sich sonst all die Mühe machen, es aus organisationswissenschaftlicher Sicht so gründlich zu erforschen und mithilfe einer ganzen Forschungsgruppe von sechs Leuten über zwei Jahre hinweg in zwei gesonderten Publikationen sorgfältig auseinanderzunehmen? Vielleicht ist deswegen sogar ein gestandener, mit allen Wassern gewaschener Organisationssoziologe »fasziniert«[241] von Holacracy. Und »fasziniert« ist man ja in der Regel nicht von Dingen, die bereits bekannt, dümmlich und flach sind, sondern von solchen, die herausfordernd, komplex und neu sind.

Negative Aspekte dieses Pols (L-) entstehen, wenn die Verfechter der jeweiligen Methode gegenüber dieser unkritisch involviert sind sowie naiv und gutgläubig alle übertriebenen Marketingbotschaften schlucken, die über die Methode verbreitet werden – selbst wenn sie nicht empirisch bewiesen sind. Es kann eine Ignoranz in Bezug auf die unintendierten Folgen der Methode entstehen oder tatsächlich auch eine Selbstimmunisierung gegenüber Kritik von außen, aufgrund von In-Group-/Out-Group-Dynamiken. Zudem dümpelt die Methode vielleicht in Geschichtsvergessenheit und erfindet das Rad neu, obwohl alles schon doppelt und dreifach dagewesen ist, was offenbar geworden wäre, wenn man nur mal einen Blick in die Geschichte der Managementmethoden geworfen hätte.

Hier kann jetzt die Organisationsforschung ihren positiven Beitrag leisten (R+), indem sie die Entwicklungen in einem historischen Zusammenhang verortet und einordnet. Zudem beobachtet sie die Praxis kritisch und richtet einen scharfen Blick auf nicht intendierte Folgen. Da sie – im Gegensatz zu einigen Praktikern – die Methode nicht verkaufen muss, um davon zu leben[242], kann sie einen davon unbeeinflussten Blick von außen beisteuern, aus dem sie Dinge sieht, die man vor lauter Gruppendenken und wirtschaftlichen Interessen von innen nicht sehen kann oder will. Somit kann sie als wertvolles Korrektiv der Praxis dienen, auch und insbesondere, wenn sie unbequem ist – jedoch ohne komplett die Wertschätzung für die Praktiker zu verlieren.

Ins Negative (R-) verkehrt sich die Forschung, wenn sie uninvolviert über allen Dingen stehen will. Dann kann sie bisweilen arrogant, überheblich und zynisch daherkommen und Türen schließen, statt sie zu öffnen. Ohne den Dialog mit den Praktikern besteht die Gefahr, dass sie sich selbst in die Irrelevanz staubiger Fachbibliotheksregale manövriert bzw. in den akademischen Elfenbeinturm. Auch sie kann sich, wenn sie es übertreibt, in Selbstimmunisierung versteigen und die nötige Demut und die Fähigkeit zu staunen verlieren. Sie begnügt sich dann mit dem dekonstruktiven Modus der Kritik – denn schließlich sieht sie es nicht als ihren Job, zu sagen, wie man es handlungspraktisch *besser* machen könnte oder sollte. Ihr ausgeprägtes Ge-

241 Kühl 2023a, S. 9
242 Die Forschung wird stattdessen in der Regel von den Steuergeldern finanziert, die u. a. Praktiker erwirtschaften.

schichtsbewusstsein kann in einen »abergläubischen Lernprozess […]«[243] umschlagen, bei der sie sich im Sinne einer selbsterfüllenden Prophezeiung davon überzeugt, dass es ›nichts Neues unter der Sonne‹ geben kann, weil schließlich alles erwiesenermaßen schon mal dagewesen ist. Je selbstreferenzieller sie dabei wird, desto irrelevanter wird sie in den Augen der Praktiker.

4.9.3 Mindestanforderungen für einen produktiven Diskurs

Meine erste Empfehlung an Organisationspraktiker und Organisationsforscher wäre, die Maxime *»Verstehen zu wollen ist sogar noch wichtiger als verstanden zu werden«* ernst zu nehmen. Ich habe mich nun im Detail mit der Kritik der Wissenschaft an Holacracy beschäftigt, mich in diesem Buch wirklich bemüht, sie in der Tiefe zu verstehen. Dazu habe ich versucht, die Kritik in meinen eigenen Worten wiederzugeben, um zu zeigen, dass ich verstanden habe, was gesagt bzw. geschrieben wurde, bevor ich darauf antworte.

Es gibt in der Paartherapie eine Methode, die ich in diesem Zusammenhang ganz hilfreich finde. Jeder Partner wird aufgefordert, jeweils zuerst zusammenzufassen, was der andere Partner gesagt hat, bevor er selber darauf reagieren darf. Erst wenn der andere Partner die Zusammenfassung »abgesegnet« und – falls nötig – nach mehreren Schleifen bestätigt hat, dass er korrekt gehört worden ist, darf man selbst das Wort ergreifen und seine eigenen Punkte machen. Dann kehrt sich das Spiel wieder um. So soll sichergestellt werden, dass man nicht aneinander vorbeiredet und das Gespräch konstruktiv bleibt und auf dem zuvor Gesagten aufbaut.

Als Mindeststandard würde ich mir daher wünschen, dass auch Organisationsforscher sich vor der Veröffentlichung ihrer Befunde zumindest noch mal bei den beforschten Organisationen zurückmelden und ihnen die Gelegenheit geben, zu sagen, ob sie sich verstanden oder missverstanden fühlen. Ich weiß nicht, ob diese Feedbackschleife in diesem Fall für das Buch »Schattenorganisation« erfolgt ist, aber es erscheint mir nicht so. Wenn doch, hieße das ja implizit, dass die beteiligten Organisationen wissen, dass die Holacracy-Praxis ihnen nur Nachteile, aber keine Vorteile bringt – sie wollten es sich lediglich noch mal schwarz auf weiß von der Forschung bestätigen lassen. Das wäre jedoch relativ absurd. Wahrscheinlich wurde einfach keine Notwendigkeit für einen Abgleich gesehen. Man kann sich dann aber auch vorstellen, wie offen diese Organisationen in Zukunft sein werden, wenn sich mal wieder ein Forscher bei ihnen meldet.[244] Ein Abgleich sollte daher auch im Eigeninteresse der Forschenden ein Standard werden. Falls das für »Schattenorgansation« wider Erwarten erfolgt sein sollte, so lasse ich mich gerne eines Besseren belehren.

243 Kühl 2023a, S. 8

244 Vielleicht wird es dann tatsächlich »deutlich leichter […], einen Feldzugang in staatlichen Geheimdiensten, militärischen Spezialkräften und kriminellen Rockerclubs als in holakratischen Organisationen herzustellen.«, siehe Kühl 2023a, S. 110.

Ein weiterer Aspekt eines produktiven Diskurses wäre, dass die Forschenden sich von einer Perspektive wie *Polaritätsmanagement* inspirieren lassen, ganzheitlicher[245] auf die Dinge zu schauen und ihren Blick für Nachteile, aber auch Vorteile einer Praxis aufzumachen, *aktiv* danach zu suchen und diese auch zu beschreiben. Dann könnten sie sich noch von den Praktizierenden bestätigen lassen, dass dies die Gründe sind, weshalb sie diese Methode überhaupt praktizieren (was andernfalls ja mysteriös bliebe). Oder – falls das zu viel verlangt ist – sollten sie zumindest *explizit* machen, dass sie nur die *negativen* Wirkungen und unbeabsichtigten Folgen einer Methode erforschen wollen (was ja durchaus legitim ist) und positive Aspekte bewusst aus ihren Befragungen und Ergebnissen *ausklammern*. Dann steht man als Praktiker nicht am Ende mit einem großen Fragezeichen vor einem Buch wie »Schattenorganisation«, sondern weiß von vornherein, worauf man sich einstellen kann – eine einseitige Perspektive: »true, but partial.«

Ich habe noch eine Bonus-Anforderung, die aber weit über das hinausgeht, was ein Normalsterblicher sich wünschen darf. Das höchste der Gefühle wäre aus meiner Sicht, wenn alle Seiten sich der Lokalisierung ihrer besonderen Perspektive innerhalb einer Metatheorie (wie z. B. Ken Wilbers »integraler methodologischer Pluralismus« – IMP) bewusst wären und die Größe und die Grenzen ihrer eigenen Perspektive innerhalb eines solchen Rahmens selbst reflektieren könnten, so dass Prinzipien wie »Nichtausschließung«, »Inszenierung« und die »drei Stränge der Erkenntnis« (oder äquivalente, viele Perspektiven umarmende Prinzipien) zur Geltung kämen. Als Kirsche obendrauf hätte ich dann gerne noch die Selbstreflektion aller Beteiligten anhand des »Leiter«-Modells von Tim Urban. Unrealistisch, ich weiß, aber wenn ich keine Vision davon hätte, dass manche Dinge sich evolutionär verbessern können, dann wäre ich wahrscheinlich auch nicht bei Holacracy oder bei der integralen Theorie gelandet.

4.9.4 Kritik, Antifragilität und antagonistische Synergie

Nassim Nicholas Taleb hat den Begriff der »Antifragilität« geprägt.[246] Er bezeichnet damit Dinge, die unter Druck nicht bloß Resilienz zeigen, sondern die unter Druck *stärker* werden. Ich bin überzeugt davon, dass Holacracy hochgradig *antifragil* ist. Es ist eben kein starres, statisches Regelset, das bei Widerstand spröde wird und bricht, sondern ein evolutionärer Ansatz und daher von Natur aus ziemlich gut darin, Mist in Dünger zu verwandeln. Die Verarbeitung von Spannungen ist gewissermaßen das tägliche Brot der Holakratie. Spannungen sind ihr Treibstoff.

Insofern die Forschung legitime Schwachstellen und blinde Flecken von Holacracy aufgedeckt und ins Bewusstsein gebracht hat, bin ich sehr dankbar für diese Information. Sie wird dabei helfen, Holacracy besser zu machen und durch größeres Gewahrsein künftig die Fallstricke in der praktischen Anwendung zu vermeiden. Das ist für mich der Lichtblick an dem Werk »Schattenorganisation«. Falls also irgendeiner der Forschenden an irgendeiner Stelle die Absicht ge-

---

245 Alternativ könnte man auch sagen »integraler«.

246 Siehe Taleb, N. N. (2012). Antifragile: Things that Gain from Disorder. Penguin UK.

habt haben sollte, Holacracy zu schaden, kann ich nur sagen – das Gegenteil ist der Fall. Die Gemeinschaft der Praktizierenden weltweit hat zu danken. Insofern Holacracy als Methode und Praxisgemeinschaft *antifragil* ist, wird sie stets an berechtigter und wohlbegründeter Kritik wachsen.[247] Dasselbe wünsche ich auch den Bielefelder Wissenschaftlern, die sich zwei Jahre lang mit dem Thema beschäftigt haben.

Meine Antwort klingt vielleicht ebenfalls an einigen Stellen recht harsch und vielleicht habe auch ich mit meinen Beobachtungen den Finger in die eine oder andere Wunde gelegt oder auch die eine oder andere Schwachstelle der Forschung (oder der Darstellung der Forschungsergebnisse) aufgezeigt. Vielleicht bin ich auch an manchen Stellen mehr »Sportfan« denn »Wissenschaftler« gewesen. Das ist auf jeden Fall nicht meine bewusste Intention gewesen und ich bitte es mir wohlwollend nachzusehen. Ich lade den Leser ein, die Kriterien, die ich auf die Forschenden angewendet habe, auch auf mich anzuwenden und mir darüber Feedback zu geben.

Gleichzeitig denke ich, dass es der Forschung nur guttun kann, wenn sie von den Praktikern ordentlich Gegenwind bekommt und auch *ihre* Praxis mal gründlich auf den Prüfstand gestellt und nicht einfach unkritisch geschluckt wird, weil sie mit dem Nimbus der Wissenschaftlichkeit umgeben ist und sich bequem auf Autoritätsargumenten ausruht. Andächtige Heiligenverehrung wäre ein Bärendienst an der Wissenschaft. Es macht sie *fragil*. Was sie *antifragil* macht, sind rigorose Auseinandersetzungen in der Sache, wie diese. Wer, wie ich, die Wissenschaft schätzt, sollte den Wissenschaftlern (liebevoll) in den Hintern treten, wenn es nötig ist. Dieses Mal war es aus meiner Sicht nötig.

Wenn man sich das menschliche autonome Nervensystem ansieht, dann kann man darin zwei antagonistische agierende Systeme beobachten: das *sympathische* Nervensystem, welches bei besonderer Belastung eine Leistungssteigerung bewirkt, und das *parasympathische* Nervensystem, welches eine beruhigende Wirkung hat. Sie »wirken als Gegenspieler einander ergänzend (synergistisch) und ermöglichen dadurch eine äußerst feine Steuerung der Organe.«[248] Das beschreibt ganz gut das ideale, für mich erstrebenswerte Zielbild für die Polarität von Organisationspraxis und Organisationsforschung: *antagonistische Synergie.*

Insofern wir alle zuvorderst ein Interesse an der Wahrheit und intellektueller Aufrichtigkeit bewahren und es uns gelingt, Kritik an unserer Arbeit aus einer unpersönlichen oder vielleicht gar einer *würdigenden* Perspektive anzunehmen und daraus zu lernen, bin ich zuversichtlich, dass wir diese Polarität von Organisationspraxis und Organisationsforschung gut werden managen können.

247 Andernfalls verdient sie es, nur eine temporäre Managementmode zu sein, die besseren Ansätzen Platz macht.
248 Siehe Parasympathikus. (o. D.). In Wikipedia. Abgerufen am 8. Juli 2023, von https://de.wikipedia.org/wiki/Parasympathikus

5 Zusammenfassung und Schlusswort

In Kapitel 1 des Buches ging es um eine grobe Übersicht über das Thema für Außenstehende. Holacracy unterscheidet von allen anderen gängigen »agilen« Ansätzen, dass es mit seiner Verfassung ein robustes und praxiserprobtes Regelwerk bietet, das es ermöglicht, Befugnisse an Rollen mit klaren Verantwortlichkeiten zu verteilen. Dadurch werden Bürokratiehürden und Entscheidungshemmnisse beseitigt und Rollen-Leads dazu ermächtigt, den Sinn und Zweck ihrer Rollen auszulegen und entsprechend zum Wohl der Organisation zu handeln. Der einzigartige Governance-Prozess erlaubt es jedem, die Organisation durch die Verarbeitung von Spannungen sicher und dezentral mithilfe der mitgelieferten Formensprache (Kreise, Rollen, Verantwortlichkeiten, Domänen, Richtlinien, etc.) weiterzuentwickeln. Neben einer Darstellung der Unterschiede zwischen Holacracy und Soziokratie habe ich meine eigenen Erfahrungen mit der Praxis geschildert.

In Kapitel 2 habe ich mich mit zentralen Kritiken der Praxis im Detail auseinandergesetzt. Ich habe mich dabei vor allem mit aktuellen Forschungsergebnissen der Bielefelder Arbeitsgruppe um Stefan Kühl beschäftigt, da sie eine repräsentative Übersicht der gängigen Kritiken und Missverständnisse bietet. Wo es mir sinnvoll erschien, habe ich die Kritiken von anderen Forschern sowie meine eigenen kritischen Beobachtungen aus der Praxis ergänzt. Ich habe mich ferner bemüht, diese Kritiken aus Praxissicht zu kontextualisieren und konkrete Empfehlungen darüber zu geben, wie man mit den einzelnen Punkten umgehen könnte bzw. sollte. Viele der gefundenen Muster, insbesondere »Hyperformalisierung« und andere Missverständnisse, legen den Schluss nahe, dass das Niveau der Praxisreife in den untersuchten Organisationen nicht sonderlich hoch gewesen sein kann. Verständlicherweise war diese Variable auch nicht auf dem Radar der Forschenden, was Gründe hat, die ich in Kapitel 4 näher zu erklären versucht habe.

In Kapitel 3 habe ich die Perspektive des Polaritätsmanagements auf Holacracy angewendet, um zu zeigen, dass Holacracy neu und anders als bürokratische oder postbürokratische Organisationen ist, weil es Unternehmen die Mittel an die Hand gibt, um *beide* Seiten von typischen Polaritäten in Organisationen zu managen. Somit handelt es sich potenziell auch die *Nachteile beider Pole* ein, sofern die jeweilige Polarität schlecht gemanagt wird. Wird die Polarität hingegen gut gemanagt, so kann Holacracy die *Vorteile beider* Pole freisetzen. Eine weitere wichtige Erkenntnis aus der Analyse der Polaritäten war die systematische Freilegung einer umfassenderen und ausgewogeneren Perspektive auf die Vor- und Nachteile von Holacracy: Wo »Schattenorganisation« ist, muss auch »Lichtorganisation« sein – zumindest, sofern man diesen positiven Aspekten seine Aufmerksamkeit schenken möchte. Andernfalls muss man den Holacracy-Praktizierenden auf pauschale Weise Naivität oder Dummheit unterstellen. Das wäre aber selbst naiv und dumm.

In Kapitel 4 ging es mir um eine kritische Reflektion des Verhältnisses von Organisationspraxis und Organisationforschung vor dem Hintergrund eines umfassenderen, erkenntnistheoretisch informierten Wissenschaftsverständnisses. Unterschiedliche Methodologien inszenieren unterschiedliche Arten von Daten, die sich nicht zwangsläufig wechselseitig ausschließen. Daher ist es von entscheidender Bedeutung, die relative Adresse des Erkenntnissubjektes mit den dazugehörigen Injunktionen rekonstruieren zu können. Wenn man mal annimmt, dass niemand hundertprozentig verblendet ist: Welche Schritte muss man tun, um dieselbe Erfahrung machen zu können? »Die Bedeutung einer Aussage ist das Mittel ihrer Inszenierung.« Auf diese Weise habe ich versucht, die Parameter zu rekonstruieren, die zu einer Perspektive führen, wie diejenige, die in »Schattenorganisation« als allgemein gesicherte Erkenntnis über die Praxis von Holacracy ausgegeben wird. »True, but partial« – Recht haben ist der einfache Schritt. Verstehen zu wollen ist noch wichtiger als verstanden werden.

Aus meiner Sicht stellt der Reifegrad der Holacracy-Praxis einer Organisation eine entscheidende intervenierende Variable dar, deren Nichtbeachtung es praktisch unmöglich macht, verallgemeinerbare Aussagen darüber abzuleiten, was zwangsläufige, ungewollte Folgeerscheinungen der Holacracy-Praxis selbst sind – im Gegensatz zu Folgeerscheinungen, die lediglich aus Missverständnissen und Inkompetenz auf Seiten der Praktizierenden resultieren. Wer *eine* holakratische Organisation kennt, der kennt noch lange nicht *alle*.

Schlussendlich habe ich einen Blick auf die Polarität von Praxis und Forschung geworfen und Mindestanforderungen für einen produktive geführten Diskurs formuliert, in der Hoffnung, dass die wechselseitige Kritik aus einer wertschätzenden Haltung heraus in Form einer antagonistischen Synergie zu einer größeren Antifragilität sowohl der Praxis als auch der Wissenschaft führt.

Möge der Dialog gelingen.

Danksagung

Die Erzählung des heroischen Autors, der aus eigener Kraft ein Buch gebiert, ist ein Mythos. Denken funktioniert am besten kollektiv und es braucht ein ganzes Dorf, um ein Buch großzuziehen. Es gab so viele Einflüsse, Personen, Faktoren und Denkanstöße, die dazu geführt haben, dass dieses Buch so und nicht anders entstanden ist, dass ich sie mit Sicherheit nicht alle vollständig wiedergeben kann. Ich war einfach zufällig zur richtigen Zeit am richtigen Fleck, so dass ich ein passender (Geburts-)Kanal war, um diese Gedanken zur Welt zu bringen. Dafür bin ich dankbar. Im Folgenden also meine zwangsläufig unvollständige Liste der Danksagungen.

Zuallererst ein großes Dankeschön an Anikó Mag für ihre Unterstützung trotz all der verlorenen, gemeinsamen Abende und ihr geduldiges Ohr (das ich ihr abgekaut habe) trotz meiner sich wiederholenden Gedankenschleifen.

Im Vorfeld haben Katharina Daniels und Jens Hollmann sehr dabei geholfen, Kontakt mit möglichen Verlagen herzustellen. Ich danke Tom Amarque vom Phänomen-Verlag für wichtige Tipps und Erkenntnisse bezüglich des Publikationsprozesses. Die zahlreichen Gespräche mit Aimee Groth von *HolacracyOne* waren ein nützlicher Resonanzraum für mich, um meine Gedanken zu sortieren. Außerdem bin ich ihr dankbar für ihr wunderbares Vorwort.

Viele Menschen haben wertvolle Anmerkungen und Feedback zum Manuskript beigesteuert, darunter meine ehemaligen Holacracy-Coach-Kollegen Björn Schneider und Klaas Reineke, der Soziokratie-»Altmeister« Christian Rüther sowie meine lieben Kollegen von *Xpreneurs*, Patrick Scheuerer und Eleonora Weistroffer. Ein besonderer Dank gilt meinem *Xpreneurs*-Kollegen Tobias Klose für seine zahlreichen konstruktiven Gedanken und Rückmeldungen, die den Lesefluss verbessert haben.

Ebenfalls ein dickes Dankeschön geht paradoxerweise an Stefan Kühl, Phanmika Sua-Ngamlam und die gesamte Bielefelder Arbeitsgruppe für ihre sperrigen, aber fruchtbaren Impulse, ohne die dieses Buch sicherlich nicht auf diese Weise zustande gekommen wäre.

Für hilfreiche Modelle und geistige Anregungen danke ich insbesondere Barry Johnson, Ken Wilber, Tim Urban, Daniel Schmachtenberger, Zak Stein, Bernard Marie-Chiquet und Diederick Janse.

Ich danke den Pionieren von Holacracy, Brian Robertson, Thomas Thomison und Chris Cowan für alles, was ich von ihnen lernen durfte. Ebenso der weltweiten *Holacracy Community of Practice*. Ich bin dankbar, Teil einer Bewegung sein zu dürfen, die die Arbeitswelt transformiert.

Ich bedanke mich ferner beim Verlagsteam von Schäffer-Poeschel für die professionelle Begleitung, insbesondere bei Frank Baumgärtner für sein Vorschussvertrauen in dieses Buchprojekt und bei Elke Renz für ihre Adleraugen im Lektorat.

Ganz zum Schluss möchte ich auch meinen Eltern danken, ohne die weder ich auf die Welt gekommen wäre noch dieses Buch.

Literatur- und Quellenverzeichnis

Adito GmbH & Mirwald, T. (2021, 13. Oktober). *Adito Framework. One ADITO, Version 1.0*. Abgerufen am 6. August 2023, von https://www.adito.de/fileadmin/downloads/ADITO-Framework.pdf

Allen, D. (2015). *Getting Things Done: The Art of Stress-Free Productivity*. New York City: Penguin.

Aschenbrenner, J. (2019). *For Purpose: Ein neues Betriebssystem für Unternehmen*. München: Vahlen.

Beck, D. E. & Cowan, C. C. (1996). *Spiral Dynamics: Mastering Values, Leadership and Change*. Oxford: Blackwell.

Beena Sharma on Holacracy & Human Ego. Conversation with Brian Robertson & Tom Thomison (HolacracyOne) (2011, March 10). Holacracy Community of Practice. Transkription eines Audio-Clips auf Englisch (eigene Übersetzung).

Bernstein, E., Bunch, J. B., Canner, N. & Lee, M. D. (2016). Beyond the Holacracy Hype: The overwrought claims – and actual promise – of the next generation of self-managed teams. *Harvard Business Review*, *94*(7), 13. Abgerufen am 22. Okt. 2023, von https://hbr.org/2016/07/beyond-the-holacracy-hype

Blinks Labs GmbH, Hughes, B. & Klein, S. (2015). *Blinkracy: A light version of Holacracy® to make any company management-free and 100 % results-oriented*. Abgerufen am 22. Okt. 2023, von https://static-cdn.blinkist.com/ebooks/Blinkracy-Blinkist.pdf

Bregman, R. (2020). *Im Grunde gut: eine neue Geschichte der Menschheit*. Hamburg: Rowohlt.

Brors, P. (2021, 25. November). Im Koalitionsvertrag findet sich die Rechtsform der Zukunft: Die künftige Bundesregierung will die Unternehmenskultur in Deutschland um eine neue Gesellschaftsform bereichern. Das Anliegen ist richtig und wichtig. *Handelsblatt*. Abgerufen am 26. Juli 2023, von https://www.handelsblatt.com/meinung/kommentare/kommentar-im-koalitionsvertrag-findet-sich-die-rechtsform-der-zukunft/27833666.html

Chiquet, B. M. (2020, 6. Januar). Libérer la puissance des collaborateurs grâce au management constitutionnel. *Harvard Business Review France*. Abgerufen am 28. Mai 2023, von https://www.hbrfrance.fr/chroniques-experts/2020/01/28925-liberer-la-puissance-des-collaborateurs-grace-au-management-constitutionnel/

Cowan, C. (o. D.). *Holacracy Habit Support Program – Habit #6: Avoiding the Objections Death Spiral*. GlassFrog. Abgerufen am 6. Juli 2023, von https://glassfrog.com

Dialektische Aufhebung (o. D.). In *Wikipedia*. Abgerufen am 27. Juli 2023, von https://de.wikipedia.org/wiki/Dialektische_Aufhebung

Die Sparkasse Bremen AG. (2019). *Verfassung über die Zusammenarbeit in der Die Sparkasse Bremen AG: (Auszug mit Kommentaren)*. Tim Nesemann (Hg.). Abgerufen am 22. Okt. 2023, von https://www.sparkasse-bremen.de/content/dam/myif/sk-bremen/work/dokumente/pdf/Ihre-Sparkasse/Nachhaltigkeit/Verfassung%20Auszug%20Internet.pdf

Dunning-Kruger-Effekt (o. D.). In *Wikipedia*. Abgerufen am 20. Mai 2023, von https://de.wikipedia.org/wiki/Dunning-Kruger-Effekt

Epizykeltheorie (o. D.). In *Wikipedia*. Abgerufen am 27. Juli 2023, von https://de.wikipedia.org/wiki/Epizykeltheorie

FAQ: »What are the benefits of using Holacracy?« (o. D.). Holacracy Foundation. Abgerufen am 6. August 2023, von https://www.holacracy.org/

Glaubhafte Abstreitbarkeit (plausible deniability) (o. D.). In *Wikipedia*. Abgerufen am 11. Juni 2023, von https://de.wikipedia.org/wiki/Glaubhafte_Abstreitbarkeit

Groth, A. (2013, 30. Dezember). Zappos is going holacratic: no job titles, no managers, no hierarchy. Quartz. Abgerufen am 4. November 2023, von https://qz.com/161210/zappos-is-going-holacratic-no-job-titles-no-managers-no-hierarchy

Harzburger Modell (o. D.). In *Wikipedia*. Abgerufen am 27. Juli 2023, von https://de.wikipedia.org/wiki/Harzburger_Modell

Heer, N. (2018, 8. Juni). Was kann das Management-System Holacracy wirklich? *Welt.de*. Abgerufen am 20. Mai 2023, von https://www.welt.de/wirtschaft/bilanz/article177182408/Agiles-Management-Was-kann-das-Management-System-Holacracy-wirklich.html

HolacracyOne (o. D.). *Holacracy Constitution*. GitHub. Abgerufen am 20. Mai 2023, von https://github.com/holacracyone/Holacracy-Constitution/tree/v5.0

HolacracyOne (2022). Selbst-Management Reifelandkarte für Holacracy-basierte Organisationen (Xpreneurs, Übers.). www.denniswittrock.com. Abgerufen am 16. August 2023, von https://denniswittrock.com/holacracy/holacracy-reifelandkarte/

Hollmann, J. & Daniels, K. (2017). *Anders wirtschaften: Integrale Impulse für eine plurale Ökonomie* (2., aktual. Aufl.). Wiesbaden: Springer.

Hoogvliet, O. (2023, 26. April). »Schattenorganisation« – eine Rezension. *LinkedIn Pulse*. Abgerufen am 10. Juni 2023, von https://www.linkedin.com/pulse/schattenorganisation-eine-rezension-oliver-hoogvliet/

Intervenierende Variable (o. D.). In *Wikipedia*. Abgerufen am 21. Mai 2023, von https://de.wikipedia.org/wiki/Intervenierende_Variable

Janse, D. (2022, 7. April). Holacracy: ein Ordnungsrahmen, keine Blaupause. *Xpreneurs Blog*. Abgerufen am 24. Oktober 2023, von https://www.xpreneurs.co/blog/holacracy-8/holacracy-ein-ordnungsrahmen-keine-blaupause-493

Janse, D. (2023, 17. Mai). How Citizenship is at the Heart of Self-Governance. *Corporate Rebels*. Abgerufen am 28. Mai 2023, von https://www.corporate-rebels.com/blog/citizenship-heart-of-self-governance

Jany, A. (2023, 10. Mai). Schattenorganisation: Eine Rezension von Agnes Jany. *Versus – Magazin für kritische Organisationspraxis*. Abgerufen am 10. Juni 2023, von https://versus-online-magazine.com/de/artikel/Schattenorganisation-rezension-agnes-jany/

Johnson, B. (2014). *Polarity Management: Identifying and Managing Unsolvable Problems*. Amherst, Mass.: HRD Press. (Ursprünglich veröffentlicht 1992.)

Klein, S., Hughes, B. & Fleischmann, F. (2023). *Der Loop-Approach: Wie Du Deine Organisation von innen heraus transformierst*. Frankfurt a. M.: Campus.

Knecht, J. (2022, 3. April). Holacracy-Modell: Organisationsform einfach erklärt. *Focus.de*. Abgerufen am 16. August 2023, von https://praxistipps.focus.de/holacracy-modell-organisationsform-einfach-erklaert_144040

Koetze, W. & Strenge-Duursma, A. (2022, 11. Juli). 5 Jahre Holokratie: Diese 5 Lektionen haben wir gelernt. *Voys Blog*. Abgerufen am 27. Juni 2023, von https://www.voys.co/de/blog/5-jahre-holokratie-diese-5-lektionen-haben-wir-gelernt/

Kühl, S. (2022a, September 7). Hierarchie: Lieber nicht alle abschaffen. *Versus – Magazin für kritische Organisationspraxis*. Abgerufen am 9. Juni 2023, von https://versus-online-magazine.com/de/kolumne/stefan-kuehl/hierarchie/

Kühl, S. (2022b, Dezember 7). Hierarchie: Vom Nutzen eines unpopulären Koordinationsmechanismus. *Versus Online-Magazin*. Abgerufen am 20. Mai 2023, von https://versus-online-magazine.com/de/kolumne/stefan-kuehl/hierarchie/

Kühl, S. (2023a). *Schattenorganisation. Agiles Management und ungewollte Bürokratisierung*. Frankfurt a. M.: Campus.

Kühl, S. (2023b, April 28). Das Denken in Reifegraden: Zum Konzept der Spiraldynamik in der Organisationsberatung. *Versus Online-Magazin*. Abgerufen am 20. Mai 2023, von https://versus-online-magazine.com/de/artikel/reifegrade-und-spiraldynamik-in-der-organisationsberatung/

Kühl, S. & Sua-Ngam-Iam, P. (Hrsg.) (2023). *Holacracy: Funktionen und Folgen eines Managementmodells*. Wiesbaden: Springer Gabler.

Kuhlmann, H. & Horn, S. (2020). Integrale Führung: Wie Sie mit neuen Ansätzen sich selbst, Teams und Unternehmen entwickeln. Wiesbaden: Springer Fachmedien. (2., überarb. u. erw. Aufl., eBook).

Laloux, F. (2014). *Reinventing organizations: A Guide to Creating Organizations Inspired by the Next Stage of Human Consciousness*. Brussels: Nelson Parker.

Lee, M. Y. & Green, P. (2022). *Is Flat for Everyone? Investigating Who Thrives and Who Struggles in Decentralized Structures*. INSEAD Working Paper No. 2022/44/OBH. Abgerufen am 22. Okt. 2023, von http://ssrn.com/abstract=4077075

Luhmann, N. (1995). *Funktionen und Folgen formaler Organisation: mit einem Epilog 1994*. Berlin: Duncker und Humblot (Ursprünglich veröffentlicht 1962.)

Me & Company, Bern, V. & Tißen, N. (2020). *MeCracy: Agile Unternehmenskultur bei Me & Company*. Abgerufen am 22. Okt. 2023, von https://www.me-company.de/wp-content/uploads/2020/11/MeCracy-2019-New-Work-bei-Me-Company.pdf

Moyer, M. (2016). *Slicing Pie Handbook EU Edition: Perfectly Fair Equity Splits for Bootstrapped EU Startups*. Createspace Independent Publishing Platform.

On the Way to New Work – Der Podcast über neue Arbeit – #247 mit Brian Robertson, Entrepreneur, Organization Builder & Revovering CEO, Pioneer of Holacracy (M. Trautmann & C. Magnussen; Folge 247). (2021, 25. Januar). Abgerufen am 10. Juni 2023, von https://podcasts.apple.com/de/podcast/on-the-way-to-new-work-der-podcast-%C3%BCber-neue-arbeit/id1231392085?i=1000506442783

Parasympathikus. (o. D.). In *Wikipedia*. Abgerufen am 8. Juli 2023, von https://de.wikipedia.org/wiki/Parasympathikus

Peters, V. (2018, 19. Juli). The relationship between roles and authority. *Medium*. Abgerufen am 3. Juni 2023, von https://medium.com/@sandro997/the-relationship-between-roles-and-authority-9716e9a6d18c

Pointet, B. (2018, 17. Oktober). A personal view on what Holacracy has brought us. *Holacracy Blog*. Abgerufen am 20. Mai 2023, von https://blog.holacracy.org/what-holacracy-has-brought-us-a7e280c07afe

Purpose Ventures e. G. [Achim Hensen] (o. D.). *Purpose*. Abgerufen am 22. Okt. 2023, von https://purpose-economy.org/

Rau, T. (2023). Decentralization and Centralization in Sociocratic Organizations – Dynamics, Combinations, and Hybrid Solutions. *Journal of Nonprofit Innovation*, *3*(1). Abgerufen am 22. Okt. 2023, von https://scholarsarchive.byu.edu/joni/vol3/iss1/8

Robertson, B. (2011, 2. Mai). Der «was-bis-wann« Irrsinn. *Xpreneurs Blog*. Abgerufen am 27. Juli 2023, von https://www.xpreneurs.co/blog/holacracy-8/der-was-bis-wann-irrsinn-468

Robertson, B. (2013, 1. Mai). Die Ironie des Empowerments (D. Wittrock, Übers.). *Xpreneurs Blog*. Abgerufen am 10. Juni 2023, von https://www.xpreneurs.co/blog/holacracy-8/die-ironie-des-empowerments-948

Robertson, B. (2014, Juni). Die Geschichte von Holacracy: Die Entdeckung eines evolutionären Algorithmus. *Xpreneurs Blog*. Abgerufen am 1. Juni 2023, von https://www.xpreneurs.co/blog/holacracy-8/die-geschichte-von-holacracy-507

Robertson, B. J. (2015). *Holacracy: The Revolutionary Management System that Abolishes Hierarchy*. Penguin UK.

Rüther, C. (2022). *KonsenT-Moderation: Gemeinsam effektiv auf Augenhöhe entscheiden. Ein Lehrbuch und Praxisleitfaden!* Hamburg: tredition.

Scheuerer, P. & Xpreneurs. (2023, 30. März). *Sind »Hyperformalisierung« und »Formalitätsruinen« zwangsläufige Ergebnisse holakratischer Praxis?* LinkedIn. Abgerufen am 20. Mai 2023, von https://www.linkedin.com/feed/update/urn:li:activity:7047099710305624064

Strohmann-Argument (o. D.). Wikipedia. Abgerufen am 20. Mai 2023, von https://de.wikipedia.org/wiki/Strohmann-Argument

Sua-Ngam-Iam, P. (2023). Zusatzmaterial 1 (Kreise, Komplexität und Krisen. Holacracy auf dem organisationswissenschaftlichen Prüfstand). In *Springer Link*. Abgerufen am 24. Mai 2023, von https://static-content.springer.com/esm/chp%3A10.1007%2F978-3-658-40111-5_1/MediaObjects/538752_1_De_1_MOESM1_ESM.docx

Taleb, N. N. (2012). *Antifragile: Things that Gain from Disorder*. Penguin UK.

Teilnehmende Beobachtung. (o. D.). In *Wikipedia*. Abgerufen am 2. August 2023, von https://de.wikipedia.org/wiki/Teilnehmende_Beobachtung

The Civilization Research Initiative. (2022, 23. Februar). *The Endgames of Bad Faith Communication: Bad faith communication has become normalized.* The Consilience Project. Abgerufen am 20. Mai 2023, von https://consilienceproject.org/the-endgames-of-bad-faith-communication/

Theorie der multiplen Intelligenzen. (o. D.). In *Wikipedia*. Abgerufen am 20. Mai 2023, von https://de.wikipedia.org/wiki/Theorie_der_multiplen_Intelligenzen

Tossell, I. (2014, 28. August). Say goodbye to hierarchy, hello to holacracy. *The Globe and Mail*. Abgerufen am 20. Mai 2023, von https://www.theglobeandmail.com/report-on-business/rob-magazine/disruption-no-boss-needed-in-a-holacracy/article20198587/

Trautmann, M. (2021, 25. Januar). Holacracy Mastermind Brian Robertson as our guest (On the Way to New Work) and in 35 quotes (Podcast Episode 247). *On the Way to New Work*. Abgerufen am 3. Juni

2023, von https://www.linkedin.com/pulse/holacracy-mastermind-brian-robertson-our-guest-way-new-trautmann/

Universität Leipzig (o. D.). *Probleme der Empirie*. Methodenportal. Abgerufen am 20. Mai 2023, von https://home.uni-leipzig.de/methodenportal/probleme_der_empirie/

Urban, T. (2023). *What's Our Problem? A Self-Help Book for Societies*. Chapter 1: The Ladder. Abgerufen am 26. September 2023, von https://waitbutwhy.com/wop-ch-1-excerpt

Vogel, M. (2023, 16. Juni). Alles nur eine Modeerscheinung? Rezension zu »Schattenorganisation. Agiles Management und ungewollte Bürokratisierung« von Stefan Kühl. *Soziopolis*. Abgerufen am 19. Juni 2023, von https://www.soziopolis.de/alles-nur-eine-modeerscheinung.html

Weirauch, L., Galliker, S. & Elfering, A. (2023). Holacracy, a modern form of organizational governance predictors for person-organization-fit and job satisfaction. *Frontiers in Psychology*, *13*. Abgerufen am 22. Okt. 2023, von https://doi.org/10.3389/fpsyg.2022.1021545

Wilber, K. (2000). *Integral Psychology: Consciousness, Spirit, Psychology, Therapy*. Boston: Shambhala.

Wilber, K. (2006a). *Excerpt B: The Many Ways We Touch--Three Principles Helpful for Any Integrative Approach*. Abgerufen am 22. Okt. 2023, von https://www.academia.edu/16297602/Excerpt_B_The_Many_Ways_We_Touch_Three_Principles_Helpful_for_Any_Integrative_Approach

Wilber, K. (2006b). Excerpt C: The Ways We Are in This Together: Intersubjectivity and Interobjectivity in the Holonic Kosmos [PDF]. In *Kosmic Carma and Creativity (Arbeitstitel)*. Ken Wilber. Abgerufen am 22. Okt. 2023, von https://de.scribd.com/document/524043368/Ken-Wilber-ExcerptC-KOSMOS-2003

Wilber, K. (2007). *Integral Spirituality: A Startling New Role for Religion in the Modern and Postmodern World*. Boston: Shambhala Publications.

Wilber, K. (2010). *Naturwissenschaft und Religion: Die Versöhnung von Wissen und Weisheit*. Frankfurt a. M.: S. Fischer.

Wittrock, D. (2008). *Perspektiven inter- und transdisziplinärer Kooperation im Lichte des integralen methodologischen Pluralismus Ken Wilbers* [Philosophie Magisterarbeit]. Universität Bremen. Abgerufen am 12. August 2023, von http://denniswittrock.com/wp-content/uploads/2020/07/Transdisziplinaritaet_und_IMP_D.Wittrock.pdf

Wittrock, D. (2016a, August 25). How to Work, Earn, and Live on Purpose. *encode.org*. Abgerufen am 30. Mai 2023, von https://medium.com/encode-org/how-to-work-earn-and-live-on-purpose-25c175213030

Wittrock, D. (2016b, November 14). Parallel Work Universes Exist: What it is like to work inside encode.org as a Purpose Agent in a For-Purpose Enterprise. *encode.org*. Abgerufen am 30. Mai 2023, von https://medium.com/encode-org/parallel-work-universes-exist-172d0e01a9bb

Wittrock, D. (2017, 13. Juli). Does Holacracy Have Blind Spots? From Holes to Wholeness. *encode.org*. Abgerufen am 30. Mai 2023, von https://medium.com/encode-org/does-holacracy-have-blind-spots-b0b8b052b661

Wittrock, D. (2019, 27. August). Hose runter? Was »Transparenz« in Holakratie bedeutet. *hola::be Blog (Hypoport)*. Abgerufen am 21. Oktober 2023, von https://holabe.hypoport.de/2019/08/27/hose-runter-was-transparenz-in-holakratie-bedeutet/

Wittrock, D. (2020, 23. September). Vorschläge testen – das Immunsystem der Organisation. *hola::be Blog (Hypoport)*. Abgerufen am 10. Juni 2023, von https://holabe.hypoport.de/2020/09/23/vorschlaege-testen-das-immunsystem-der-organisation/

Wittrock, D. (2021a). Holacracy ist keine Maschine. www.denniswittrock.com. Abgerufen am 20. Mai 2023, von https://denniswittrock.com/2021/02/07/holacracy-ist-keine-maschine/

Wittrock, D. (2021b, 23. Februar). Kommentar zu Adrian Strothottes Artikel «Mit Holacracy zur Purpose Driven Organization? Über die Grenzen eines Organisationsmodells«. www.denniswittrock.com. Abgerufen am 20. Mai 2023, von https://denniswittrock.com/2021/02/23/kommentar-zu-adrian-strothottes-artikel-mit-holacracy-zur-purpose-driven-organization-ueber-die-grenzen-eines-organisationsmodells/

Wittrock, D. (2021c, 27. Februar). Verantwortung und Verantwortlichkeit in der Holakratie: Kommentar zu Robin Sturhahns Artikel. www.denniswittrock.com. Abgerufen am 20. Mai 2023, von https://denniswittrock.com/2021/02/27/verantwortung-und-verantwortlichkeit-in-der-holakratie/

Wittrock, D. (2022). Zwei Arten, Holacracy anzupassen. www.denniswittrock.com. Abgerufen am 20. Mai 2023, von https://denniswittrock.com/2022/12/15/zwei-arten-holacracy-anzupassen/

Wittrock, D. & Reineke, K. (2020, 17. März). Weiterentwicklung der Holacracy Facilitationkarten. *hola::be*. Abgerufen am 1. Juni 2023, von https://holabe.hypoport.de/2020/03/17/weiterentwicklung-der-holakratie-facilitationkarten/

Xpreneurs (2021a). Governance Meeting Moderationskarte (PDF): Version DE-2.0. Abgerufen am 13. August 2023, von https://www.xpreneurs.co/holacracy-governance-meetings

Xpreneurs (2021b). Holacracy Verfassung, v5.0. Abgerufen am 13. August 2023, von https://www.xpreneurs.co/holacracy-verfassung

Xpreneurs (2022). Tactical Meeting Moderationskarte (PDF): Version DE-2.0. Abgerufen am 13. August 2023, von https://www.xpreneurs.co/holacracy-tactical-meetings

Xpreneurs & Wittrock, D. (2022). *Checkliste: Merkmale für eine gesunde Holacracy Praxis: 18 allgemeine Indikatoren dafür, dass es eurer Holacracy Praxis gut geht* [PDF]. Abgerufen am 22. Okt. 2023, von https://www.xpreneurs.co/checkliste-merkmale-einer-gesunden-holacracy-praxis

X-Y-Theorie. (o. D.). In *Wikipedia*. Abgerufen am 20. Mai 2023, von https://de.wikipedia.org/wiki/X-Y-Theorie

Stichwortverzeichnis

Über den Autor

Dennis Wittrock, M.A., ist zertifizierter Holacracy® Master Coach bei *Xpreneurs* sowie Partner bei *encode.org*, einer holakratisch organisierten Beratungsfirma, die rechtliche, soziale und finanzielle Grundlagen für Selbstorganisation legt. Er hat Erfahrung mit der Praxis und Einführung von Holacracy in unterschiedlichen Kontexten – vom DAX-Konzern, KMU, Start-up bis hin zur Non-Profit-Organisation. Zuvor war er aktiv als Gründer und Co-Direktor der *Integral European Conference* (2014–2016) und als langjähriger Geschäftsführer des Integralen Forums e.V. Er hat einen Magistertitel in Philosophie von der Universität Bremen und lebt in Weyhe. Web: https://denniswittrock.com/

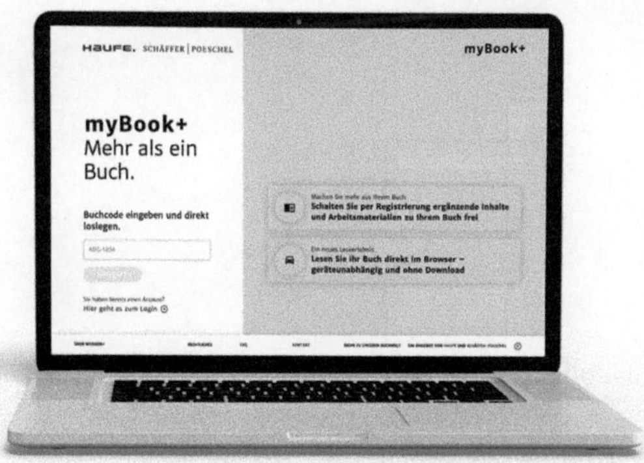
myBook+
myBook+
Mehr als ein
Buch.
Buchcode eingeben und direkt
loslegen.